QUÍMICA BIOINORGÂNICA E AMBIENTAL

CB021352

Coleção de Química Conceitual

Volume 1
Estrutura Atômica, Ligações e Estereoquímica

ISBN: 978-85-212-0729-0
144 páginas

Volume 4
Química de Coordenação, Organometálica e Catálise

ISBN: 978-85-212-0786-3
338 páginas

Volume 2
Energia, Estados e Transformações Químicas

ISBN: 978-85-212-0731-3
148 páginas

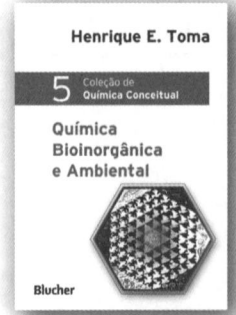

Volume 5
Química Bioinorgânica e Ambiental

ISBN: 978-85-212-0900-3
270 páginas

Volume 3
Elementos Químicos e seus Compostos

ISBN: 978-85-212-0733-7
168 páginas

Blucher

www.blucher.com.br

HENRIQUE E. TOMA

QUÍMICA BIOINORGÂNICA E AMBIENTAL

Coleção de Química Conceitual – volume cinco
Química bioinorgânica e ambiental
© 2015 Henrique Eisi Toma
Editora Edgard Blücher Ltda.

Blucher

Rua Pedroso Alvarenga, 1245, 4º andar
04531-934 - São Paulo - SP - Brasil
Tel 55 11 3078-5366
contato@blucher.com.br
www.blucher.com.br

Segundo o Novo Acordo Ortográfico, conforme 5. ed. do *Vocabulário Ortográfico da Língua Portuguesa*, Academia Brasileira de Letras, março de 2009.

FICHA CATALOGRÁFICA

Toma, Henrique E.
  Química bioinorgânica e ambiental / Henrique E. Toma – São Paulo: Blucher, 2015.
  (Coleção de Química conceitual; v. 5)

  ISBN 978-85-212-0900-3

  1. Química inorgânica 2. Bioquímica inorgânica 3. Química ambiental I. Título

15-0240   CDD 546

Índice para catálogo sistemático:
1. Química inorgânica

À minha família,

Gustavo, Henry e Cris

A Maurits Cornelis Escher (1898-1972), brilhante artista gráfico que soube trabalhar a simetria e a dinâmica das formas, pela ilustração do tema que foi a inspiração deste livro.

Um agradecimento especial à M. C. Escher Company, pela permissão de reprodução de *Verbum* (na capa).

PREFÁCIO

O mundo está mudando rapidamente. A natureza, cada vez mais exposta à ação do homem, com o desflorestamento crescente, a exploração desenfreada dos recursos minerais e fósseis, a contaminação das águas e do solo e a crescente liberação dos gases de efeito estufa, tem sinalizado sua resposta. Mais do que nunca, é importante entender as relações químicas com o meio ambiente e perceber como a Vida depende do delicado balanço que a sustenta no planeta. O mundo primitivo era essencialmente inorgânico. Suas impressões estão marcadas nas trilhas da Vida, moldadas pela água, o fluido inorgânico em que tudo começou.

De fato, a água privilegiou os elementos inorgânicos na seleção natural das espécies que deram origem à Vida. Hoje, o ar atmosférico proporciona o oxigênio produzido e reciclado pela Vida, aproveitando melhor os processos energéticos em conjunto com a luz, a grande dádiva do sol. A litosfera exposta no solo e em suas reservas mais profundas tem sido a fonte principal dos elementos inorgânicos e também de riquezas do planeta. Da união dos três ambientes inorgânicos primordiais, hidrosfera, atmosfera e litosfera, aconteceu a Vida. Hoje eles integram a Biosfera. Por isso, a linguagem inorgânica da Vida precisa ser compreendida, em busca da sustentabilidade. Decifrar seus segredos é o propósito deste livro.

Henrique E. Toma

CONTEÚDO

CAPÍTULO 1

A BIOSFERA

No planeta azul em que vivemos, tudo é muito especial. Por ter posição privilegiada no sistema solar, a Terra não é tão quente como Vênus, onde a temperatura média é de 462 °C, nem tão fria, como Marte ou Júpiter, onde predominam temperaturas de –50 °C e –108 °C, respectivamente.

Na realidade, a temperatura média de nosso planeta, em torno de 15 °C, também depende da composição química de seu revestimento externo, o qual absorve grande parte da luz solar, e também a reflete para o espaço universal. Seu núcleo massivo tem se mantido sempre quente por causa da enorme compressão provocada pela força gravitacional e em virtude do decaimento dos isótopos radioativos menos estáveis em seu interior. No centro do planeta, que fica a 6.371 km da superfície, a temperatura chega a 5.000 °C. O centro é composto por ferro metálico no estado sólido, e é envolvido por uma camada que vai de 2.900 km até 5.100 km de profundidade, formada por uma mistura de Fe e Ni no estado de fusão. O movimento rotacional do planeta faz com que essa camada se movimente, produzindo um campo magnético bastante intenso. Esse campo protege o planeta das partículas ionizantes, provenientes do Sol, cujo efeito seria devastador para a vida. Também serve de guia para a navegação, e até para a orientação de alguns microrganismos aquáticos e peixes, assim como de aves.

Nosso planeta ainda conta com a Lua, que, com seu movimento orbital, estabiliza a rotação da própria Terra em torno de seu eixo, além de comandar as marés e até muitos fenômenos biológicos.

Figura 1.1
O planeta azul com seus "filmes" oceânicos e atmosféricos.

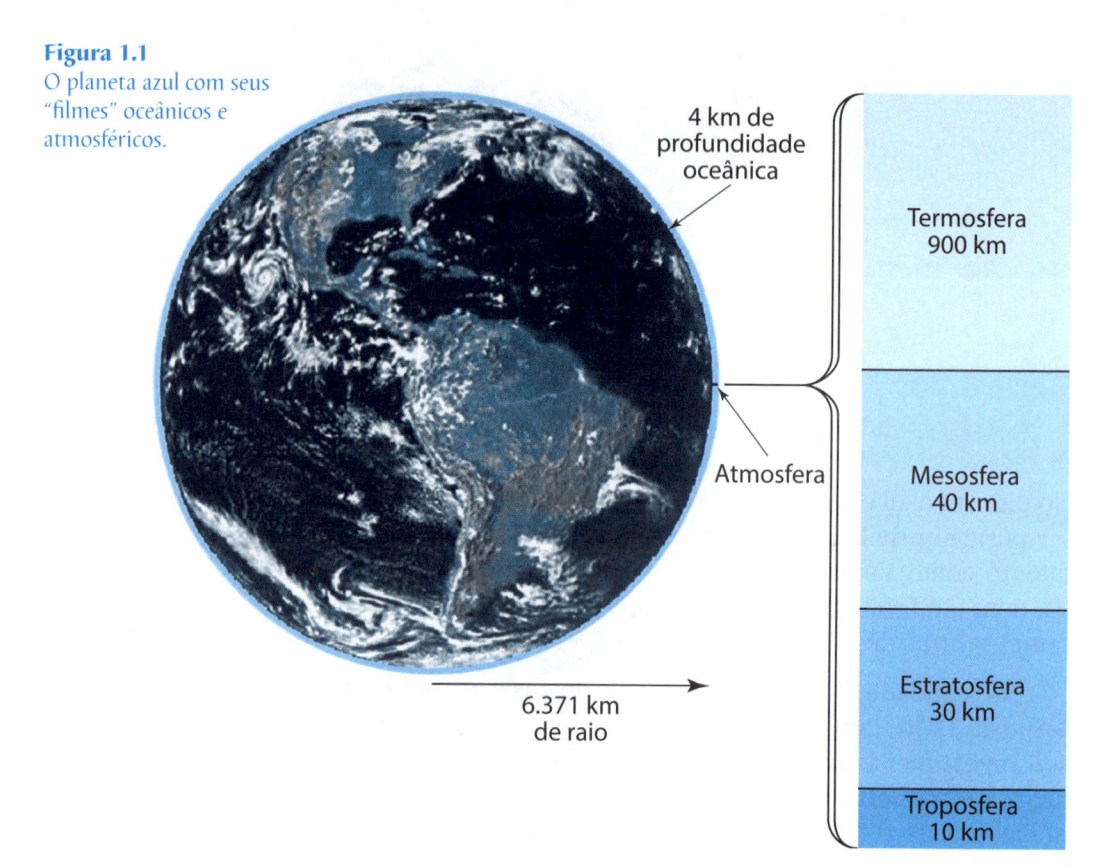

4 km de profundidade oceânica

6.371 km de raio

Atmosfera

Termosfera 900 km

Mesosfera 40 km

Estratosfera 30 km

Troposfera 10 km

A composição da nossa atmosfera ainda não tem paralelo em todo o Universo. A atmosfera mais parece uma fina camada de gases, quase imperceptível na escala dimensional do planeta (vide Figura 1.1). Nela, encontramos 78,1% de nitrogênio molecular (N_2), 20,9% de oxigênio molecular (O_2) e 0,93% de argônio (Ar), ao lado de quantidades aparentemente desprezíveis de dióxido de carbono (CO_2; 0,031%) , neônio (Ne; 0,0018%), hélio (He; 0,0005%) e hidrogênio molecular (H_2; 0,00005%). Também encontramos vapor d'água em quantidades que chegam a 4%. Mas nem sempre foi assim. Há dois bilhões de anos, o O_2 era praticamente inexistente, e o N_2 imperava de forma absoluta.

Como pode ser visto na Figura 1.1, a atmosfera terrestre é dividida em quatro camadas, denominadas troposfera, estratosfera, mesosfera e termosfera, que se comportam como faixas, com temperaturas relativamente constantes, o que dificulta sua mistura. A primeira camada é a troposfera, com cerca de 10 km de espessura. Por estar diretamente em contato com a superfície terrestre, ela está mais sujeita aos gradientes de temperatura e às turbulências decorrentes, refletindo diretamente no clima do planeta.

Em Vênus, o CO_2 compõe 96,5% da atmosfera e o N_2 preenche os 3,5% restantes. O O_2 é menos abundante que o Ar (0,007%). Em Marte, a situação também não é muito diferente: 95,3% de CO_2 e 2,7% de N_2. O O_2 representa apenas 0,13%, menos que o argônio (Ar; 1,6%). Curiosamente, 89,8% da atmosfera de Júpiter é formada por H_2, e 10,2%, He. O nitrogênio e o carbono são encontrados em quantidades muito baixas, sob a forma de amônia (NH_3; 0,26%) e metano (CH_4; 0,3%). Portanto, cada planeta tem características químicas próprias, bem distintas.

A composição química da litosfera é outro aspecto interessante para ser analisado. Gravuras que datam dos primórdios da Química, como a ilustrada na Figura 1.2, retratam Deus semeando a Terra com metais, e sua colheita e refino pelos homens. Essa concepção artística chama atenção para a distribuição dos elementos na crosta terrestre, embora o padrão que conhecemos seja bastante complexo, com muitas considerações a serem feitas[1].

No período de formação do planeta Terra, há 4,5 bilhões de anos, os elementos abundantes, como o carbono, o magnésio, o silício, o ferro, o alumínio e o fósforo, com alta afinidade pelo oxigênio, reagiram sob temperaturas elevadas, formando uma camada de óxidos. Assim, todo o oxigênio disponível foi consumido. Essa camada tem um efeito isolante, que diminui o resfriamento do núcleo metálico. Quando a temperatura externa do núcleo foi se aproximando de 2.300 °C, os óxidos se condensaram para formar a superfície do planeta. Abaixo de 1.200 °C, elementos naturais, como o enxofre e o cloro, deram origem aos respectivos compostos com os elementos metálicos abundantes.

---

[1] O leitor poderá encontrar mais informações a esse respeito no Volume 4 desta coleção.

Figura 1.2
Deus semeando os metais na Terra, com sua colheita e transformação pelo homem.
Fonte: Gravura extraída do livro Aula Subterrânea de Lazarus Ercker, Frankfurt, 1736, reproduzida em *Uma breve história da química*, por Arthur Greenberg, São Paulo: Blucher, 2009.

☉Au ♀Cu ♂Fe ♄Pb ♃Sn ☿Hg ☾Ag

Formaram-se dessa forma os sulfetos e os cloretos minerais encontrados na natureza. Contudo, o N_2, que é muito menos reativo, permaneceu livre na atmosfera. A natureza ainda não dispunha de meios eficientes para romper a tripla ligação (945 kJ mol^{-1}) que confere enorme estabilidade à molécula de N_2.

A origem da água em nosso planeta continua sendo um grande mistério. Se houvesse água nos primórdios da formação, ela teria reagido prontamente com os elementos metálicos, formando óxidos e produzindo hidrogênio molecular, que é abundante em planetas como Júpiter, porém é raro na atmosfera terrestre. Por isso é preciso formular outras hipóteses, até a da captura de gelo dos asteroides ou da liberação de água durante a condensação dos hidroxissilicatos existentes na crosta terrestre. O fato é que a água existe em abundância, formando um imenso lençol que cobre a maior parte da superfície terrestre. Apesar da imensidão dos oceanos, com profundidades típicas de 4 km, a espessura da camada aquosa praticamente desaparece na escala dimensional do planeta (Figura 1.1). A água, como excelente solvente polar, acabou dissolvendo e concentrando os sais solúveis, como os cloretos de elementos metálicos, principalmente Na, K, Mg e Ca, além de nitratos e fosfatos. Por isso, atualmente, 97% da água existente é salgada, e da água doce restante, apenas 1/3 é utilizável; a maior parte se encontra congelada nos polos.

A constituição da biosfera

Assim como o próprio Universo, as transformações no planeta continuam seguindo um fluxo incessante, sem nunca atingir o equilíbrio. Como bem retratado por M. C. Escher, na Figura 1.3, nesse quadro dinâmico em que interagem a terra, a água e o ar, aconteceu o inimaginável. Surgiu a vida.

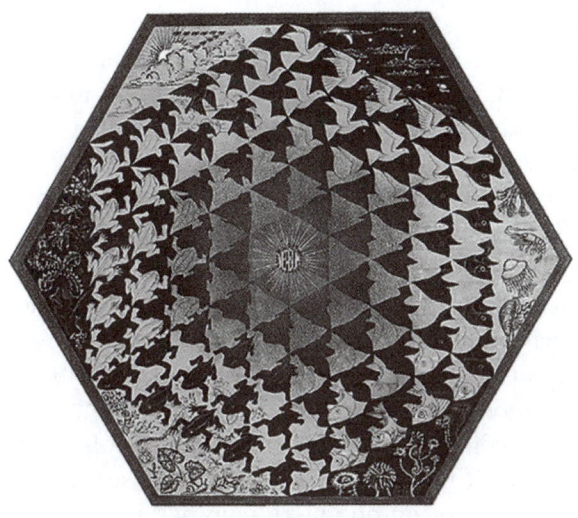

Figura 1.3
Verbum, o ato da criação na concepção de M. C. Escher (1898-1972).
Fonte: M. C. Escher works © 2014 The M. C. Escher Company – Holanda. Todos os direitos reservados. Usado com permissão.

A vida mudou o planeta, gerando a biosfera, com seus três domínios dinâmicos: a litosfera, a hidrosfera e a atmosfera. As trocas entre elas são constantes, impelidas pelo fluxo de energia que vem da luz do sol e da própria Terra. Tudo está em mudança, longe do equilíbrio, impulsionando as transformações que norteiam a evolução dos seres no planeta. No quadro de Escher, a evolução é bem perceptível, com os seres se transformando constantemente, da água para a terra, e desta para o ar, tanto no claro como no escuro, porém sem nunca chegar ao fim.

Na escala cósmica, o tempo é uma variável infinita. As transformações podem ocorrer de forma rápida demais para serem detectadas visualmente, ou, então, muito lentamente para serem percebidas em nossa efêmera existência. Contudo, no planeta, os registros de tempos não muito distantes ainda estão bem marcados nas camadas estratificadas dos solos e das rochas, nas geleiras e nos círculos concêntricos nos troncos de árvores centenárias. Eles nos levam a crer que a Natureza tem seu ritmo próprio, às vezes, perturbado por acontecimentos isolados e cataclismas. Contudo, a ação do homem, que passou a crescer exponencialmente desde o século passado, vem afetando esse cenário. A resposta da Natureza já está aparente nas mudanças globais que afetam o clima e a sustentabilidade do planeta.

Atmosfera

Com o surgimento de vida, apareceram as algas verde-azuladas há cerca de 2,5 bilhões de anos. Estas foram dotadas de capacidade fotossintética, isto é, de decompor a água sob a ação da luz, para produzir o oxigênio molecular (O_2) e possibilitar a síntese de carboidratos. Com isso, o oxigênio passou a se acumular na atmosfera, atingindo cerca de 1% após 1,3 bilhão de anos, período em que os organismos evoluíram para formas multicelulares e os organismos anaeróbicos primitivos desapareceram. A concentração de oxigênio na atmosfera só chegou ao nível de 10% há 500 milhões de anos, possibilitando a formação da camada de ozônio. O efeito da proteção contra radiações solares de maior energia permitiu que a vida se estendesse do mar para a terra. Ao mesmo tempo, o oxigênio passou a suportar novas formas de vida. Os primatas marcaram presença há 65 milhões de anos. O registro do homem data de apenas 5 milhões de anos, período em que o nível de oxigênio na atmosfera chegou ao patamar de hoje, de 21%.

Atualmente, na atmosfera, predominam dois elementos: o nitrogênio e o oxigênio, ao lado de 1% de vários outros constituintes, como pode ser visto na Tabela 1.1.

A atmosfera sofre a ação dos elementos naturais, como os vulcões, e das trocas gasosas na biosfera. Também sofre influência da atividade humana, principalmente na zona urbana, nas áreas de mineração e nas zonas de desmatamento

Tabela 1.1 – Composição da atmosfera (% V), excluindo o vapor d'água

Constituinte	Quantidade	Constituinte	Quantidade
N_2	78,08	Kr	$1,14 \times 10^{-4}$
O_2	20,95	H_2	5×10^{-5}
Ar	0,934	N_2O	3×10^{-5}
CO_2	0,031	CO	1×10^{-5}
Ne	$1,82 \times 10^{-3}$	Xe	$8,7 \times 10^{-6}$
CH_4	$1,5 \times 10^{-4}$	NH_3	1×10^{-6}
He	$5,2 \times 10^{-4}$	NO_2	1×10^{-7}

e queimadas. Os vulcões lançam grandes quantidades de cinzas e vapores na atmosfera, enquanto as plantas emanam essências orgânicas e particulados, como os pólens, proporcionando o odor ou o aroma característico dos campos, das matas e das florestas. A atividade microbiana, que leva à degradação dos substratos orgânicos, produz gás metano em quantidades apreciáveis. A poluição urbana é a que causa mais incômodo, pelos efeitos imediatos que provocam sobre a saúde e a qualidade de vida.

Os poluentes podem ocorrer sob a forma molecular, diluídos na atmosfera ou na forma de aerossóis ou de sólidos finamente divididos, constituindo os particulados. Os aerossóis apresentam partículas ou gotículas com diâmetros típicos na faixa de 1 a 10.000 nm (ou 10 mícrons, sendo 1 μm = 1.000 nm = 10^{-6} m) e ocorrem sob a forma de fumaça e neblina (*smog*). Entre os particulados estão a poeira, constituída por silicatos e óxidos metálicos provenientes do solo; os sais, principalmente em regiões litorâneas; além das cinzas e da fuligem, expelidas por indústrias e queimadas. As partículas, na escala de mícrons, também provocam acentuada diminuição de visibilidade nas regiões urbanas.

Os particulados emanados pelos vulcões podem permanecer por muito tempo na atmosfera, cobrindo imensas regiões do planeta e diminuindo a incidência dos raios solares na superfície, com consequências climáticas bastante graves.

Um dos perigos associados aos poluentes em suspensão na atmosfera é o fato de serem facilmente inalados, podendo provocar doenças de pulmão. Outro ponto está relacionado com a alta área superficial das partículas, que propicia a adsorção de moléculas e sua transformação catalítica em outras espécies. O mesmo ocorre com os aerossóis, pois a camada líquida das partículas pode servir de meio para absorção e transformação de muitas substâncias químicas. Por exemplo, o SO_2 em contato com aerossóis ou particulados pode formar ácido sulfúrico, o NO_2 pode formar ácido nítrico, e assim por diante.

A natureza dispõe de mecanismos eficientes, como a chuva e a neve, para a remoção dos particulados em suspensão na atmosfera. Na indústria, a emissão de particulados na atmosfera pode ser diminuída por meio de filtração, centrifugação ou precipitação eletrostática. Essa última consiste na passagem do fluxo gasoso através de redes eletrizadas que transferem carga negativa às partículas, fazendo com que sejam atraídas pelas paredes do recipiente, positivamente carregadas. Dessa forma, as partículas acabam se depositando, e podem ser removidas com facilidade.

A névoa, mais conhecida como *smog*, representa um caso especial e, ao mesmo tempo, bastante frequente de poluição, no qual vários elementos, por exemplo, fumaça, neblina e agentes químicos, interagem, formando uma manta sobre a região urbana. O *smog* é facilmente visível por quem está fora dele; por exemplo, no alto de uma montanha ou em um avião. Quem está envolvido pelo *smog* vê o horizonte com um halo marrom acinzentado.

Dois tipos de *smog* podem ser identificados. O primeiro tipo tem características oxidantes e é de natureza fotoquímica. Sua origem vem dos gases de combustão de veículos que contêm quantidades apreciáveis de óxidos de nitrogênio, formados a partir do ar superaquecido:

$$N_2 + O_2 \xrightarrow{\Delta} 2NO$$
$$2NO + O_2 \rightarrow 2NO_2$$

Na troposfera (baixa atmosfera), quando o NO_2 sofre ação da luz ultravioleta com comprimento de onda na faixa de 280 nm a 430 nm, ele se dissocia, formando radicais de oxigênio:

$$NO_2 \rightarrow NO + O^{\bullet}$$

Esses radicais reagem com oxigênio molecular e formam ozônio:

$$O_2 + O^\bullet \rightarrow O_3$$

Sob a ação da luz com comprimentos de onda inferiores a 320 nm, o ozônio se dissocia, formando novamente radicais de oxigênio:

$$O_3 \rightarrow O_2 + O^\bullet$$

Os radicais de oxigênio formados ainda podem reagir com as moléculas de água, dando origem a radicais hidroxil, que são extremamente reativos:

$$O^\bullet + H_2O \rightarrow 2\ HO^\bullet$$

Na presença de NO_2 esses radicais produzem ácido nítrico, HNO_3:

$$HO^\bullet + NO_2 \rightarrow HNO_3$$

Ao mesmo tempo, o NO_2 reage com H_2O para formar HNO_3, além de ácido nitroso, HNO_2; esse último, bastante instável, decompõe-se imediatamente em NO e HNO_3.

$$2NO_2 + H_2O \rightarrow HNO_3 + HNO_2$$

Na presença de NH_3, o ácido nítrico dá origem ao sal nitrato de amônio, NH_4NO_3:

$$NH_3 + HNO_3 \rightarrow NH_4NO_3$$

Os sais, como o nitrato de amônio, são particulados e formam aerossóis, em contato com a umidade. As partículas de aerossol acabam incorporando outras espécies geradas na atmosfera urbana, contribuindo para o *smog*.

A presença de hidrocarbonetos na atmosfera é devida tanto a fontes naturais como artificiais. Os hidrocarbonetos, como o etano, reagem com radicais OH, oxigênio molecular e NO, em uma sequência de reações, que levam à formação de espécies como o PAN (peroxyacetylnitrate = peroxinitrato de acetila).

O PAN é um poluente formado a partir do acetaldeído, e atua como transportador ou armazenador de NO_2, intensificando os efeitos dos óxidos de nitrogênio na atmosfera. É particularmente crítico em nosso país, onde grandes quantidades de acetaldeído são lançadas na atmosfera pelos veículos movidos a etanol.

Um segundo tipo de *smog* é induzido pelo dióxido de enxofre (gás sulfuroso) SO_2 na presença de óxidos de nitrogênio. O SO_2 entra na atmosfera por meio da oxidação do enxofre e de seus compostos, tanto por via natural como artificial. Os gases vulcânicos e as águas sulfurosas de estâncias minerais apresentam alto teor de SO_2. Tanto o carvão como o petróleo apresentam teores apreciáveis de enxofre, que se convertem em SO_2 no processo de combustão. No laboratório, a eliminação do SO_2 pode ser feita por meio de absorção em óxido de cálcio, CaO, formando sulfito de cálcio, $CaSO_3$.

$$CaO(s) + SO_2(g) \rightarrow CaSO_3(s)$$

No caso do petróleo, a remoção do enxofre é feita por meio de catalisadores de dessulfurização. Esses catalisadores atuam sobre os compostos de enxofre, principalmente mercaptanas, formando enxofre elementar, que pode ser removido por deposição.

Quando lançado na atmosfera, o SO_2 sofre conversão catalítica na presença de óxidos de nitrogênio e água, formando ácido sulfúrico.

$$SO_2 + NO_2 \rightarrow SO_3 + NO$$

$$SO_3 + H_2O \rightarrow H_2SO_4$$

Dessa forma, o *smog* formado se apresenta extremamente irritante para o sistema respiratório.

O SO_2 é capaz de atacar o mármore ($CaCO_3$), formando sulfito de cálcio, que é menos resistente à ação da água.

$$CaCO_3 + SO_2 \rightarrow CaSO_3 + CO_2$$

O efeito do SO_2 também se faz sentir pela acidez produzida em contato com a água, contribuindo para a chuva ácida, que vem ameaçando esculturas e monumentos históricos pela ação sobre o mármore ($CaCO_3$), além de prejudicar a qualidade do ar e do solo.

$$SO_2 + H_2O \rightleftharpoons HSO_3^- + H^+$$

$$CaCO_3 + 2H^+ \rightarrow Ca^{2+} + CO_2 + H_2O$$

Embora o pH da água pura seja igual a 7, os valores encontrados nas águas naturais e reservatórios situam-se geralmente em torno de 5,6; em razão do equilíbrio

$$CO_2 + H_2O \rightleftharpoons HCO_3^- + H^+$$

Assim, a água da chuva, com pH em torno desse valor é considerada normal. Valores bem inferiores de pH, que chegam a 2, têm sido observados em regiões altamente industrializadas. Nesses casos, a chuva é considerada ácida, e geralmente a acidez é decorrente dos óxidos de enxofre e de nitrogênio lançados na atmosfera.

O problema da chuva ácida não se restringe aos efeitos corrosivos sobre o meio urbano, porém se estende para regiões bem distantes, incluindo florestas e lagos, afetando diretamente o ecossistema. A lixiviação ácida do solo pode modificar drasticamente o transporte de nutrientes para as águas, com consequências das mais diversas para a vegetação e a vida aquática. A pulverização das áreas afetadas com cal hidratada, $Ca(OH)_2$, ou calcário, $CaCO_3$, em países desenvolvidos, tem dado bons resultados, diminuindo os efeitos da chuva ácida sobre o ecossistema.

CO_2 e efeito estufa

O CO_2 é um constituinte da atmosfera considerado essencial para a existência da biosfera, pelo fato de participar da cadeia fotossintética. Entretanto, sua concentração na atmosfera vem aumentando acentuadamente nas últimas décadas, passando de 296 ppm, em 1900, para 320 ppm, em 1965, e 399 ppm, em 2014 (1 ppm = uma parte por milhão) acompanhando a expansão populacional e os efeitos da influência humana sobre o meio ambiente, envolvendo principalmente a queima de combustíveis fósseis (petróleo, gás natural e o carvão) e da vegetação cultivada ou natural.

O aumento da concentração de CO_2 na atmosfera reflete um desequilíbrio entre a velocidade de produção, e as velocidades de utilização na fotossíntese e de absorção pela água dos rios e oceanos, convertendo-se em HCO_3^- e CO_3^{2-}. Essas espécies acabam se combinando com os íons de cálcio, formando $CaCO_3$. A maior quantidade de CO_2 na atmosfera é um fator favorável para a fotossíntese, contudo existem indícios de que ela possa alterar a qualidade dos alimentos, aumentando o teor de açúcar em detrimento ao teor de proteínas.

Considerando que o CO_2 não tem características tóxicas, a preocupação maior está no chamado efeito estufa. A denominação provém do fato de que, em uma estufa para cultivo de plantas, a luz que penetra pelo teto transparente, de vidro ou plástico, leva ao aquecimento do ar, que fica aprisionado em seu interior. O CO_2, bem como o vapor de água, absorve grande parte da radiação infravermelha irradiada pela superfície, após a incidência da luz do Sol, sendo dissipada sob a forma de calor.

Para compreender melhor esse efeito, é interessante comparar as curvas de emissão do Sol e da Terra com os picos de absorção dos gases de efeito estufa (CO_2, H_2O, CH_4, N_2O, O_3) medidos a 100 m e a 11 km do solo, mostrados na Figura 1.4.

A luz solar que atinge a superfície do planeta, incluindo a atmosfera mais próxima, é absorvida, promovendo o aquecimento e os processos fotossintéticos. Em virtude do aquecimento, parte dessa energia é irradiada pelo planeta para o espaço, como se fosse um corpo negro a 255 K. A radiação emitida tem uma distribuição espectral bastante larga, centrada em torno de 15 μm, como pode ser visto na Figura 1.4. Em baixas altitudes, a água está presente em maior concentração (0,4%) do que o CO_2 (0,031%), e tem maior capacidade de absorção da radiação no infravermelho (vide Figura 1.4). Dessa forma, o CO_2 deveria ser praticamente o único

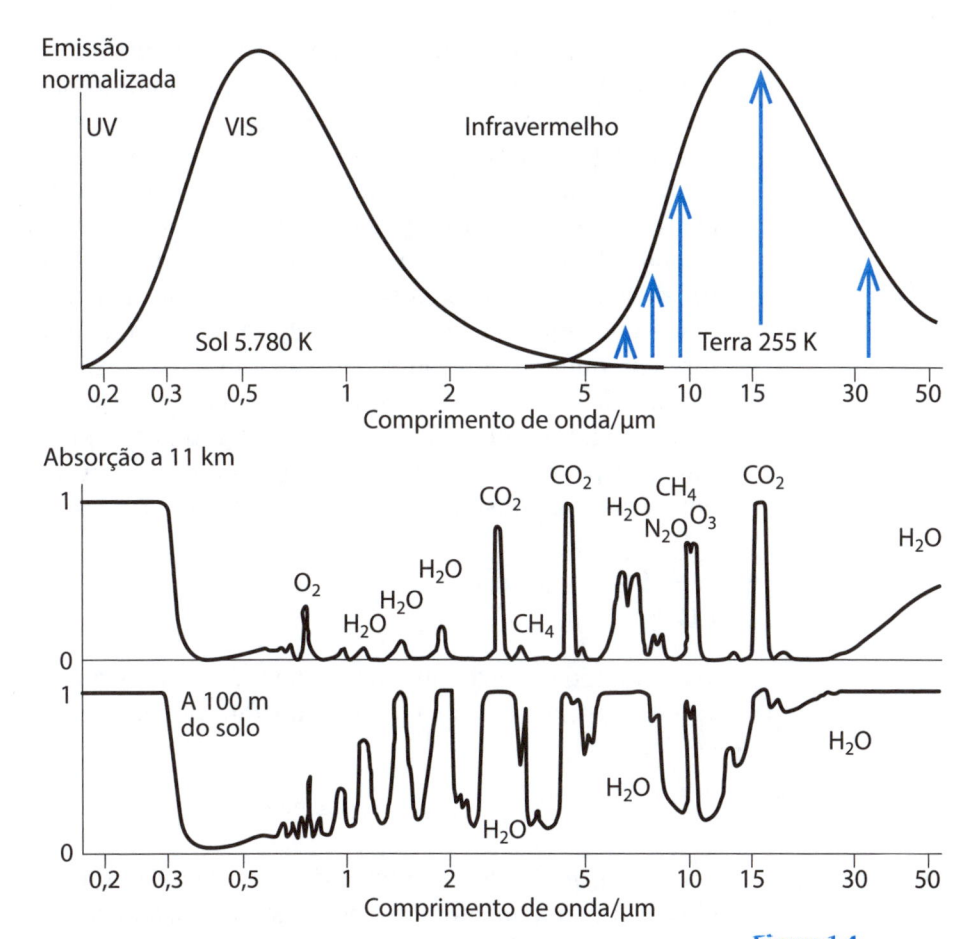

Figura 1.4
Curvas de emissão do Sol e da Terra, equivalente a corpos negros aquecidos a 5.780 e 255 K, respectivamente, e espectros de absorção dos gases de efeito estufa (CO_2, CH_4, N_2O, O_3 e H_2O), medidos a 100 m e 11 km de distância do solo. As setas indicam a reabsorção da radiação emitida pela superfície, pelos gases de efeito estufa localizados na alta troposfera (11 km).

responsável pelo efeito estufa, o que, na realidade, não é verdade. O efeito estufa provocado pelos gases próximos da superfície é pouco relevante, pois eles irradiam com a mesma temperatura local, como se fosse um único corpo negro.

À medida que nos distanciamos da superfície, a temperatura entra em declínio, e os gases de efeito estufa, como o CO_2, passam a irradiar cada vez menos, embora continuem absorvendo a radiação que vem da superfície. Por isso, a maior contribuição para o efeito estufa vem da parte mais alta da troposfera. Nessas regiões, a água praticamente deixa de existir na forma de vapor, embora ainda contribua com 70% do efeito estufa. O CO_2 presente na troposfera retém parte da energia irradiada pela superfície, por meio do pico de absorção em 16 µm (ou 625 cm^{-1}). Assim, o CO_2 passa a bloquear uma fração significativa da radiação infravermelha que deveria ser refletida para o espaço cósmico.

O aumento da concentração do CO_2 ao longo de várias décadas tem sido acompanhado por um aumento da temperatura. As previsões sugerem que, quando o teor de CO_2 chegar a 600 ppm, haverá um aumento de 1,5 a 4,5 °C na temperatura global da atmosfera, acarretando mudanças climáticas cujas consequências serão drásticas para várias regiões do planeta. O aumento da temperatura também provoca a diminuição da solubilidade do CO_2 nos oceanos, e sua consequente liberação para a atmosfera, sem interferência humana. Por outro lado, o aumento da concentração do CO_2 na atmosfera irá potencializar o efeito estufa, elevando a temperatura, e assim por diante, estabelecendo um ciclo perverso, em que a elevação do CO_2 se apresenta como causa e consequência, ao mesmo tempo.

CO

O monóxido de carbono é produzido na combustão de carvão e materiais orgânicos em atmosfera deficiente de oxigênio.

$$2C + O_2 \rightarrow 2CO$$

Em termos globais, a produção de CO pelo homem não chega a um décimo do que é normalmente produzido na natureza, principalmente pela oxidação de matéria orgânica na superfície do planeta. Entretanto, nas regiões urbanas, o CO é produzido principalmente pelos motores a combustão dos veículos, e atinge concentrações acima de 50 ppm, contrastando com 0,1 ppm na zona rural. Dessa forma, o CO é considerado um sério poluente atmosférico, concentrado em regiões com alta densidade populacional. O convívio por longos períodos em atmosfera com altos teores de CO pode prejudicar seriamente o organismo, provocando deficiência no sistema respiratório, visto que a molécula se combina preferencialmente com a hemoglobina do sangue, bloqueando os sítios de transporte de oxigênio. A solução tem sido empregar conversores catalíticos de CO em CO_2 nos escapamentos de veículos, para diminuir a emissão desse poluente na atmosfera.

Metano

O CH_4 está presente na atmosfera em teores relativamente baixos $(1,5 \times 10^{-4}\%)$ e é um dos gases que contribuem para o efeito estufa. Na biosfera, o CH_4 é formado constantemente pela ação das bactérias metanogênicas que usam como substrato o CO_2, conforme será visto mais adiante. Grandes depósitos são encontrados na natureza, viabilizando a exploração econômica como combustível fóssil. No fundo dos oceanos e em regiões congeladas do ártico, existem camadas de solo conhecidas como *permafrost*, formadas essencialmente por rochas, gelo e metano. Essas camadas ainda não são exploradas comercialmente, porém podem representar uma ameaça para o aquecimento global caso o CH_4 seja liberado para a atmosfera, visto que a capacidade de aquecimento do metano é 30 vezes maior em relação ao CO_2. Na busca por fontes renováveis de energia, a produção do CH_4 a partir da reação do CO_2 com H_2 e sua utilização em células de combustíveis será um dos desafios importantes a ser enfrentado pela ciência nas próximas décadas.

Ozônio

O oxigênio molecular na estratosfera sofre ação direta da radiação ultravioleta do Sol, com comprimentos de onda abaixo de 280 nm. Os fótons ultravioletas são absorvidos pelo O_2, provocando sua dissociação em átomos:

$$O_2 + h\nu \rightarrow 2\,O^{\bullet}$$

Os átomos de oxigênio combinam-se com as moléculas de O_2, formando ozônio:

$$O^{\bullet} + O_2 \rightarrow O_3$$

O ozônio estratosférico alcança concentrações da ordem de 10 ppm, o suficiente para bloquear quase totalmente a luz ultravioleta na faixa de 200 nm a 300 nm, que atinge o planeta (Figura 1.5). As radiações nessa faixa de comprimentos de onda são extremamente nocivas, pelos efeitos destrutivos em nível molecular, afetando diretamente todos os organismos vivos.

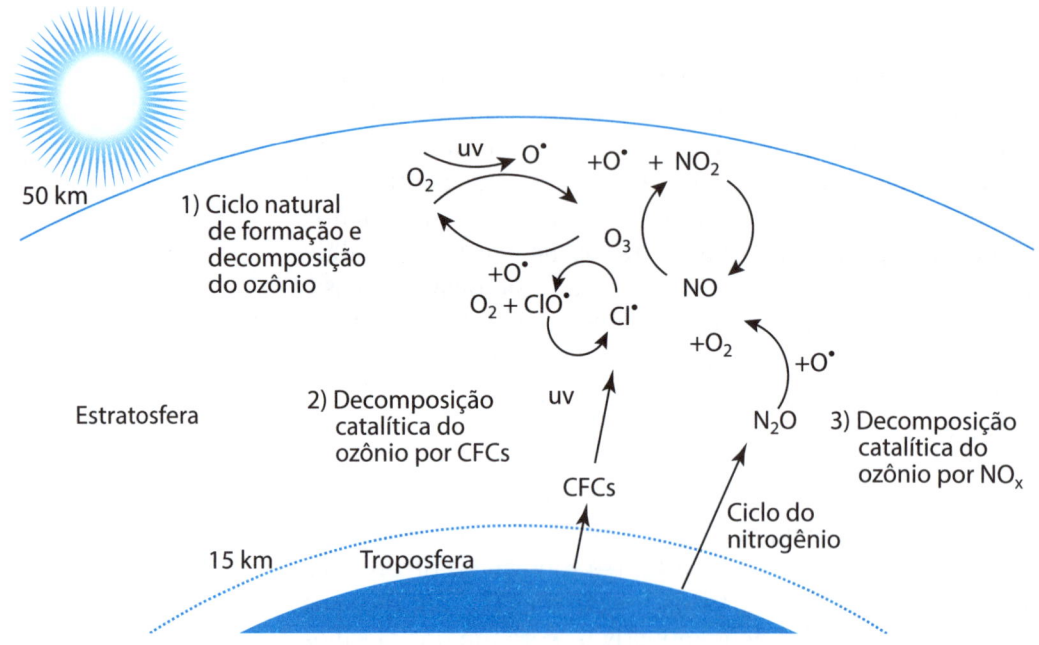

Figura 1.5
Ciclos importantes na camada de ozônio:
1) formação em equilíbrio dinâmico; 2) decomposição pelos óxidos de nitrogênio, NO_x; 3) decomposição pelos clorofluorocarbonos, CFCs.

A presença do ozônio na estratosfera é responsável pela denominação "camada de ozônio", como se O_3 fosse a espécie dominante. Os trabalhos de monitoração atmosférica têm demonstrado uma diminuição da concentração de ozônio na atmosfera global, estimada em 2,5% só na última década. A ameaça é grave, pelo fato de a diminuição no teor de ozônio ocorrer de forma localizada, principalmente sobre as regiões polares.

Várias reações podem contribuir para a destruição da camada de ozônio. A espécie que teria maior participação seria o óxido nítrico, NO, formado a partir do N_2O lançado na atmosfera, pela ação microbiana sobre os nitrocompostos do solo (vide ciclo de desnitrificação), e que poderia reagir com radicais de oxigênio,

$$O^\bullet + N_2O \rightarrow 2NO$$

O ciclo catalítico baseado no NO pode ser equacionado da seguinte maneira:

$$NO + O_3 \rightarrow NO_2 + O_2$$

$$NO_2 + O^\bullet \rightarrow NO + O_2$$

A descoberta desse ciclo levantou fortes temores, nos anos 1970, de que os óxidos de nitrogênio produzidos pelos aviões supersônicos acabariam destruindo a camada de ozônio em pouco tempo, o que felizmente não aconteceu. Outro ciclo catalítico que vem crescendo em importância envolve os gases organoclorados, conhecidos como CFCs (clorofluorocarbonos), tais como o $CFCl_3$ e o $CHFCl_2$, usados como propelentes gasosos em produtos domésticos de higiene e de refrigeração. Os compostos organo-bromados, como o CF_2BrCl e o CF_3Br, são usados em extintores de incêndio, e têm ação catalítica semelhante à dos CFCs, atuando como fontes de radicais de halogênio:

$$CFCl_3 + h\nu \rightarrow CFCl_2^{\bullet} + Cl^{\bullet}$$

$$Cl^{\bullet} + O_3 \rightarrow ClO^{\bullet} + O_2$$

$$ClO^{\bullet} + O^{\bullet} \rightarrow O_2 + Cl^{\bullet}$$

A descoberta desse ciclo motivou esforços em escala mundial para reduzir o uso dos CFCs, e iniciar sua substituição por gases sem cloro, como o 1,1,1-trifluoro-2-fluoroetano, CF_3CH_2F, que não são capazes de promover a fotodecomposição da camada de ozônio.

Litosfera

A parte da litosfera que tem maior participação na composição da biosfera se restringe a uma faixa de poucos metros de profundidade da superfície, que constitui o solo. Essa camada apresenta composição, porosidade e teor de água adequados para a sustentação de plantas, fornecendo os micronutrientes essenciais e abrigando diversas formas de vida que atuam diretamente no ciclo dos elementos na biosfera. A quantidade de ar no solo depende do seu grau de porosidade e do tamanho das partículas. As argilas, por exemplo, apresentam partículas da ordem de mícrons (μm), e formam empacotamentos bastante compactos, que dificultam o aprisionamento de ar em seu interior e o sustento da vida.

O húmus cobre a superfície do solo com teores que chegam a 5% de matéria orgânica em estado de decomposição.

Concentrando nutrientes e melhorando a qualidade do solo, o húmus constitui o meio mais fértil para o cultivo de plantas.

Assim como a atmosfera, o solo é bastante suscetível à ação do homem. A exploração inadequada das reservas naturais do subsolo e a ocupação desordenada da terra, têm levado a desmatamento, queimadas e destruição da fertilidade do solo. Por outro lado, a população mundial continua crescendo rapidamente, ultrapassando a escala de 6 bilhões de habitantes nesse novo milênio. A necessidade de aumentar a produção de alimentos já não permite dispensar o emprego de produtos agroquímicos, como fertilizantes e defensivos agrícolas, consumidos em larga escala, em virtude da vastidão das áreas de cultivo e pastagem. Sua utilização de forma adequada não deveria comprometer a qualidade do solo ou os ecossistemas, porém os procedimentos empregados atualmente ainda deixam muito a desejar.

O ar existente no solo

A composição do ar no solo apresenta geralmente 15% de O_2 e pode conter mais que 5% de CO_2, em razão da decomposição dos materiais orgânicos, sendo, portanto, bastante diferente da composição do ar atmosférico. O aumento no teor de gás carbônico tende a tornar o solo ligeiramente ácido, em razão do equilíbrio

$$CO_2 + H_2O \rightleftharpoons H^+ + HCO_3^-$$

A adição controlada de calcário, $CaCO_3$, permite diminuir a acidez do solo, visto que o íon carbonato se combina facilmente com íons H^+, formando bicarbonato:

$$CO_3^{2-} + H^+ \rightleftharpoons HCO_3^-$$

A água do solo

O solo retém água por meio de sua absorção no interior das partículas ou por meio da adsorção superficial. A água do solo se desloca pelo efeito da evaporação, da captação pelas raízes ou da drenagem natural para o subsolo, realizando um processo de **percolação**. Esse processo, que consiste na passagem do líquido por entre as partículas sólidas, pode provocar a **lixiviação dos** nutrientes solúveis, empobrecendo o solo. Quando o solo é rico em cálcio, magnésio, alumínio e ferro, a remoção de alguns desses elementos pode mudar o pH do meio, visto que o equilíbrio de cargas iônicas é afetado, e as reações hidrolíticas se tornam importantes:

$$Al(H_2O)_n^{3+} \rightleftharpoons Al(H_2O)_{n-1}(OH)^{2+} + H^+$$

A fixação do nitrogênio no solo

O nitrogênio é um elemento essencial para a vida e sua disponibilidade no solo está ligada ao ciclo que faz parte da biosfera, como ilustrado na Figura 1.6.

Figura 1.6
Ciclo do nitrogênio na biosfera.

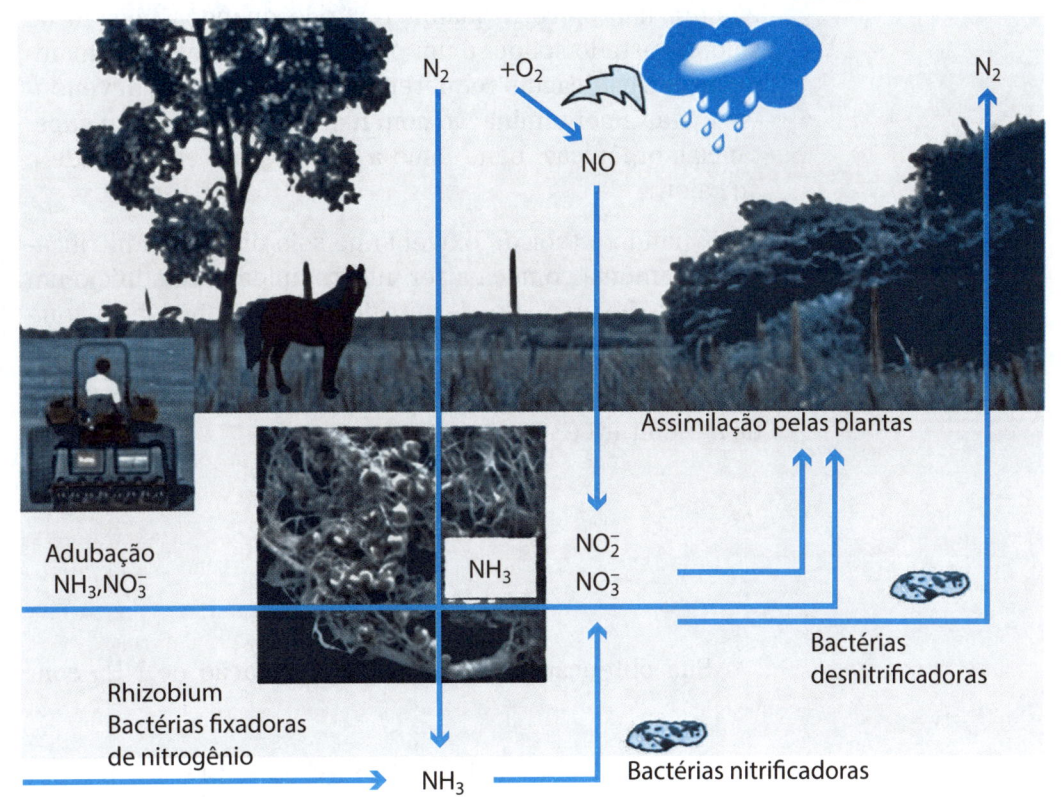

Como mostrado na Figura 1.6, o N_2 que compõe 78% da atmosfera tem sua biodisponibilidade muito baixa em virtude de sua elevada inércia química. Esse assunto será discutido no Capítulo 6. No solo, a disponibilidade do nitrogênio envolve espécies como amônia (NH_3), nitritos (NO_2^-) e nitratos (NO_3^-), além da participação de diversos agentes atmosféricos (descargas elétricas, radiação solar), bacterianos (bactérias fixadoras, nitrificadoras e desnitrificadoras) e do próprio homem, por meio da adubação.

No pH ligeiramente ácido do solo, o NH_3 se converte em NH_4^+, o qual sofre um processo de nitrificação bacteriana (oxidação), transformando-se no íon nitrato, NO_3^-, facilmente absorvido pelas plantas. A amônia é produzida em larga escala pelo processo Haber-Bosch a partir da reação catalítica entre N_2 e H_2, e também pode ser convertida em HNO_3 por meio da sua oxidação catalítica com O_2, no processo de Ostwald. Ambos são usados na adubação, sob a forma de NH_4NO_3. É importante observar que o nitrato de amônio é consumido em grande escala como fertilizante, e embora não ofereça qualquer perigo quando aplicado no solo, no estado sólido, é um poderoso explosivo. Sua manipulação e estocagem requerem bastante cuidado, devendo-se evitar a contaminação com materiais redutores e substâncias orgânicas, bem como a exposição à eletricidade e ao calor.

Quando o teor de oxigênio no solo diminui, a nitrificação da amônia começa a ser interrompida, e tem início um processo inverso, de desnitrificação microbiológica, que converte o nitrato em N_2, fechando o ciclo do elemento.

A ureia é outra fonte de nitrogênio bastante utilizada na agricultura e na alimentação do gado.

$$\begin{array}{c} H_2N \\ \diagdown \\ C=O \\ \diagup \\ H_2N \end{array}$$

Sua obtenção é feita a partir da reação de NH_3 com CO_2:

$$2NH_3 + CO_2 \rightarrow (H_2N)_2C=O + H_2O$$

Os nutrientes do solo

A atividade fotossintética promove a conversão do gás carbônico em carboidratos, utilizando a energia solar. Esse processo é essencial para as plantas; contudo, contribui apenas com uma parte para a manutenção da vida. O desenvolvimento das plantas depende de uma grande quantidade de espécies químicas, envolvidas nos incontáveis processos que ocorrem no interior das células. Esses processos utilizam, pelo menos, mais 15 elementos inorgânicos, além dos elementos C, H, O, provenientes do CO_2 e da água, como pode ser visto na Tabela 1.2.

Tabela 1.2 – Elementos inorgânicos essenciais para as plantas		
Classificação	**Elemento**	**Nutrientes típicos utilizados como fonte do elemento**
Macronutrientes	N	NH_3, NH_4NO_3, H_2NCONH_2 (ureia)
	P	$Ca(H_2PO_4)_2$, $NH_4H_2PO_4$
	K	KCl
Secundário	Ca	$CaCO_3$, $CaSO_4$, $Ca(OH)_2$
	Mg	$MgCO_3$, $MgSO_4$
	S	Sulfatos metálicos, enxofre elementar
Micronutrientes	B	$Na_2B_4O_7 \cdot 10H_2O$ (bórax)
	Cu	$CuSO_4 \cdot 5H_2O$ ou $[Cu(H_2O)_5]SO_4$
	Fe	$FeSO_4 \cdot 6H_2O$ ou $[Fe(H_2O)_6]SO_4$
	Mn	$MnSO_4 \cdot 6H_2O$ ou $[Mn(H_2O)]_6SO_4$
	Mo	$(NH_4)_2MoO_4$
	V	V_2O_5
	Zn	$ZnSO_4 \cdot 6H_2O$ ou $[Zn(H_2O)_6]SO_4$

Nessa lista também devem ser incluídos os elementos Na e Cl, que geralmente já estão disponíveis no solo. Esse conjunto de elementos inorgânicos é importante para as plantas, pois tem participação na composição de proteínas (N), na estocagem de energia (P), na regulação da pressão osmótica, na comunicação celular (K), no funcionamento da membrana celular (Ca), em processos de conversão de energia (Mg), na composição de biomoléculas sulfuradas

(S), no processo de crescimento (B), e em processos enzimáticos (Cu, Fe, Mn, Mo, V, Zn).

A principal fonte de fosfato é a apatita, $Ca_3(PO_4)_2$ proveniente das minas, ou depósitos naturais. Esse minério é pouco solúvel em água, porém, quando tratado com H_2SO_4, se converte em uma forma bastante solúvel, conhecida como superfosfato, que pode ser usada diretamente como fertilizante com aproximadamente 20% de P_2O_5.

$$Ca_3(PO_4)_2 + 2H_2SO_4 \rightarrow Ca(H_2PO_4)_2 + 2CaSO_4$$

O potássio ocorre em grandes quantidades sob a forma de K_2CO_3, em minas com grandes profundidades, ou sob a forma de KCl, geralmente contaminado com NaCl.

Hidrosfera

A água cobre mais de 70% da superfície terrestre, e é o principal constituinte dos seres vivos (aproximadamente 70%). Em contrapartida, uma quantidade e diversidade incalculável de organismos e plantas vive na água dos rios e oceanos. A água é essencial na atividade doméstica e na indústria, e em regiões áridas torna-se um líquido ainda mais precioso. Juntamente com a água, vão os dejetos do homem em suas atividades de sobrevivência e exploração; alguns são compatíveis com os ecossistemas, outros os agridem. A demanda por água cresce sistematicamente, acompanhando a expansão populacional, agrícola e industrial. Atualmente, no Brasil, a distribuição do consumo vai para a agricultura (69%), pecuária (12%), indústria (7%) e uso urbano (10%). No uso doméstico, mais de 50% vão para a higiene sanitária; 20% vão para a lavagem de roupas e utensílios, e o restante é consumido no preparo dos alimentos e outras atividades. A indústria utiliza a água como parte do processo de produção ou como líquido trocador de calor. Assim, por exemplo, para cada folha de papel fabricado se gasta cerca de meio litro de água; e para cada litro de gasolina, cerca de 8 litros de água. O uso da água na indústria gera a questão do tratamento dos efluentes, e a reciclagem tem sido a palavra de ordem na maioria das plantas e processos industriais modernos. Por essa razão, a qualidade da água é um assunto de vital importância para o ser humano.

Água dura

As águas de fontes naturais podem apresentar teores elevados de Ca^{2+}, Mg^{2+}, Fe^{3+} e outros íons capazes de formar precipitados, geralmente de carbonatos e óxidos, nas temperaturas elevadas das caldeiras industriais, e de prejudicar a ação dos sabões, formando compostos insolúveis com os ácidos graxos. Essas águas são denominadas *duras*. Uma forma de eliminar esses íons consiste em adicionar uma mistura de $Ca(OH)_2$ e Na_2CO_3, que eleva o pH da água, convertendo o íon bicarbonato, HCO_3- em carbonato, CO_3^{2-}. Os íons de Ca^{2+} e Mg^{2+} precipitam na forma de $CaCO_3$ e $Mg(OH)_2$:

$$HCO_3^- + OH \rightleftharpoons CO_3^{2-} + H_2O$$

$$Ca^{2+} + CO_3^{2-} \rightleftharpoons CaCO_3$$

$$Mg^{2+} + 2OH^- \rightleftharpoons Mg(OH)_2$$

Outro procedimento utiliza resinas trocadoras de íons, e é particularmente usado em águas industriais.

Água do mar

A água do mar concentra uma quantidade muito grande de sais dissolvidos, com um teor médio de 35 g por litro. A distribuição típica dos sais pode ser vista na Tabela 1.3.

A água do mar serve como fonte natural de NaCl e de sais de magnésio. Para o consumo humano, o teor de sais deve ser reduzido drasticamente para menos que 0,5 g/litro. Isso requer quantidades apreciáveis de energia, e investimentos que só se justificam em regiões em que não se dispõe de água doce. Nesse caso, as duas alternativas são a dessalinização por osmose reversa, e a destilação com energia solar.

A osmose reversa utiliza o princípio contrário que dá origem à pressão osmótica. Quando uma solução salina é separada do solvente puro, por meio de uma membrana permeável, as moléculas do solvente tendem a ser deslocar para o outro lado, de forma a diluir a solução salina. Esse deslocamento gera uma pressão osmótica que desiguala os níveis dos dois líquidos, como na Figura 1.7, até um ponto em que as velocidades de difusão do solvente nos dois sentidos, através da membrana, se igualem.

Tabela 1.3 – Composição salina da água do mar

Íon	Concentração (g do íon/ kg de água do mar)	Concentração mol L^{-1}
Cl^-	19,3	0,54
Na^+	10,8	0,47
SO_4^{2-}	2,7	0,028
Mg^{2+}	1,3	0,053
Ca^{2+}	0,41	0,0102
K^+	0,40	0,0102
CO_3^{2-}	0,11	0,0018
Br^-	0,067	0,00083
$H_2BO_3^-$	0,027	0,00044
Sr^{2+}	0,008	0,00009
F^-	0,001	0,00005

Figura 1.7
Processos de dessalinização por osmose reversa.

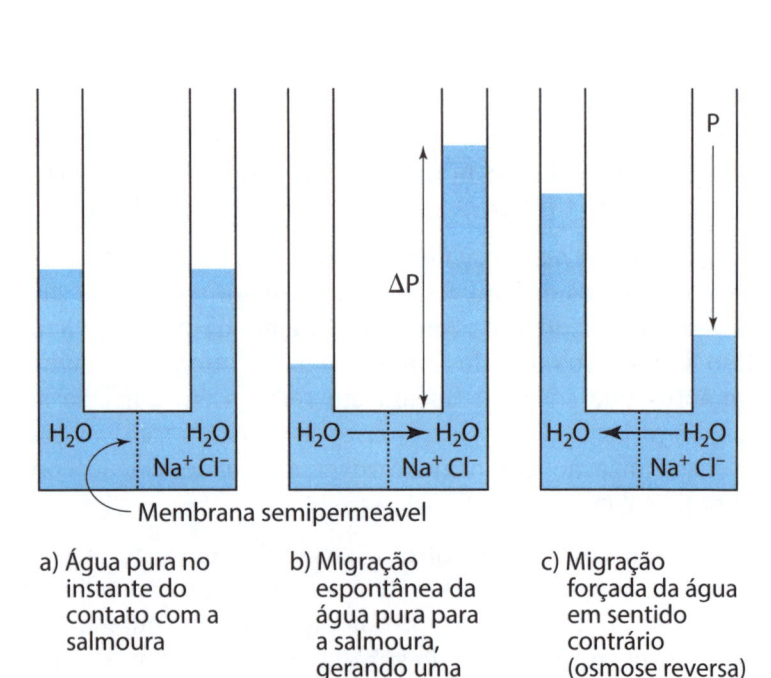

a) Água pura no instante do contato com a salmoura

b) Migração espontânea da água pura para a salmoura, gerando uma pressão osmótica, ΔP

c) Migração forçada da água em sentido contrário (osmose reversa)

O processo inverso requer o gasto de energia, para compensar a pressão osmótica e fazer com que o solvente se desloque em sentido contrário. A dessalinização da água do mar por osmose reversa requer pressões superiores a 100 atm, e membranas semipermeáveis, feitas, por exemplo, de acetato de celulose, ou poliamidas.

A obtenção de água potável a partir da destilação da água do mar é viável em regiões com alta incidência de luz solar, utilizando-se reservatórios com coletores acoplados a tetos solares, como no esquema da Figura 1.8.

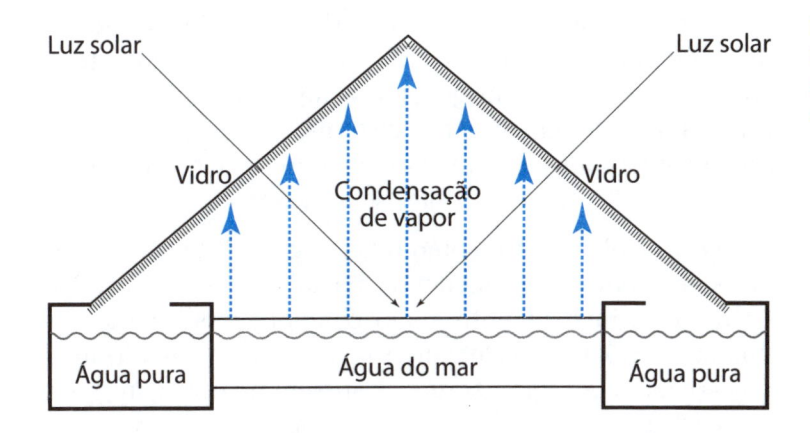

Figura 1.8
Teto solar para obtenção de água doce a partir da água do mar.

O teto solar permite a passagem da luz que é absorvida pelo reservatório, isolado termicamente. As unidades de evaporação são construídas sob céu aberto, de forma que o teto solar possa trocar calor com o ambiente. O vapor de água se condensa ao entrar em contato com o teto solar, e pode ser coletado em drenos colocados sob os pontos de escoamento. Os destiladores solares exigem áreas de milhares de metros quadrados, visto que o rendimento médio situa-se em torno de 3 litros/m^2 por dia.

Bioinorgânica: os elementos inorgânicos da vida

A vida, que surgiu há 3.8 bilhões de anos no planeta, é um reflexo do dinamismo das trocas existentes entre a hidrosfera, a litosfera e a atmosfera, tanto no nível material, como no nível energético (Figura 1.3). De fato, ela acabou se inserindo nesse círculo, como um fator de mudanças, elevando o teor de oxigênio na atmosfera até os níveis atuais, alterando a constituição do solo e das rochas, e deixando um importante legado energético, sob a forma dos combustíveis fósseis, que ainda vem impulsionando o desenvolvimento da sociedade moderna.

Seria possível falar *em composição química da vida*? Pode ser polêmico, mas a vida pode ser vista como uma expressão do meio em que surgiu, ao aproveitar os elementos químicos e os recursos existentes, dentro de um ambiente essencialmente mineral.

Alguns elementos, como o carbono, o hidrogênio e o nitrogênio, ao lado do oxigênio e do fósforo, acabaram se combinando para dar origem aos compostos orgânicos, que tornaram-se dominantes nos sistemas biológicos. Por isso são considerados elementos de constituição, e contribuem com 1% a 60% em massa, na composição dos seres vivos.

Outros elementos, como o Na, Mg, K, Ca, S e Cl comparecem com teores menores, na faixa de 0,01% a 1%, entrando principalmente como componentes iônicos dos fluidos biológicos (eletrólitos) ou como constituintes dos arcabouços biominerais que sustentam os organismos.

Existe, porém, um grupo majoritário formado pelos metais de transição, como V, Cr, Mn, Fe, Co, Ni, Cu, Zn, Mo, que estão presentes em teores abaixo de 0,01%, mas são indispensáveis à vida. De fato, são eles que impulsionam a vida, por meio da atividade enzimática em que estão envolvidos. O raciocínio agora vai no sentido inverso: quanto mais eficiente for sua atuação nas enzimas, uma menor quantidade será necessária para cumprir essa função. É, portanto, um fator de qualidade. A essa lista de elementos, temos de acrescentar, ainda, o B, Si, Se e I, que também comparecem abaixo de 0,01% na composição da vida, entrando na composição de biomoléculas ou de biominerais.

Esses grupos de elementos que podem ser vistos na Figura 1.9 são considerados atualmente os elementos essenciais para a vida. Contudo, a lista irá mudar com o avanço do conhecimento da ciência.

Como reflexo do ambiente em que surgiu, a vida mantém uma forte relação com a água, o solvente universal que transporta os nutrientes extraídos das rochas e do ar

1	2	3	4	5	6	7	8	9	10	11	12	13	14	15	16	17	18
1 H 1.0079						Representativos											2 He 4.0026
3 Li 6.941	4 Be 9.0122	Metais de transição										5 B 10.811	6 C 12.010	7 N 14.006	8 O 15.999	9 F 18.998	10 Ne 20.180
11 Na 22.989	12 Mg 24.305											13 Al 26.981	14 Si 28.085	15 P 30.973	16 S 32.066	17 Cl 35.453	18 Ar 39.948
19 K 39.098	20 Ca 40.078	21 Sc 44.956	22 Ti 47.867	23 V 50.941	24 Cr 51.996	25 Mn 54.938	26 Fe 55.845	27 Co 58.933	28 Ni 58.693	29 Cu 63.546	30 Zn 65.40	31 Ga 69.723	32 Ge 72.64	33 As 74.92	34 Se 78.96	35 Br 79.904	36 Kr 83.80
37 Rb 85.467	38 Sr 87.62	39 Y 88.905	40 Zr 91.224	41 Nb 92.906	42 Mo 95.94	43 Tc 98	44 Ru 101.07	45 Rh 102.90	46 Pd 106.42	47 Ag 107.86	48 Cd 112.41	49 In 114.81	50 Sn 118.71	51 Sb 121.76	52 Te 127.76	53 I 128.90	54 Xe 131.29
55 Cs 132.90	56 Ba 137.32	57-71 La-Lu	72 Hf 178.49	73 Ta 180.94	74 W 183.84	75 Re 186.20	76 Os 190.23	77 Ir 192.21	78 Pt 195.07	79 Au 196.96	80 Hg 200.59	81 Tl 204.38	82 Pb 207.21	83 Bi 208.98	84 Po 209	85 At 210	86 Rn 222
87 Fr 223	88 Ra 226	89-103 Ac-Lr	104 Rf 261	105 Db 262	74 Sg 266	75 Bh 277	76 Hs 277	109 Mt 268	110 Ds 271	111 Rg 272	112 Cn		114 Fl		116 Lv		

		57 La 138.90	58 Ce 140.11	59 Pr 140.90	60 Nd 144.24	61 Pm 145	62 Sm 150.36	63 Eu 151.96	64 Gd 157.25	65 Tb 158.92	66 Dy 162.50	67 Ho 164.93	68 Er 167.26	69 Tm 168.93	70 Yb 173.04	71 Lu 174.96
Lantanídios																

Actinídios		89 Ac 227	90 Th 232.03	91 Pa 231.03	92 U 238.02	93 Np 237	94 Pu 244	95 Am 243	96 Cm 247	97 Bk 247	98 Cf 251	99 Es 252	100 Fm 257	101 Md 258	102 No 259	103 Lr 262

Elementos de constituição 1% a 60%
Eletrólitos e coadjuvantes 0,01% a 1%
Elementos traços/enzimas < 0,01%
Elementos medicinais radiosótopos

Figura 1.9
A tabela periódica da vida.

(Tabela 1.4). A *abundância* do elemento na crosta terrestre poderia ser um fator primordial na seleção natural que encadeou o surgimento da vida. Porém, mais do que isso, sua *disponibilidade* no solo e nas águas é mais relevante. Isso está diretamente relacionado com a solubilidade dos compostos em meio aquoso. Entretanto, os elementos também devem ser pensados em termos de *funcionalidade* ou do papel que exercem nos seres vivos, como espécies capazes de realizar alguma tarefa ou ação importante, como é o caso das enzimas. Mas o que mais distingue a vida de outras formas de transformação é sua capacidade de adaptação ou de evoluir continuamente, geralmente em resposta às mudanças no meio ambiente. Assim, a *adaptabilidade química* vem a ser um requisito importante a ser considerado, na seleção natural dos elementos.

Tabela 1.4 – Elementos, estados de oxidação mais frequentes, disponibilidade na crosta, na água e no homem, e função biológica, organizados por grupo (G) na Tabela Periódica

Elem.	Est. oxid.	Crosta*	Água*	Homem*	Função
H	+I, O, –I	3,14	5,03	4,96	Elemento de constituição, ácido-base, redox
G1					
Li	I	1,30	–0,76	–1,5	Não essencial, uso farmacológico
Na	I	4,45	4,02	3,41	Principal cátion extracelular
K	I	4,41	2,58	3,34	Principal cátion intracelular
Rb	I	1,95	–0,92	0,9	Não essencial
Cs	I	0,44	–3,30		Não essencial
G2					
Be	II	0,45	–6,22		Não essencial, tóxico
Mg	II	4,32	3,13	2,60	Cofator enzimático, clorofila
Ca	II	4,55	2,60	4,14	Cofator-enzimas, atuador, biominerais
Sr	II	1,95	–0,92	0,6	Não essencial, incorporação nos ossos
Ba	II	2,62	–1,5	–0,5	Não essencial, agente de contraste
G13					
B	III	1,00	0,66	–0,7	Essencial para as plantas
Al	III	4,91	–2,0		Não essencial
Ga	III	1,17	–4,5		Não essencial
In	III	–1,0			Não essencial
Tl	I, III	0,3			Não essencial, tóxico
G14					
C	–IV a +IV	2,30	0,66	5,28	Elemento de constituição, biominerais
Si	IV	5,44	0,48	1,60	Estrutural
Ge	IV	0,17	–4,15		Não essencial
Sn	II, IV	0,30	–3,10	0,30	Função desconhecida
Pb	II	1,11	–4,5	-0,30	Não essencial, tóxico
G15					
N	–III a +V	1,30	–0,3	4,70	Elemento de constituição
P	V	3,02	–1,15	3,80	Estrutural, enzimático, bioenergia
As	III, V	0,25	–2,5	–1,3	Não essencial, tóxico
Sb	V	–0,7	–3,3		Não essencial
Bi	III	–0,6	–4,7		Não essencial, uso medicinal

(continua)

Tabela 1.4 – Elementos, estados de oxidação mais frequentes, disponibilidade na crosta, na água e no homem, e função biológica, organizados por grupo (G) na Tabela Periódica (*continuação*)

Elem.	Est. oxid.	Crosta*	Água*	Homem*	Função
G16					
O	–II, –I, O	5,66	5,93	5,79	Elemento de constituição, água, O_2
S	–II, –I, IV, VI	2,41	2,94	3,80	Elemento de constituição, enz. Fe-S
Se	–II	–1,3	–3,4		Essencial em traços, tóxico
Te	–II	2,0			Não essencial, tóxico
G17					
F	–I	2,79	0,11		Presente nos ossos e dentes
Cl	–I	2,11	4,28	3,25	Principal ânion celular
Br	–I	0,39	1,81	0,3	Encontrado em espécies marinhas
I	–I	–0,30	–1,22	0,01	Constituinte de hormônios da tireoide
G3-12					
Ti	IV	3,64	–3,0		Não essencial
V	III, IV, V	2,13	–2,69	–1,5	Essencial para org. marinhos e plantas
Cr	III	2,00	–4,3	–1,5	Essencial, prevenção de diabetes
Mn	II, III, IV	2,97	–2,7	0,01	Função enzimática, dec. água
Fe	II, III, IV	4,69	–2,7	1,70	Função enzimática, transporte de O_2
Co	I, II, III	1,39	–4,0	–1,4	Função enzimática, vitamina B_{12}
Ni	I, II, III	1,87	–2,7	–1,4	Metanogênese
Cu	I, II	1,74	–2,5	0,6	Função enzimática, transporte de O_2
Zn	II	1,84	–2,0	1,40	Função enzimática
Outros					
Nb	III, V	1,30	–5,0		Não essencial
Mo	II, IV, VI	0,17	–2,0	–0,7	Função enzimática, fixação de N_2
Cd	II	–0,7	–3,95		Não essencial, tóxico
W	IV, VI				Substituto de Mo em enzimas redox
Pt	II, IV	–2,0			Não essencial, uso farmacológico
Au	III	–2,4	–5,4		Não essencial, uso farmacológico
Hg	I, II	–1,1	–4,5		Não essencial, tóxico
Ln**	III				Não essencial, agentes de contraste

*Quantidades em logaritmo da distribuição percentual em parte por milhão. Exemplo: 10^6 g de água encerram $10^{5,03}$ g de hidrogênio. ** Lantanídios.

Sob o ponto de vista analítico, praticamente toda a Tabela Periódica dos Elementos pode ser encontrada nos organismos vivos, em diversas proporções. De fato, a interação dos seres vivos com o meio ambiente acaba promovendo trocas constantes, por meio do consumo de alimentos e da assimilação dos constituintes da terra, da água e do ar, ao mesmo tempo que o modifica, por meio dos dejetos e produtos gerados. Com o tempo, é possível que alguns elementos estranhos se tornem parte dos processos naturais, refletindo a mudança do meio ambiente, como tem acontecido ao longo da evolução. Enquanto isso não ocorre, o organismo pode estar despreparado para lidar com elementos como os metais pesados (Hg, Cd, Pb etc.), que passam a exercer uma ação tóxica, interferindo na ação dos outros elementos existentes nas biomoléculas. Essa consequência pode ser trágica quando leva ao envenenamento do organismo, mas também pode ser aproveitada de forma positiva, sob a forma de metalofármacos, para eliminar células danosas e promover a cura de doenças. Esses aspectos mostram a importância de se conhecer o papel dos elementos inorgânicos no organismo, e, portanto, a Química Bioinorgânica.

CAPÍTULO 2

BIOMOLÉCULAS E CONSTITUINTES CELULARES

A Química responde pelo mecanismo da vida. Todas as transformações que se processam nos seres vivos ocorrem de forma organizada, em compartimentos delimitados por membranas seletivas, que constituem as células e suas organelas (Figura 2.1). As células representam as menores unidades, com organização própria e capacidade de sustentação, incluindo replicação. Em seu interior existem

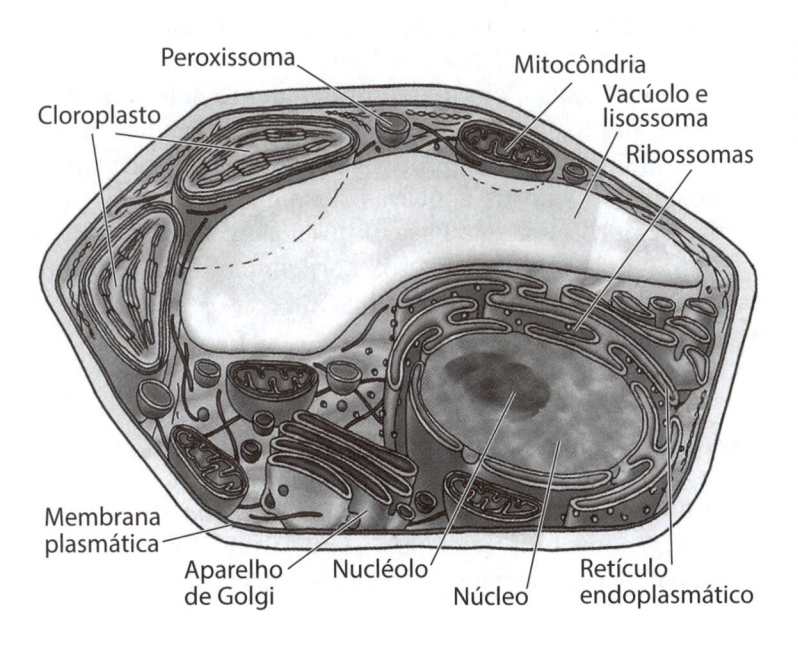

Figura 2.1
Ilustração dos componentes de uma célula (vegetal).

várias organelas dispersas no fluido plasmático, começando pelo núcleo, com seu meandro formado pelo retículo endoplasmático, além da mitocôndria, dos cloroplastos, dos lisossomas e peroxissomas, dos vacúolos e do aparelho de Golgi.

No núcleo, estão armazenadas as informações que permitem a reprodução da célula. O retículo endoplasmático forma um meandro de membranas, como canais, onde ficam os ribossomos, que realizam a síntese de proteínas. Estas são, depois, transportadas até o citoplasma e o aparelho de Golgi, onde são transformadas para várias finalidades. No aparelho de Golgi são sintetizados os lipídios e os polissacarídios, que compõem as paredes das células vegetais.

Os cloroplastos só são encontrados em células vegetais, e apresentam função fotossintética. As mitocôndrias são organelas em que se processa a cadeia de transporte de elétrons acoplada à respiração. Nelas, é gerada a energia necessária para a atividade da célula. As lisossomas e peroxissomas são compartimentos especializados na digestão de macromoléculas e em várias reações de oxidação. Nas células vegetais existem verdadeiras cápsulas ou vacúolos, que servem de depósitos de nutrientes ou de acúmulo de dejetos.

Os processos que ocorrem dentro da célula levam à formação e ao desaparecimento de moléculas essenciais para a constituição, o funcionamento e a manutenção da máquina biológica. Essas moléculas, também conhecidas como biomoléculas, abrangem um conjunto seleto, porém bastante amplo, de funções químicas combinadas, como álcoois, aminas, ácidos carboxílicos, ésteres etc. Entre as biomoléculas estão os açúcares, os aminoácidos, os peptídios e as proteínas, as bases nucleicas, o DNA e o RNA e os lipídios. As vitaminas e os hormônios também fazem parte desse grupo, mas serão discutidos só mais adiante, no Capítulo 9.

Mono, oligo e polissacarídios

Os **monossacarídios** constituem compostos de C, H e O, com grupos –OH (álcoois), –CHO (aldeído) ou >C=O (cetona). São as espécies mais simples da classe dos carboidratos. Existem cerca de 70 monossacarídios conhecidos, dos quais 20 participam dos sistemas biológicos. Os monossacarídios existem na forma de cadeia aberta e cíclica, em equilíbrio; sendo que a forma cíclica é predominante. Como exemplos típicos de monossacarídios podem ser citadas a glucose e a frutose, ambas de composição $C_6H_{10}O_6$ ou $\{CH_2O\}_6$:

glucose

frutose

A glucose apresenta, na forma linear, um grupo aldeído, sendo por isso considerada uma **aldose**; ao passo que a frutose apresenta um grupo cetona, sendo classificada como **cetose**. Em virtude da presença de vários grupos –OH na molécula, os monossacarídios são bastante solúveis em água, pois interagem fortemente com o solvente, formando ligações de hidrogênio. Um diferente posicionamento dos grupos –OH, em relação ao plano do pentágono, pode dar origem a isômeros, conhecidos como α e β. A glucose também é conhecida como dextrose, e constitui uma fonte imediata de energia para a célula, sendo por isso administrada como soro intravenoso em situações de emergência médica. A frutose é encontrada em muitas frutas e também usada na alimentação.

Dissacarídios

Os dissacarídios são formados pela união de dois monossacarídios com a eliminação de uma molécula de água. Entre os exemplos mais simples está a sacarose, encontrada na cana-de-açúcar. Na sacarose, temos uma unidade de glucose ligada a uma unidade de frutose. A maltose, encontrada no amido, é outro exemplo de dissacarídio constituído por duas unidades de glucose. A lactose, encontrada no leite, consiste de uma unidade de glucose ligada a outro isômero óptico da glucose, conhecido como galactose.

sacarose

maltose

Polissacarídios

Os polissacarídios apresentam centenas ou milhares de unidades de monossacarídios, principalmente glucose, e encontram-se sob várias formas na natureza, por exemplo, amido, glicogênio e celulose.

O amido constitui uma reserva energética para as plantas. Concentra-se principalmente nos grãos de cereais e apresenta uma forma solúvel em água quente (amilose), e outra pouco solúvel (amilopectina). A amilose é um polímero linear formado por cerca de 200 unidades de α-D--glucose e produz uma coloração azul característica na presença de iodo/iodeto. A amilopectina tem cerca de 1.000 unidades de α-D-glucose, em arranjo ramificado, e produz uma coloração vermelha com iodo/iodeto. Quando hidrolisada parcialmente, a amilopectina produz unidades poliméricas menores, conhecidas como **dextrinas,** bastante usadas como aditivos na alimentação e no acabamento de papéis e tecidos.

O glicogênio constitui uma reserva energética para os animais, e apresenta cadeias de α-D-glucose ramificadas, como na amilopectina.

A celulose é constituída por milhares de unidades de D-glucose na forma β. É interessante notar que no amido e no glicogênio as unidades estão na forma α. As diferenças de estrutura entre os polímeros α e β são responsáveis pelo fato de os primeiros sofrerem digestão, ao contrário da celulose, que não é digerível por nosso organismo. O homem não tem enzimas para digerir a celulose, ao contrário dos seres herbívoros.

celulose

Os produtos conhecidos que contém celulose são o papel, o celofane e o algodão. No algodão são encontradas cadeias com 2.000 a 9.000 unidades de D-glucose, que se associam por meio de ligações de hidrogênio, umas com as outras, por meio dos grupos –OH. As microfibrilas resultantes apresentam uma complexa rede de pontes de hidrogênio capaz de absorver grandes quantidades de água em seu interior, proporcionando as características absorventes do algodão.

Aminoácidos e proteínas

Os aminoácidos apresentam a fórmula geral

em que R é um grupo característico. São as unidades constituintes dos peptídios e das proteínas. Existem cerca de 20 aminoácidos que participam da constituição das proteínas, cuja formulação, simbologia e propriedades ácido-base podem ser vistas na Tabela 2.1. Desse grupo, treonina, valina, leucina, isoleucina, metionina, lisina, arginina, fenilalanina, triptofano e histidina são considerados essenciais na dieta humana, pois ao contrário dos demais, eles não são sintetizados pelo organismo.

Os aminoácidos existem na forma de íon-duplo (zwitterion), em que o hidrogênio ácido da carboxila é captado pelo nitrogênio básico da amina.

Dois aminoácidos podem se ligar formando ligações peptídicas, e no processo ocorre a saída de uma molécula de água.

Cada extremidade do dipeptídio pode formar uma nova ligação peptídica, possibilitando a ampliação da cadeia. Dessa forma, se tivermos quatro aminoácidos distintos, será possível efetuar $4! = 4 \times 3 \times 2 \times 1 = 24$ combinações. Com dez aminoácidos podemos gerar 3,6 milhões de pep-

Aminoácidos	Sím-bolo	Le-tra	Grupo R	pKa -COOH	pKa -NH₃⁺	pKa R	P. iso.
Glicina	gly	G	-H	2,34	9,60		5,97
Alanina	ala	A	-CH$_3$	2,34	9,69		6,00
Valina	val	V	-CH(CH$_3$)$_2$	2,32	9,62		5,96
Leucina	leu	L	-CH$_2$-CH(CH$_3$)$_2$	2,36	9,60		5,98
Isoleucina	ile	I	-CH(CH$_3$)-CH$_2$-CH$_3$	2,36	9,60		6,02
Serina	ser	S	-CH$_2$OH	2,21	9,15		5,68
Treonina	thr	T	-CH(OH)-CH$_3$	2,09	9,10		5,60
Cisteína	cys	C	-CH$_2$SH	1,96	10,28	8,18	5,07
Metionina	met	M	-CH$_2$-CH$_2$-S-CH$_3$	2,28	9,21		5,74
Ácido aspártico	asp	D	-CH$_2$CO$_2$H	1,88	9,60	3,65	2,77
Asparagina	asn	N	-CH$_2$-C(O)NH$_2$	2,02	8,80		5,41
Ácido glutâmico	glu	E	-CH$_2$-CH$_2$-CO$_2$H	2,19	9,67	4,25	3,22
Glutamina	gln	Q	-CH$_2$-CH$_2$-C(O)NH$_2$	2,17	9,13		5,65
Lisina	lis	K	-(CH$_2$)$_4$-NH$_2$	2,18	8,95	10,5	9,74
Arginina	ar	R		2,17	9,04	12,5	10,7
Fenilalanina	phe	F		1,83	9,13		5,48
Tirosina	tyr	Y		2,20	9,11	10,0	5,66
Triptofano	trp	W		2,83	9,39		5,89
Histidina	his	H		1,82	9,17	6,00	7,59
Prolina	pro	P		1,99	10,60		6,30

Tabela 2.1 – Principais aminoácidos – fórmula geral R-CH(NH$_2$)COOH

P. iso = ponto isoelétrico

tídios distintos, e com 20 aminoácidos teremos $2,4 \times 10^{18}$ possibilidades, obtidas por simples permutação. Esses números astronômicos refletem a variedade (inesgotável) das características individuais dos seres vivos.

Síntese de Merrifield

R. Bruce Merrifield, professor da Universidade de Rockefeller (EUA), recebeu o Prêmio Nobel de Química de 1984 pelo desenvolvimento de um método simples e engenhoso de obter peptídios e proteínas. Nesse método, uma unidade de aminoácido é ligada a um polímero sólido por meio do grupo carboxílico, deixando o grupo NH_2 livre para reagir com outro aminoácido em solução. Dessa forma, o novo peptídio formado encontra-se imobilizado; os demais reagentes e impurezas podem ser removidos por simples lavagem do polímero modificado. A reação é repetida sucessivamente, utilizando-se os aminoácidos desejados, até se obter o peptídio desejado, o qual pode ser removido sem dificuldades, por métodos químicos. A vantagem do processo é possibilitar a automação, conduzindo à produção de peptídios com alto rendimento e pureza.

Uma proteína é formada por centenas ou milhares de aminoácidos, com as mais diversas composições. A sequência de aminoácidos determina o que se costuma chamar de **estrutura primária da proteína**. As dobras conformacionais ao longo da cadeia proteica determinam a **estrutura secundária** da proteína, como a do tipo hélice, que é mantida por meio de pontes de hidrogênio entre os grupos NH e os oxigênios carbonílicos. Os grupos R dos aminoácidos constituintes também podem interagir por meio de ligações do tipo dissulfeto, -S-S-, ligações de hidrogênio -NH...O=C, interações iônicas do tipo $-NH_3^+...-O-C(O)R$, e forças de van der Waals entre os grupos hidrocarbonetos hidrofóbicos. Essas interações determinam o formato da cadeia proteica, isto é, sua **estrutura terciária.** A cadeia proteica, por vez, pode se associar a outras unidades, formando agregados, cuja disposição é conhecida como **estrutura quaternária**.

A pele, os cabelos e as unhas, são constituídas de proteínas. A parte superficial da pele é composta de células mortas, em que se concentra um tipo de proteína,

denominado queratina, formada por cerca de 20 aminoácidos diferentes. Os cabelos também são formados por
queratina, porém com um teor bastante elevado de cistina
(17%), comparado com 3%, na queratina da pele. A cistina é produto da oxidação de duas moléculas de cisteína, e
apresenta uma ponte dissulfeto:

Essa ponte faz a ligação entre diferentes cadeias de
proteínas que contribuem para as características físicas da
pele e dos cabelos. As ligações iônicas entre os grupos carboxilatos e as aminas protonadas também contribuem para
a estrutura da queratina, de tal forma que acima de pH 4
vários grupos que participam de interações iônicas se sepa-
ram, por causa da desprotonação, e a proteína se expande,
o que explica o fato de os cabelos tornarem-se mais volu-
mosos e macios. As unhas são formadas por um tipo mais
denso de queratina.

A indústria de cosméticos movimenta anualmente dezenas de bilhões de dólares em produtos para a pele e cabelos. As propriedades do cabelo refletem bem sua composição proteica. Quando os cabelos estão molhados, parte
das ligações iônicas são rompidas e a queratina se expande.
Assim, os fios molhados podem ser estirados a mais que
o dobro de seu comprimento quando estão secos. Com a
perda de água, os fios de cabelo se contraem. Essa propriedade é usada em equipamentos simples de medição de
umidade relativa do ar, ou higrômetros. A aplicação do calor, e orientação, como no enrolamento, também é baseada
nessa propriedade, e permite dar forma aos cabelos. A modificação da forma do cabelo também pode ser conseguida,
de forma persistente, por meio do processo chamado "per-
manente". Esse processo utiliza inicialmente um agente
redutor, como o ácido tioglicólico, que provoca a ruptura

das várias pontes dissulfeto originais. Os cabelos são orientados da maneira desejada e submetidos a um tratamento oxidativo, para formar novamente as pontes dissulfeto segundo a nova orientação das cadeias proteicas. Os agentes oxidantes usados podem ser o peróxido de hidrogênio, os perboratos ou os bromatos.

Ácidos nucleicos

A união do ácido fosfórico com um açúcar e uma base N-heterocíclica dá origem a uma unidade conhecida como nucleotídio, que é o constituinte monomérico dos ácidos nucleicos.

nucleotídio–ATP

O açúcar que participa dos nucleotídios é a ribose, ou o seu derivado, sem um átomo de oxigênio, isto é, a 2-desoxirribose.

ribose

2-desoxi-ribose

As bases N-heterocíclicas típicas são a adenina, a guanina, a citosina e a timina, bem como a uracila. As bases adenina e timina, assim como a guanina e a citosina, podem se associar por meio de pontes de hidrogênio, como se fossem complementares.

adenina   guanina

uracil   citosina   timina

As bases nucleicas também participam dos dinucleotídios, que incorporam mais uma base heterocíclica nitrogenada, como a nicotinamida. Um exemplo típico é o NADH ou nicotinamida adenina dinucleotídio, que tem um papel importante em processos redox em sistemas biológicos.

$+H^+ + 2e^-$

NAD$^+$ NADH

Os ácidos nucleicos são polinucleotídios encontrados praticamente em todas as células vivas; com exceção das hemácias (glóbulos vermelhos do sangue). O DNA concentra-se

Figura 2.2
Desenrolando o
cromossomo até chegar ao
DNA.

no núcleo da célula, onde os cromossomos são formados (Figuras 2.2 e 2.3) e apresenta a 2-desoxirribose como açúcar, daí o nome ácido desoxirribonucleico. O RNA, ou ácido ribonucleico, contém a ribose como açúcar em sua constituição, e é encontrado no citoplasma. O RNA apresenta uma única cadeia helicoidal de polinucleotídios.

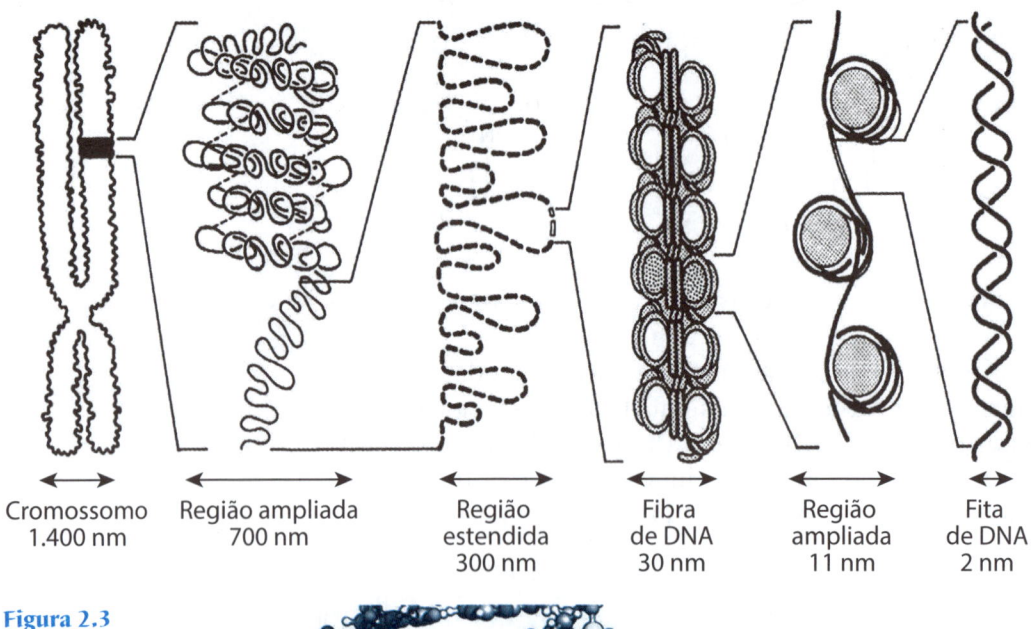

| Cromossomo 1.400 nm | Região ampliada 700 nm | Região estendida 300 nm | Fibra de DNA 30 nm | Região ampliada 11 nm | Fita de DNA 2 nm |

Figura 2.3
DNA – polinucleotídios
com fitas duplas unidas
pelos pares de bases
nucleicas.

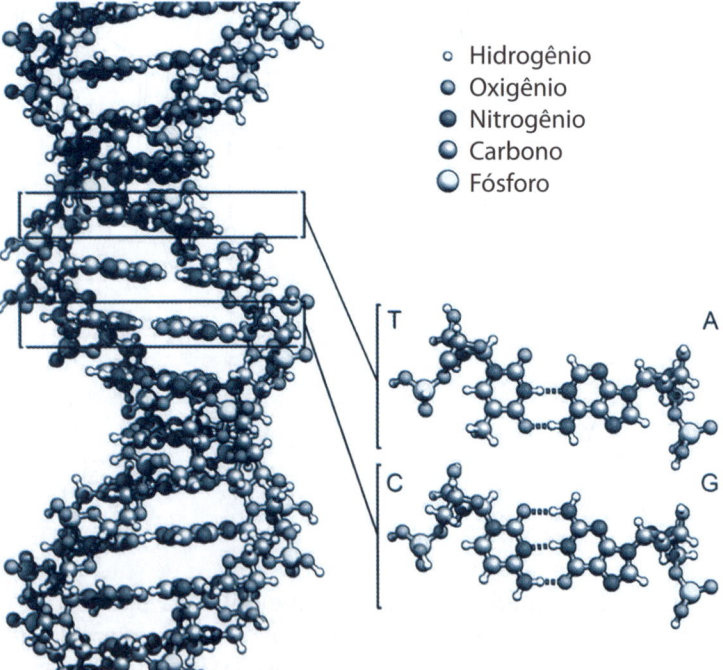

o Hidrogênio
● Oxigênio
● Nitrogênio
● Carbono
○ Fósforo

A estrutura do DNA foi elucidada em 1953 por J. Watson e F. Crick, e apresenta uma dupla hélice mantida por meio de ligações de hidrogênio, formada pelos pares de bases nucleicas, adenina-timina (A-T) e guanina-citosina (G-C), conforme ilustrado no esquema a seguir.

As fitas duplas de DNA dão origem aos 46 cromossomos do homem. Os cromossomos apresentam regiões que armazenam informações de hereditariedade, denominadas **genes.** Cada gene é isolado por meio de outras sequências, que aparentemente não têm função de codificação de informações. A transferência de informações codificadas nos genes começa com a replicação do DNA e prossegue com a síntese programada de proteínas para, depois, formar os tecidos e os componentes celulares.

Os núcleos celulares apresentam praticamente a mesma composição cromossômica adquirida de uma única célula, no início da vida. A estrutura do DNA é copiada com exatidão durante a divisão celular (mitose). No processo de replicação, as duplas fitas de DNA se desenrolam; cada fita serve de molde para a formação de outra fita complementar com a qual se emparelhará. No caso de células reprodutivas, ocorre a meiose, isto é, somente a metade, correspondente a uma fita simples, é copiada.

A sequência global de pares de bases nucleicas de uma célula constitui o **genoma**.

O mapeamento do genoma humano foi concluído em 2001 com a utilização de equipamentos automáticos que fazem o sequenciamento das bases no DNA. Foi um grande avanço que terá reflexos positivos no tratamento de doenças genéticas e no conhecimento mais aprofundado das características humanas.

Síntese de proteínas

O DNA que existe no núcleo da célula contém o código que dirige a síntese das proteínas. Nesse processo, uma das fitas do DNA serve de molde para a síntese de outra fita complementar de RNA. Enquanto o DNA utiliza principalmente a adenina (A), a guanina (G), a citosina (C) e a timina (T), o RNA faz uso da uracila (U) no lugar da timina. Na síntese do RNA, a uracila se emparelha com a adenina do DNA.

O RNA formado sofre uma espécie de reformatação ou limpeza, por meio da ação de ribonucleoproteínas que removem os setores que não armazenam memória, ou **introns**, deixando os setores importantes, ou **exons**. Estes são novamente reunidos sob a forma de RNA mensageiro, ou mRNA, que se deslocará da região nuclear para os ribossomos, onde servirá de molde para a estruturação sequencial dos aminoácidos na síntese das proteínas. Nessa síntese participa outro tipo de RNA, conhecido como de transferência, ou tRNA, que é capaz de capturar um dado aminoácido, transportando-o para os ribossomos. O tRNA apresenta em sua extremidade uma sequência de três bases nucleicas (anticódon) que faz o reconhecimento das três bases complementares, sequenciais, no mRNA (códon). Cada códon é reconhecido por um tRNA específico que transporta determinado aminoácido. Por exemplo, o códon AUG (adenina-uracila-guanina) induz a ligação de um aminoácido metionina, o UGC (uracila-guanina-citosina) promove a ligação de um triptofano etc.

O processo de síntese de proteínas é extremamente dinâmico. Os aminoácidos, quando ingeridos, podem ser encontrados nas proteínas em questão de minutos. O próprio RNA mensageiro tem um tempo de vida bastante curto, formando-se e dissociando-se constantemente, de modo a permitir a síntese de vários tipos de proteínas.

Enquanto o DNA normalmente dirige a síntese do RNA; o reverso tem sido observado no caso do vírus da AIDS. Esse vírus é constituído por uma membrana lipoproteica, o RNA e um tipo de enzima chamado de transcriptase reversa. Trata-se, na realidade, de um retrovírus que ataca o linfócito T, que é uma célula de defesa do sistema imunológico, injetando seu conteúdo em seu interior. A enzima transcriptase faz com que o código do RNA seja incorporado ao DNA do linfócito, e, dessa forma, a célula de defesa acaba produzindo mais vírus da AIDS. O AZT (azidotimidina) é uma droga semelhante ao nucleotídio timidina, apresentando um grupo azoteto (N_3^-) ligado à desoxirribose. Aparentemente, esse nucleotídio modificado não é reconhecido pela enzima transcriptase e, dessa forma, acaba sendo incorporado à cadeia de DNA, que perde sua capacidade de produzir novos vírus.

A síntese de polinucleotídios está bastante desenvolvida. Os progressos vêm ocorrendo na área de manipulação de DNA por meio de enzimas específicas, capazes de reconhecer determinados segmentos ou de efetuar recombinações. Com isso, já é possível isolar e transplantar genes de DNA. A tecnologia do DNA recombinante permite fazer a inclusão, por exemplo, em bactérias, de genes específicos capazes de induzir a produção de compostos de grande importância, como a insulina e o álcool.

Ácidos graxos e lipídios

Os ácidos graxos são ácidos carboxílicos de cadeias longas, saturadas ou insaturadas, que entram na composição dos lipídios. Um exemplo típico é o ácido linoleico, que apresenta 18 átomos de carbono e é considerado essencial em nossa dieta, por não ser sintetizado pelo organismo.

ácido linoleico

ácido oleico

ácido esteárico

Outros ácidos graxos importantes estão relacionados na Tabela 2.2.

Tabela 2.2 – Ácidos graxos representativos

Ácido	Núm. de C	Núm. de duplas	Fórmula	P. fusão (°C)
Láurico	12	0	$CH_3(CH_2)_{10}COOH$	44
Mirístico	14	0	$CH_3(CH_2)_{12}COOH$	54
Palmítico	16	0	$CH_3(CH_2)_{14}COOH$	63
Esteárico	18	0	$CH_3(CH_2)_{16}COOH$	70
Oleico	18	1	$CH_3(CH_2)_7CH=CH(CH_2)_7COOH$	4
Linoleico	18	2	$CH_3(CH_2)_4CH=CHCH_2CH=CH(CH_2)_7COOH$	−5
Linolênico	18	3	$CH_3CH_2CH=CHCH_2CH=CHCH_2CH=CH\text{-}(CH_2)_7COOH$	−11

Os lipídios, ou gorduras, são constituintes da membrana celular e proporcionam uma reserva de energia ao organismo. Abrangem compostos, como os triglicerídios, que são ésteres de ácidos graxos com uma molécula de glicerol, e os fosfolipídios. Tratando-se os triglicerídios com NaOH, ocorre uma reação de hidrólise dos grupamentos ésteres, que leva o nome de saponificação, pois conduz à formação dos sabões.

triglicerídios   glicerol   sais de ácidos graxos (sabões)

A presença de duplas ligações nos ácidos graxos conduz aos isômeros *cis* e *trans*. A forma *cis* tende a dificultar o assentamento das moléculas em relação à forma *trans*, o que conduz a um menor ponto de fusão. A ausência de duplas ligações, por outro lado, tem efeito oposto: aumenta significativamente o ponto de fusão.

A composição de algumas gorduras animais e óleos vegetais pode ser vista na Tabela 2.3.

Ácido	Láurico	Mirístico	Palmítico	Esteárico	Oleico	Linoleico	Linolênico
Tabela 2.3 – Composição de gorduras animais e óleos vegetais							
Gorduras animais							
Manteiga	2,5	11,1	29,0	9,2	26,7	3,6	–
Humana		2,7	24,0	8,4	46,9	10,2	–
Toucinho		1,3	28,3	11,9	47,5	6,0	–
Óleos vegetais							
Coco	45,4	18,0	10,5	2,3	7,5	–	–
Milho		1,4	10,2	3,0	49,6	34,3	–
Algodão		1,4	23,4	1,1	22,9	47,8	–
Linhaça			6,3	2,5	19,0	24,1	47,4
Oliva			6,9	2,3	84,4	4,6	–
Dendê		1,4	40,1	5,5	42,7	10,3	–
Amendoim			8,3	3,1	56,0	26,0	
Soja	0,2	0,1	9,8	2,4	28,9	52,3	3,6
Girassol			5,6	2,2	25,1	66,2	–
Canola			6	–	58	36	–

Os óleos vegetais encontram muitas aplicações nas indústrias química e alimentícia, sendo que o de soja responde por cerca de 20% da produção total no mundo. Em segundo lugar vem o óleo de palma ou de dendê, bastante popular na culinária do Nordeste e Norte brasileiros. Sua importância econômica é justificada pela alta produtividade, superando a da soja. O fato de a planta ter uma vida útil superior a 30 anos é importante, pois dispensa os frequentes plantios usados em outras culturas. A hidrogenação parcial dos óleos vegetais remove algumas das ligações duplas, proporcionando a consistência sólida típica das margarinas. A hidrogenação total conduz a sólidos saturados. Existem evidências de que os óleos com maior teor de insaturados são benéficos na redução do colesterol do sangue. Os óleos saturados são mais dificilmente processados no organismo, o que favorece seu acúmulo em relação aos insaturados.

Na alimentação, o azeite de dendê, por ser muito rico em ácido palmítico, tem gerado polêmica entre os nutricionistas, tendo em vista o alto teor de ácidos graxos saturados que contém. Apesar da enorme potencialidade da exploração do óleo de palma e das condições favoráveis, o Brasil ainda contribui com menos de 1% da produção mundial, que tem sido liderada pela Malásia (50%) e pela Indonésia (30%).

Digestão

A digestão constitui um processo químico de conversão dos alimentos em moléculas pequenas, capazes de serem absorvidas pelo intestino. Os macroconstituintes dos alimentos, como os polissacarídios, as proteínas e as gorduras, são clivados por enzimas hidrolíticas específicas, produzindo açúcares, aminoácidos, ácidos graxos e glicerol. O teor de proteínas, açúcares e gorduras nos alimentos pode ser visto na Tabela 2.4.

Polissacarídios

A ausência de enzimas apropriadas impede que o ser humano se alimente de celulose. Da mesma maneira, muitos povos que não têm o hábito de consumir leite acabam desenvolvendo intolerância a esse alimento, em virtude da deficiência da enzima lactase, que metaboliza a lactose, um açúcar presente no leite dos mamíferos.

Os polissacarídios, como o amido, começam a ser digeridos na boca, sob a ação da enzima ptialina, que os converte no dissacarídio maltose. No estômago, a elevada acidez inativa a ptialina. Ao passar para o intestino delgado, o ácido estomacal é neutralizado pela secreção do pâncreas, e as enzimas existentes completam a digestão dos carboidratos

Tabela 2.4 – Composição aproximada dos alimentos

Alimento	Água	Proteína	Gordura	Carboidratos	kcal/100 g
Vegetais					
Espinafre	90,7	3,2	0,3	4,3	26
Alface	91,1	2,4	0,3	4,6	25
Repolho	93,9	1,1	0,2	4,3	20
Batata	75,1	2,6	0,1	21,1	93
Cenoura	88,2	1,1	0,2	19,7	42
Tomate	93,5	1,1	0,2	4,7	22
Milho	74,1	3,3	1,0	21,0	91
Ervilhas	81,5	5,4	0,4	12,1	71
Feijão soja	73,8	9,8	5,1	10,1	118
Frutas e sementes					
Maçã	84,4	0,2	0,6	14,5	58
Pera	83,2	0,7	0,4	15,3	61
Laranja	86,0	1,0	0,2	12,2	49
Cereja	80,4	1,3	0,3	17,4	70
Banana	75,7	1,1	0,2	22,2	85
Morango	89,9	1,2	0,5	8,4	37
Amêndoas	4,7	18,6	54,3	19,5	598
Nozes	3,4	9,2	71,2	14,6	689
Carnes					
Carne bovina	61,6	31,7	5,3	0	183
Carne de porco	61,3	17,8	10,5	0	171
Toucinho (banha de porco)	0	0	100	0	902
Carne de galinha	71,0	23,8	3,8	0	136
Bacalhau	81,3	17,6	0,3	0	78
Salmão	63,4	27,0	7,4	0	182
Ostras	84,6	8,4	1,8	3,4	66
Laticínios e ovos					
Leite integral	87,4	3,5	3,5	4,9	65
Ovos	73,7	12,9	11,5	0,9	163
Queijo ricota	79,0	17,0	0,3	2,7	86
Queijo cheddar	37,0	25,0	32,2	2,1	398
Sorvete	62,1	4,0	12,5	20,6	207
Cereais e derivados					
Trigo (grão)	13,0	14,0	2,2	69,1	330
Trigo (farinha branca)	12,0	7,5	0,8	79,4	364
Arroz (grão)	12,0	7,5	1,9	77,4	360
Arroz (cozido)	70,3	2,5	0,6	25,5	119
Pão integral	36,4	10,5	3,0	47,7	243
Pão comum	35,8	8,7	3,2	50,4	269

formando os açúcares simples – glucose, frutose e galactose –, que são levados pela corrente sanguínea até o fígado, onde é feita a distribuição para o resto do organismo. Cerca de 30% dos açúcares vão para a circulação e são distribuídos até as células. O transporte dos açúcares através das membranas celulares é auxiliado pela insulina. Nas mitocôndrias, as moléculas de açúcar são oxidadas até CO_2 e sua energia é aproveitada para produzir ATP.

O açúcar em excesso é convertido em glicogênio no fígado, o qual serve de estoque regulador, para uso em momentos de falta. Quando esse mecanismo não funciona, ocorre a hipoglicemia (falta de açúcar no sangue) ou hiperglicemia (excesso de açúcar); e, em caso prolongado, se instala um quadro de diabete.

Proteínas

As proteínas constituem o suprimento de nitrogênio em nossa dieta. O homem adulto apresenta cerca de 10 kg de proteínas, dos quais 100 g devem ser repostos diariamente.

A digestão de proteínas começa no estômago e se completa no intestino delgado. No estômago a pepsina promove a hidrólise parcial das cadeias proteicas, produzindo peptídios. No intestino delgado, os peptídios são convertidos em aminoácidos, que são absorvidos pelas paredes do intestino, e passam para o fígado, de onde se distribuem pelo organismo, para a síntese de novas proteínas e enzimas.

Quando a dieta é composta quase exclusivamente de proteína, parte dos aminoácidos é metabolizada para produzir energia ou se converte em glucose. O excesso de proteína é metabolizado até amônia, que é convertida em ureia, pelo fígado, voltando para a síntese de aminoácidos, ou é eliminado na urina. Se o fígado não estiver funcionando bem, esse processo pode levar à uremia, e o sangue acaba sendo, gradualmente, envenenado.

Lipídios

As gorduras, formadas de triésteres de ácidos graxos e glicerol, sofrem digestão no intestino delgado. O processo é auxiliado pelos sais biliares secretados pelo fígado, os quais emulsificam as partículas insolúveis das gorduras, tornando-as suscetíveis ao ataque de enzimas que ficam em meio aquoso. Os sais biliares, como o derivado do ácido glicocólico, atuam como se fossem detergentes, apresentando uma parte polar que interage com a água, e outra menos polar, que promove a associação com as gorduras.

Se os componentes dos lipídios não forem consumidos após a digestão, eles se converterão novamente em gorduras pelo fígado e serão acumulados no organismo. Os ácidos graxos insaturados que apresentam configuração *cis* têm maior dificuldade para se associar formando camadas lipídicas, e, dessa forma, parecem contribuir menos para a obesidade. A hidrogenação parcial de ácidos graxos poli-insaturados é utilizada na produção de margarinas.

Quando se faz o cozimento dos alimentos, ocorre uma quebra parcial das ligações nas proteínas, nos carboidratos e nos lipídios, por meio de calor e reações hidrolíticas. Isso é particularmente importante, pois as estruturas dos carboidratos nos vegetais e dos tecidos conjuntivos, como o colágeno, nas carnes, são rompidas, facilitando o processo de digestão no organismo humano. Os aditivos, conhecidos como amaciantes de carnes, são enzimas que catalisam a hidrólise de ligações peptídicas, facilitando ou reduzindo o tempo de cozimento. Um exemplo é a papaína, uma enzima proteolítica extraída do mamão.

Metabolismo

O metabolismo refere-se ao conjunto de transformações que as substâncias sofrem no organismo, que levam à síntese de novos compostos (**anabolismo**) ou à degradação dos já existentes (**catabolismo**).

A glucose ($C_6H_{12}O_6$) é o principal carboidrato em nossa alimentação e a fonte de energia para todos os tipos de células de mamíferos. Ela está disponível no sangue para gerar ATP e NADH por meio de vias metabólicas. A obtenção da energia armazenada na glucose e análogos é feita por uma cadeia complexa de etapas anaeróbicas (sem participação do oxigênio do ar) e aeróbicas. A cadeia anaeróbica é conhecida como de Embden-Meyerhof, e leva à transformação da glucose, $C_6H_{12}O_6$, em ácido lático, $CH_3CH(OH)$ $C(O)OH$. Nesse processo, duas moléculas de ADP assimilam grupos fosfatos formando ATP. Quando um músculo é utilizado por longo tempo, o ácido lático se acumula, produzindo sensação de cansaço.

O ácido lático é convertido posteriormente em CO_2 e H_2O, na presença de ar, por meio de um ciclo de etapas conhecida como ciclo de Krebs.

Na etapa anaeróbica, são produzidos 2 mol de ATP, ao passo que a etapa aeróbica produz 38 mol. O maior rendimento obtido na etapa aeróbica levou ao desenvolvimento dos sistemas respiratórios e ao surgimento de organismos mais complexos. Entretanto, como os seres vivos são constituídos, em grande parte, por água, e sendo o O_2 não muito solúvel nesse meio, tornou-se necessário o desenvolvimento de um sistema de transporte para levar o oxigênio a todas as células do organismo.

$$C_6H_{12}O_6 + 2NAD^+ + 2ADP + 2Pi \rightarrow 2NADH + {}$$
$$+ 2C_3H_3O_3^- + 2ATP + 2H_2O$$

Em sequência, o piruvato entra em outro ciclo complexo de eventos, conhecido como ciclo de Krebs, passando pela geração do ácido cítrico e produzindo o íon succinato, antes da conversão em CO_2 com geração de ATP e NADH.

O NADH formado no ciclo de Krebs dá início ao **processo de fosforilação oxidativa nas mitocôndrias,** por meio de uma cadeia de transferência de elétrons, que será discutida no Capítulo 5. A etapa final corresponde à captura e à redução do oxigênio molecular transportado pela hemoglobina. Esse conjunto de quatro sistemas compõe a cadeia respiratória. Portanto, o oxigênio é essencial para a produção de energia no organismo, convertendo açúcares em CO_2. Embora a reação possa ser escrita como um processo de combustão,

$$C_6H_{12}O_6 + 6O_2 \rightarrow 6CO_2 + 6H_2O,$$

nos organismos, esse processo seria excessivamente energético, danoso e de baixo aproveitamento. A variação de energia livre, ΔG, expressa em termos da fórmula mínima, é

$${CH_2O} + O_2 \rightarrow HCO_3^- + H^+ + \text{energia}$$

igual a -217 kJ mol^{-1}. Por isso a combustão da glucose ocorre de forma gradual, envolvendo muitas etapas sucessivas que levam ao armazenamento da energia sob a forma química, por meio de compostos como o ATP. No global, para cada mol de glucose são produzidos 30 mol de ATP.

Membranas e transporte iônico

As membranas celulares apresentam espessuras da ordem de 10 nm, e são formadas principalmente por fosfolipídios dispostos em dupla camada, criando um interior hidrofóbico proporcionado pelas cadeias de hidrocarbonetos, e deixando para fora os terminais carregados eletrostaticamente ou mais polares (hidrofílicos), como mostrado na Figura 2.4. As membranas têm certa fluidez, que lhes permite mudar de forma e, inclusive, invaginar para o interior da célula, formando organelas.

Figura 2.4
Ilustração de uma membrana fosfolipídica, com a estrutura expandida.

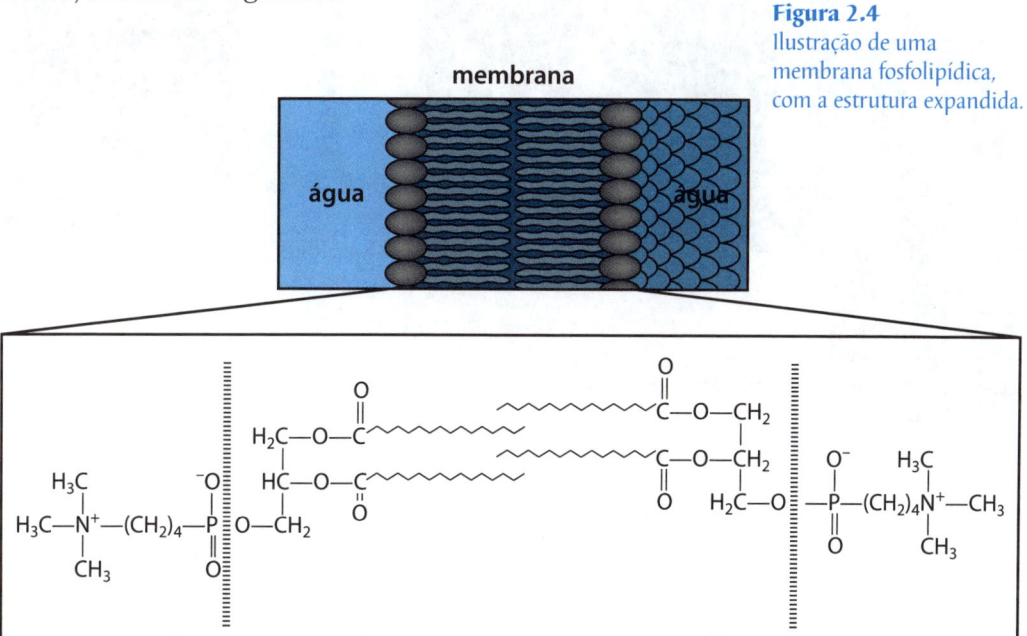

Na membrana, estão inseridos vários constituintes proteicos, em proporções variáveis, destacando-se os que atuam no transporte de moléculas e íons, de forma seletiva, para fora ou dentro da célula (Figura 2.5). Existem, ainda, proteínas periféricas, ancoradas sobre as proteínas inseridas na membrana, e uma pequena fração de açúcares, na forma de oligossacarídios. As células animais incorporam também o colesterol, ao passo que nas células vegetais estão presentes os esteroides. Ambos contribuem para diminuir a fluidez da membrana. As células vegetais contam ainda com uma parede celular, que contribui para a sustentação mecânica do sistema.

Figura 2.5
Visão pictórica de uma membrana com biomoléculas inseridas e outros componentes.

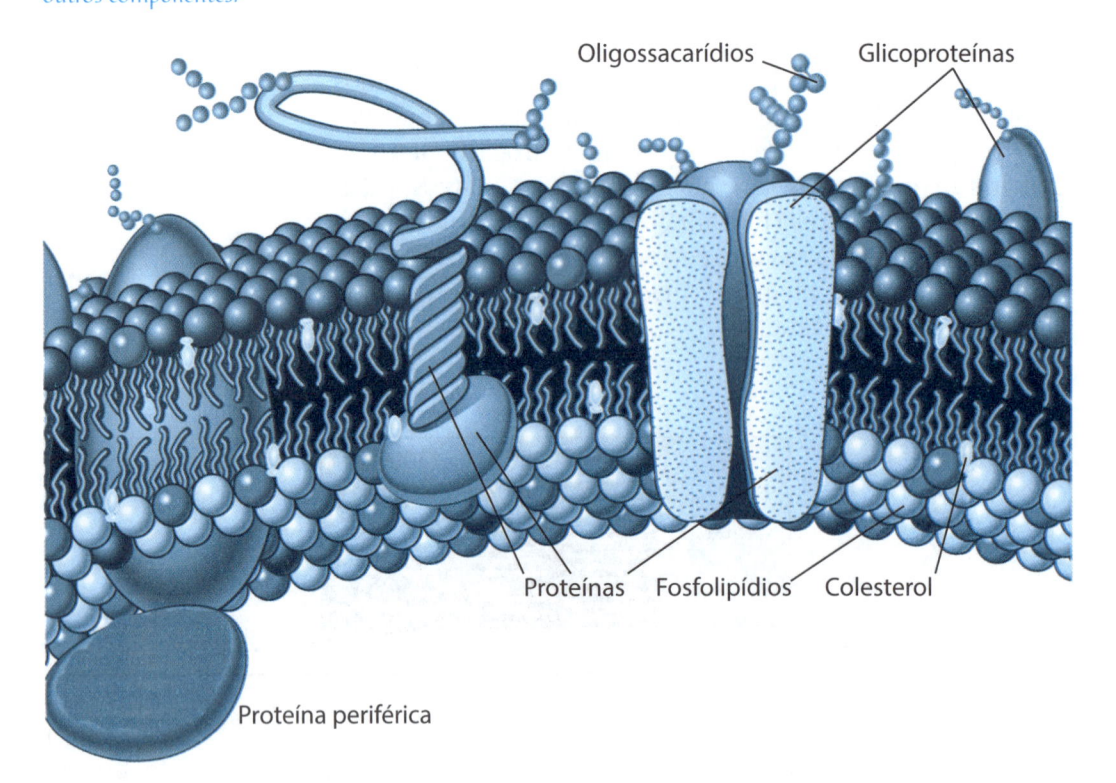

A membrana é dotada de mecanismos de adesão, e de comunicação intercelular, incorporando diversos receptores específicos, que permitem reconhecer outras células e diversos tipos de moléculas, regulando sua passagem para o meio intracelular.

Além da membrana celular, que é a mais externa, outras membranas estão presentes, envolvendo as organelas no interior de célula, as mitocôndrias, os lisossomos, os cloroplastos, os núcleos e os vacúolos. As membranas protegem as organelas de influências recíprocas, e mantêm a comunicação com o citoplasma para a troca de moléculas e nutrientes.

Um dos papéis mais relevantes das membranas é o confinamento e o transporte de íons no espaço intra e extracelular. Os íons mais importantes estão relacionados na Tabela 2.5.

Tabela 2.5 – Concentração dos principais íons, em milimol^{-1} L, no espaço intra e extracelular (valor médio para o homem, comparado com eritrócitos, plasma sanguíneo e água do mar)

Local	K^+	Na^+	Ca^{2+}	Mg^{2+}	Cl^-	HCO_3^-	HPO_4^{2-}	SO_4^{2-}
Intracelular valor médio	155	10	0,001	15	8	10	65	0,5
Extracelular valor médio	4	142	2,5	0,9	120	27	1	10
Intracelular em eritrócitos	92	11	0,1	2,5	-	155	190	-
Plasma sanguíneo	5	152	2,5	1,5	130	195	30	-
Água do mar	10	500	10	50	500	variável	0,002	29

A membrana celular é eletricamente polarizada por meio de um mecanismo que mantém uma diferença de concentração de íons Na^+ e K^+ dentro e fora da célula. As concentrações de Na^+ e de K^+ no interior da célula são próximas de 10 e 155 mmol L^{-1} e fora da célula elas ficam iguais a 140 e 5 mmol L^{-1}, respectivamente. Na membrana existem proteínas que atuam como canais iônicos, tendo sua superfície interna repleta de grupos carboxilatos, provenientes de glutamatos e aspartatos, aptos para interagir com os íons Na^+ e K^+. Os canais são acionados por meio de i) estímulos elétricos, que alteram os potenciais da membrana, ii) estímulos químicos, como os neurotransmissores, e iii) estímulos mecânicos.

O sistema mais importante de transporte de íons é realizado pela enzima Na^+/K^+-ATPase. Essa enzima é formada por duas glicoproteínas de massa molar 131 e 62 kDa e foi descoberta por J. C. Skou em 1950 (Prêmio Nobel em 1997).

Ela também é conhecida como bomba de Na$^+$ e K$^+$, pois é responsável pelo bombeamento de Na$^+$ para fora da célula e K$^+$ para dentro. Quando a bomba de sódio-potássio é ativada por ATP, ela liga três íons Na$^+$, levando à fosforilação de um sítio específico da enzima, que muda de conformação, deixando que esses íons migrem para fora da célula, fazendo contato com o líquido extracelular. Nesse ponto, a enzima alterada se liga a dois íons K$^+$, sofrendo desfosforilação e mudando novamente de conformação. A enzima desfosforilada tem maior afinidade pelo Na$^+$ do que pelo K$^+$, e isso provoca a liberação dos íons K$^+$ para dentro da célula. No balanço global, três íons de Na$^+$ são bombeados para fora e dois íons K$^+$ para dentro, o que equivale a gerar uma vacância de carga positiva no interior da célula, criando um potencial na membrana (Figura 2.6).

Esse potencial (~ 58 mV), proporciona a força motora para a atuação de diversas proteínas transportadoras secundárias, para a entrada de glucose, aminoácidos e outros nutrientes. Por outro lado, o mau funcionamento das bombas de Na$^+$/K$^+$ afeta a pressão osmótica da célula, provocando o seu inchamento, com a entrada de água, e levando à ruptura celular.

Figura 2.6
Mecanismo de funcionamento da bomba de Na$^+$/K$^+$ através da membrana.

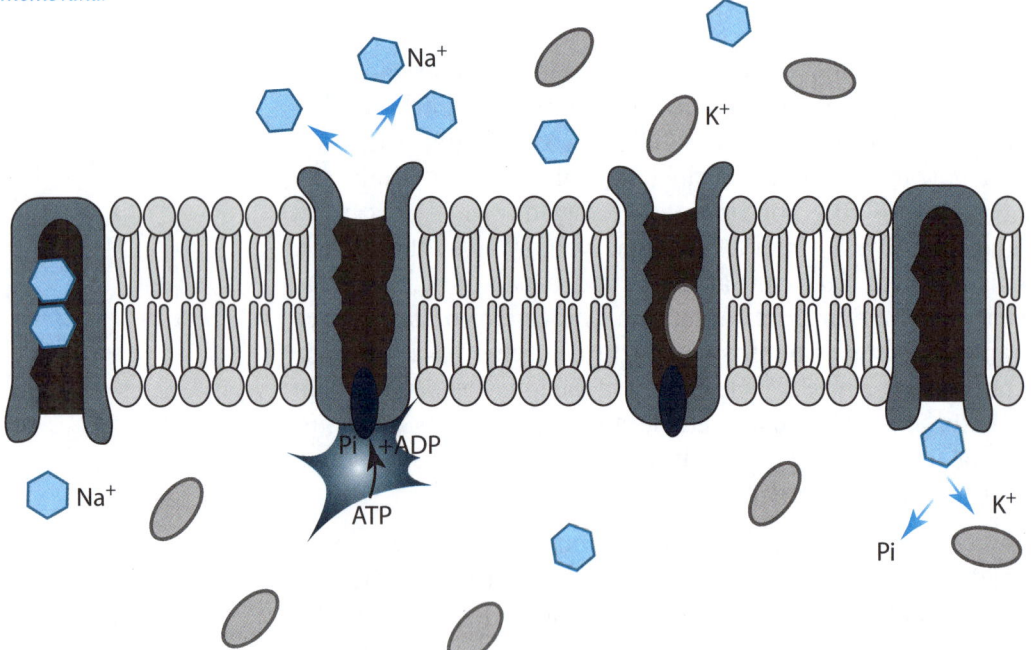

Um exemplo importante de funcionamento da bomba Na$^+$/K$^+$ está na propagação dos impulsos elétricos no sistema nervoso. O neurônio é a célula que compõe o cérebro e o sistema nervoso. Ele é constituído por um corpo celular, um núcleo e uma série de prolongamentos denominados dendritos, que atuam como receptores de sinais, além de um prolongamento principal, que transmite o impulso nervoso, denominado axônio, e outro que atua como receptor, denominado telodendrito. O espaço entre o dendrito de um neurônio e os telodendritos de outro é conhecido como fenda sináptica, através do qual os sinais são transportados por substâncias químicas denominadas neurotransmissores.

Os neurônios recebem continuamente impulsos, transportados pelos neurotransmissores através das sinapses dos dendritos, chegando até uma zona de disparo no começo do axônio. Quando os estímulos chegam aos canais de Na$^+$ e K$^+$, a ativação da Na$^+$/K$^+$-ATPase gera uma diferença de potencial que se propaga ao longo do axônio, até a liberação de neurotransmissores para fora da célula, no espaço sináptico. Estes serão capturados pelos receptores de outra célula, dando sequência ao impulso nervoso através de longas distâncias. Essas substâncias cruzam a sinapse e se ligam aos dendritos dos neurônios mais próximos, ativando o fluxo de Na$^+$ e K$^+$. Dessa forma, o impulso elétrico se propaga até outro neurônio.

As substâncias neurotransmissoras são espécies de pequeno peso molecular, como a acetilcolina, norepinefrina, adrenalina, dopamina, serotonina e histamina, cujas fórmulas estão representadas a seguir.

acetilcolina serotonina histamina

norepinefrina epinefrina (adrenalina) dopamina

Os neurotransmissores podem induzir a transmissão de impulsos elétricos ou inibi-los. A *acetilcolina* transmite impulsos para nervos que controlam atividades voluntárias ou involuntárias, como na visão, glândulas salivares, órgãos digestivos e músculos. A *norepinefrina* é encontrada em diversas partes do cérebro, em regiões que controlam movimentos do corpo, emoção, fome, sede, regulação térmica e da pressão, reprodução e ainda sensações, sonho e satisfação. A *adrenalina* estimula a pressão arterial e a dilatação dos vasos sanguíneos. A *dopamina* está associada à ação e à coordenação de movimentos, controle da memória e emoção. A *serotonina* controla a percepção sensorial, o sono e a temperatura do corpo.

O papel do magnésio

O magnésio é um elemento essencial e a necessidade de ingestão diária de um indivíduo adulto é de 0,5 g. Em virtude de sua participação na estrutura da clorofila, os vegetais proporcionam uma excelente fonte de Mg^{2+}, e sua deficiência é um fato relativamente raro. Nosso corpo apresenta 25 g de Mg^{2+}, sendo 65% localizado nos ossos e 35% distribuído no organismo.

O magnésio tem um papel essencial na ativação do grupo fosfato para a liberação de energia química utilizada por quinases, ATPases, fosfatases, isomerases, enolases, sintases e polimerases, promovendo a hidrólise do ATP, como no esquema:

A hidrólise do ATP, formando ADP e Pi (íon fosfato), libera 35 kJ mol^{-1} de energia. Essa reação pode ocorrer com acoplamento direto do grupo fosfato Pi a um substrato, como a creatina, formando a fosfocreatina. Isso é particularmente importante em células com alta demanda por ATP. Por meio da enzima creatina quinase, nas células com alta demanda por ATP, a fosfocreatina serve como uma fonte para a rápida regeneração do ATP, aumentando sua ciclagem para a produção de energia.

O papel do cálcio

Os íons de cálcio tomam parte em um complexo sistema mensageiro intracelular que controla inúmeros processos biológicos, como a contração muscular e a coagulação do sangue, além de participar da formação dos ossos. Diversas enzimas extracelulares apresentam íons de Ca^{2+} em sua estrutura, como a termolisina e a proteinase-K, assemelhando-se ao Zn^{2+}.

No interior da célula a concentração do cálcio é baixa (0,1 a 1 µmol L^{-1}), porém nas regiões extracelulares ela chega a 1 mmol L^{-1}, ou até 5 mmol L^{-1} nos compartimentos especiais onde ficam armazenados. A troca entre o cálcio intra e extracelular é realizada pelas enzimas Ca-ATPases. O mau funcionamento do metabolismo de cálcio leva à deposição de compostos pouco solúveis, como oxalatos, fosfatos e esteroides, nos vasos sanguíneos, provocando problemas cardiovasculares, e órgãos de secreção, como a bexiga e os rins, formando depósitos de cálculos.

O cálcio tem um papel essencial na contração muscular. As células do músculo contêm filamentos de proteínas (miofibrilas) que ficam mergulhadas no retículo sarcoplasmático, onde existem vesículas que armazenam Ca^{2+} em concentrações de 1 a 5 mmol L^{-1}. No citoplasma do retículo sarcoplasmático existe uma ATPase que adota duas conformações, E_1 e E_2. O cálcio liberado das vesículas converte a forma E_2 em E_1, produzindo ATP, provocando a contração dos músculos. O retorno do cálcio para as vesículas consome ATP e restaura a forma E_2, provocando a relaxação dos músculos.

Os compostos menos solúveis de cálcio, como os carbonatos e fosfatos, são incorporados nos exo e endoesqueletos, como os ossos (hidroxiapatita) e conchas (carbonato de cálcio, aragonita). Os ossos dos vertebrados são materiais compósitos contendo 50% de colágeno (proteína) e 50% de hidroxiapatita, $Ca_5(PO_4)_3(OH)$. Um indivíduo de 70 kg tem 1,1 kg de cálcio, sendo a maioria encontrada nos ossos. Somente 10 g não estão confinados nos ossos, e são usados para as várias funções no organismo.

CAPÍTULO 3

ÍONS METÁLICOS EM SISTEMAS BIOLÓGICOS

Química de coordenação biológica

Os íons metálicos nos sistemas biológicos e na natureza nunca se encontram como espécies livres. Eles sempre estão ligados às moléculas do solvente ou às biomoléculas e outras espécies químicas, formando complexos. A química envolvida é descrita pela Teoria da Coordenação, introduzida por Alfred Werner em 1892[2]. Em termos simples, o íon metálico atua como um centro (M) que atrai os ligantes (L), formando ligações por meio de forças eletrostáticas ou por compartilhamento de elétrons (covalência), como ilustrado no esquema:

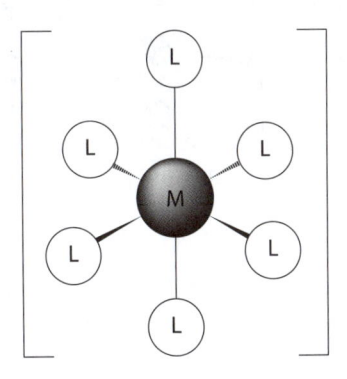

---

[2] O leitor poderá ampliar seus conhecimentos a respeito no volume 4 desta coleção.

As espécies que interagem com o centro metálico são denominadas ligantes. A interação metal-ligante depende da natureza química de ambos, e para os elementos de transição a participação dos orbitais d mais externos tem um papel essencial na geometria e nas propriedades dos complexos. O número de ligantes coordenados ao íon metálico central é designado como Número de Coordenação (NC), e sua disposição define a esfera de coordenação, representada sempre entre parênteses, apresentando uma geometria bem definida. A geometria básica mais comum é a octaédrica, com NC = 6. Outra geometria muito frequente é a tetraédrica, com NC = 4.

A maior parte das geometrias encontradas nos sistemas biológicos pode ser derivada do octaedro (cujo símbolo é O_h), por meio do alongamento ou contração axial, gerando uma distorção tetragonal, cuja extensão leva a uma estrutura planar, sendo ambas designadas pela notação de simetria D_{4h} usada na Teoria de Grupo. O tetraedro também pode sofrer distorção no ângulo diédrico, gerando uma simetria achatada designada por D_{2d}. Geometrias derivadas da bipirâmide trigonal, com NC = 5, também são encontradas nos sistemas biológicos.

Alguns exemplos de geometria encontrados em metaloproteínas de ferro podem ser vistos nos esquemas seguintes: tetraedro (rubredoxina), bipirâmide trigonal (catecolato dioxigenase), pirâmide (tirosina hidroxilase), octaedro (lipo-oxigenase).

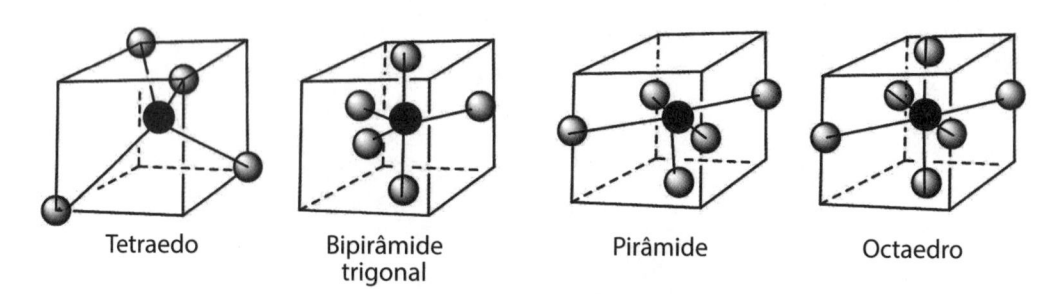

| Tetraedo | Bipirâmide trigonal | Pirâmide | Octaedro |

As geometrias dos complexos determinam suas propriedades estereoquímicas, e dependem tanto de fatores eletrônicos associados aos íons metálicos, como de fatores geométricos. Além disso, dependem acentuadamente da natureza do ligante e dos fatores estereoquímicos envolvidos na esfera de coordenação. A natureza do átomo ligante é muito importante, assim como sua disposição espacial no sítio de ligação.

A presença dos ligantes é sentida de duas maneiras pelo íon metálico. Primeiro existe uma atração natural exercida pela carga nuclear efetiva sobre os elétrons localizados principalmente nos átomos ligantes, que leva à formação de ligações químicas. Essas ligações envolvem tanto o fator eletrostático, como a combinação de orbitais apropriados do metal e do ligante. Elas podem ser descritas pela Teoria dos Orbitais Moleculares, e sua modelagem já se faz bastante acessível com os recursos computacionais existentes. Além da formação da ligação química, existe um segundo efeito eletrônico centrado essencialmente no íon metálico. Trata-se do desdobramento energético dos orbitais d, sob o efeito da repulsão intereletrônica, provocado pelos elétrons do ligante. Esse efeito é descrito pela Teoria de Campo Ligante, criada por Hans Bethe em 1929.

Os metais de transição apresentam a configuração atômica $(n–1)d^x\ ns^2$, onde n é o número quântico principal, que descreve o nível ou a camada eletrônica. Eles tendem a perder os elétrons dos orbitais s, para ficar com o nível $(n–1)d^x$, na camada de valência. Por isso, a química dos elementos de transição reflete essencialmente as propriedades dos orbitais d, representados na Figura 3.1.

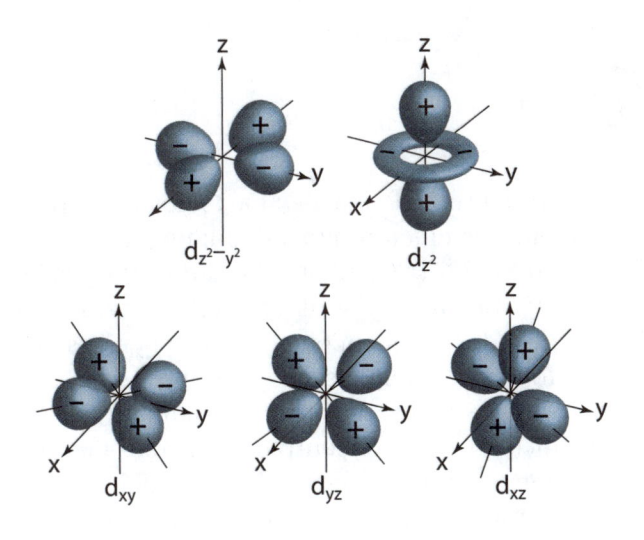

Figura 3.1
Representação dos orbitais d com suas denominações, e paridades (+/–).

No íon livre, gasoso, os cinco orbitais d são equivalentes energeticamente. Eles também são ditos degenerados. Em um complexo octaédrico, esses orbitais sofrem a ação dos seis ligantes dispostos ao longo dos eixos x, y e z. Os elétrons dos átomos ligantes são atraídos pela carga efetiva do núcleo central, ao mesmo tempo em que repelem os elétrons do íon metálico, localizados no eixo de ligação. De fato, os elétrons sempre se repelem por causa de suas cargas negativas. Essa repulsão eleva a energia de todos os orbitais d por um fator α_o, e depois se introduz uma repulsão diferenciada, dirigida ao longo dos eixos de ligação, expressa por α_4 (Figura 3.2).

Figura 3.2
Energias dos orbitais d segundo a Teoria de Campo Ligante. Tomando-se como referência o íon livre, a aproximação dos ligantes L gera uma repulsão coulômbica esférica, α_o. A seguir, o estabelecimento da geometria octaédrica discrimina os cinco orbitais d em dois grupos: $d_x{}^2\text{-}y^2$, dz^2 (denominado e_g) e d_{xy}, d_{yz} e d_{xz} (denominado t_{2g}). A separação energética é dada por Δ = 10Dq. Os orbitais e_g acumulam uma energia de 6Dq, e os orbitais t_{2g} perdem uma energia de 4Dq, ficando mais estáveis.

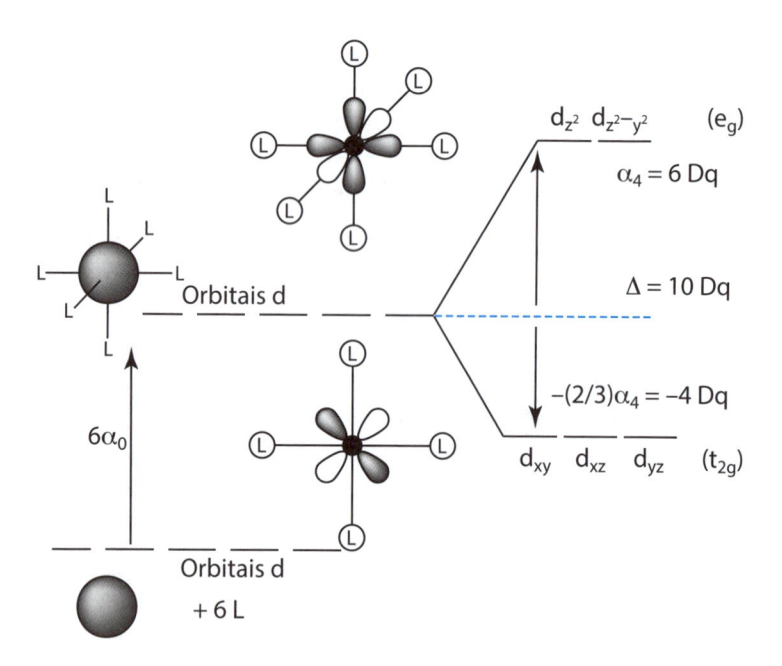

A repulsão intereletrônica ao longo dos eixos perturba diferentemente os cinco orbitais d, aumentando a energia dos orbitais $d_z{}^2$ e $d_x{}^2{}_{-y}{}^2$ (também chamados de e_g na linguagem da Teoria de Grupo), e diminuindo a energia dos orbitais d_{xz}, d_{xy} e d_{yz} (também chamados de t_{2g}). Isso é visto como uma forma de compensação, para preservar o centro de energia, pois esses orbitais não estão sujeitos à repulsão intereletrônica que fica concentrada nos eixos metal-ligante. Essa forma de desdobramento de níveis é decorrente da chamada Teoria de Perturbação, e lembra o que acontece com uma balança de pratos. Quando o equilíbrio dos pratos é perturbado, um deles vai para baixo (fica com menor energia potencial) e outro vai para cima (fica com maior energia potencial).

Na Teoria de Campo Ligante, a diferença de energia entre esses dois conjuntos de orbitais é denominada $\Delta = 10Dq$. Na manutenção do centro de energia, os orbitais d_z^2 e $d_{x^2-y^2}$ têm um aumento de 6 Dq cada (ou seja $2 \times 6 = 12$ Dq no total), e os orbitais d_{xz}, d_{xy} e d_{yz} têm uma diminuição de 4 Dq cada (ou seja $3 \times 4 = 12$ Dq no total).

Assim, considerando as configurações d^1, d^2 e d^3, quando colocamos 1, 2 ou 3 elétrons nos orbitais t_{2g}, há um ganho de 4, 8 ou 12 Dq de estabilidade diferencial. No caso da configuração d^4, teremos a situação $(t_{2g})^3(e_g)^1$, ou seja, $3 \times 4 - 1 \times 6 = 6$ Dq de estabilidade diferencial. Na configuração d^5, correspondente à situação $(t_{2g})^3(e_g)^2$, teremos $3 \times 4 - 2 \times 6 = 0$ Dq de estabilidade em relação ao centro de energia. Esse quadro se repete para as configurações d^6, d^7, d^8, d^9 e d^{10}. Colocados em um gráfico, as energias de estabilização de campo ligante em função da configuração d^n descrevem um perfil de dente de serra, com máximos de 12 Dq para as configurações d^3 e d^8. A linha base, com energia de estabilização nula, é formada pelas configurações d^0, d^5 e d^{10} (Figura 3.3).

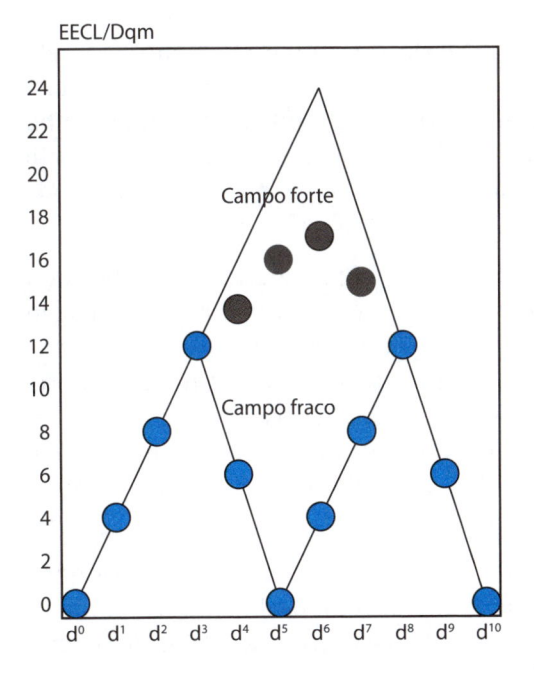

Figura 3.3

Diagrama de energias de estabilização de campo ligante (EECL) para as diferentes configurações d^n em situação de campo fraco (azul) e campo forte (cinza).

Os íons de configuração d^4–d^7 admitem a possibilidade de preenchimento com emparelhamento parcial ou total de spin. Nesses casos, a configuração é designada por spin baixo. Sua ocorrência irá depender da estabilização extra que pode ser proporcionada pela inversão de spin, como ilustrado no esquema seguinte, para uma configuração d^4.

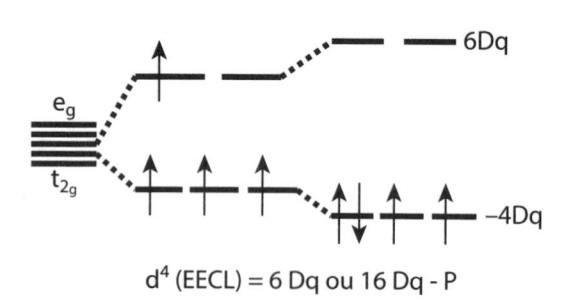

$$d^4 \ (EECL) = 6 \ Dq \ ou \ 16 \ Dq - P$$

Comparando as energias de estabilização proporcionadas pelas configurações de spin alto e spin baixo, o ponto de igualdade, que serve de referência, ocorrerá na condição em que ambas se igualam, isto é,

$$6 \ Dq \ (spin \ alto) = 16 \ Dq - P \ (spin \ baixo)$$

$$ou \ 10 \ Dq = P$$

P representa a energia de emparelhamento dos elétrons em um mesmo orbital d. Quando ela for menor do que 10 Dq, a estabilização proporcionada pelo emparelhamento de spin será dominante, levando à situação de spin baixo. Se P for maior do que 10 Dq, o emparelhamento não irá ocorrer.

Alguns fatores devem ser considerados na análise de P e 10 Dq. P é uma energia que mede a repulsão entre os elétrons do íon metálico, e depende basicamente da força com que os elétrons são atraídos pelo núcleo. Um aumento da força, provoca maior aproximação dos elétrons, diminuindo o raio e aumentando a repulsão. Com a expansão radial, na série 3d, 4d, e 5d, a repulsão intereletrônica diminui, facilitando o emparelhamento dos elétrons.

O parâmetro 10 Dq mede a interação repulsiva entre os elétrons do metal e os elétrons do ligante. Ele é maior quando os elétrons do metal se aproximam mais do ligante, em virtude da expansão radial dos orbitais no sentido 3d < 4d < 5d. Isso faz com que ao longo dessas séries, 10 Dq cresça enquanto P diminui. Assim, para íons 4d e 5d, a condição 10Dq > P passa a ser uma regra, e a situação de spin baixo é dominante nesses casos.

Outro aspecto muito importante na química de complexos é consequência do Teorema de Jahn-Teller. Esse teorema estabelece que um nível degenerado, ao ser perturbado, tende a perder sua degenerescência com abaixamento de simetria. Conceitualmente, é como uma balança com uma bola equilibrada no centro (Figura 3.4). Os dois pratos estão degenerados (têm a mesma energia potencial). Entretanto, uma perturbação fará com que a bola deslize para um dos pratos, quebrando o equilíbrio, e abaixando a simetria do sistema.

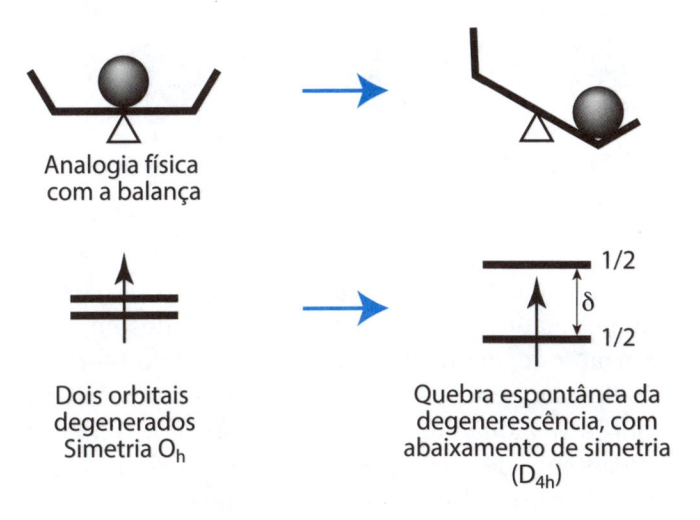

Analogia física com a balança

Dois orbitais degenerados Simetria O_h

Quebra espontânea da degenerescência, com abaixamento de simetria (D_{4h})

Figura 3.4
Representação pictórica do efeito Jahn-Teller: assim como uma esfera em um prato de balança em equilíbrio tende a caminhar para um dos extremos, um elétron, em dois orbitais degenerados, provocará uma quebra de simetria, ficando no orbital de menor energia.

Considerando os diagramas de campo ligante da Figura 3.5 e pensando na configuração d^1, é possível notar que a presença de um elétron no nível degenerado $(t_{2g})^1$ deverá promover a quebra de degenerescência, diferenciando o orbital d_{xy} dos orbitais d_{xz} e d_{yz}. Note que a estabilização do orbital d_{xy} deve ser compensada pela perda de estabilidade dos orbitais d_{xz} e d_{yz}, portanto ela terá um peso duas vezes maior. Um elétron colocado nesse orbital, irá propiciar uma estabilização de 2/3 da energia de desdobramento, e, como consequência, a geometria do octaedro irá caminhar para o tetragonal (D_{4h}) achatado, espontaneamente (Figura 3.5).

Esse mesmo raciocínio também se aplica para a configuração d^6 spin alto.

Figura 3.5
Quebra da degenerescência dos orbitais d em campo tetragonal e o efeito Jahn Teller.

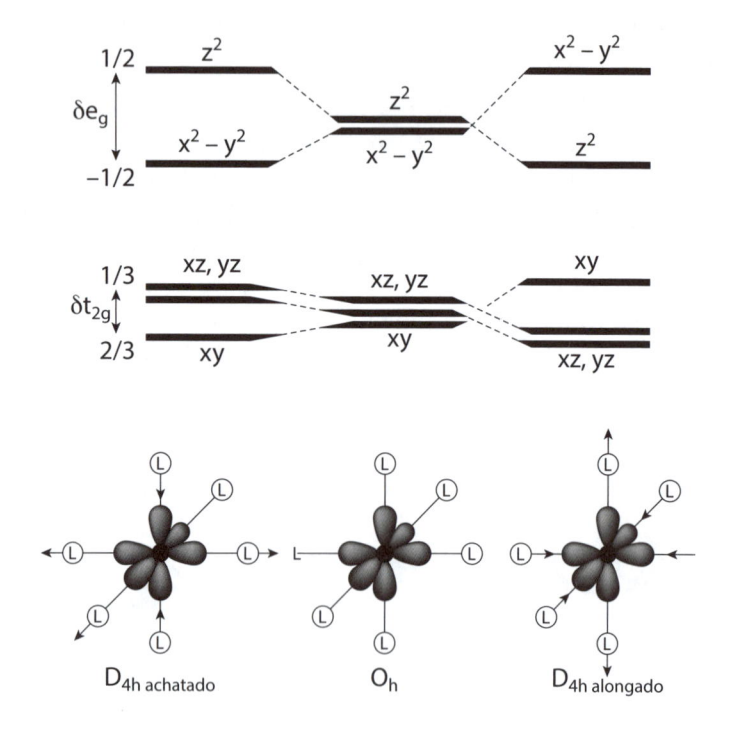

No caso de íons de d^4 e d^9, o preenchimento do diagrama de campo ligante conduzirá a um elétron desemparelhado no orbital degenerado e_g ($d_{x^2-y^2}$, d_{z^2}). Pelo teorema de Jahn-Teller, haverá um desdobramento desses orbitais, favorecendo a qualquer um deles. Na prática, observa-se que o alongamento de uma direção é compensado pelo encurtamento da outra. Assim, no caso do achatamento, as distâncias de ligação no plano xy ficam mais curtas, favorecendo a estabilidade termodinâmica do complexo. Por isso, íons d^4 e d^9, como é o caso do Cr(II) e Cu(II) apresentam forte alongamento axial, adotando uma geometria praticamente planar.

Para entender melhor a questão das ligações químicas, é necessário fazer uso da Teoria dos Orbitais Moleculares. De acordo com essa teoria, na formação da ligação, os orbitais do metal (ψ_M) e do ligante (ψ_L) se combinam, formando orbitais moleculares, como representado na equação:

$$\psi_{ML} = c_L\psi_L + c_M\psi_M$$

Os coeficientes c_L e c_M estabelecem o peso da participação de cada orbital original no orbital molecular resultante, sendo que a somatória do quadrado de cada um deve ser unitária. Essa condição, denominada normalização, está associada ao significado probabilístico da função de onda, que nunca pode exceder a 1 (ou 100%).

Um requisito importante na formação do orbitais moleculares é que os orbitais envolvidos tenham simetrias compatíveis, por exemplo, σ com σ, e π com π. Assim, um orbital de simetria σ não se combina com um orbital de simetria π.

A combinação dos orbitais é feita pela soma ou diferença das funções de onda, gerando dois orbitais moleculares denominados, respectivamente, ligante e antiligante.

Existe outra forma, mais simplificada, de tratar os orbitais moleculares, utilizando a teoria de perturbação. Um orbital molecular pode ser visto como um orbital da espécie dominante, por exemplo, ψ_L, perturbado pela combinação (soma ou diferença) com uma percentagem do outro orbital, isto é, $\lambda\psi_M$. O orbital molecular ligante pode ser escrito da seguinte forma

$$\psi_{ML} = \psi_L + \lambda\psi_M \quad (\lambda \ll 1),$$

ao passo que o antiligante fica

$$\psi_{ML}{}^* = \psi_M - \lambda\psi_L \quad (\lambda \ll 1).$$

O diagrama de orbitais moleculares, gerado pela Teoria de Perturbação, pode ser visto na Figura 3.6.

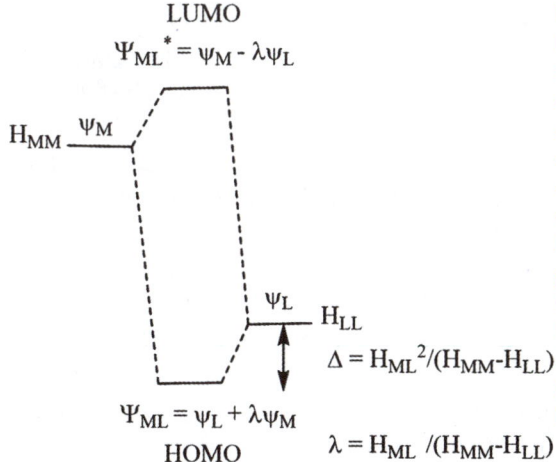

LUMO
$\Psi_{ML}{}^* = \psi_M - \lambda\psi_L$

H_{MM} — ψ_M

ψ_L — H_{LL}

$\Delta = H_{ML}{}^2/(H_{MM}\text{-}H_{LL})$

$\Psi_{ML} = \psi_L + \lambda\psi_M$
HOMO

$\lambda = H_{ML}/(H_{MM}\text{-}H_{LL})$

Figura 3.6
Diagrama de orbitais moleculares, esquematizado segundo a teoria de perturbação, na qual ψ_M e ψ_L são os orbitais do metal e do ligante que estão se combinando, H_{MM} e H_{LL} são as energias desses orbitais, H_{ML} é a energia de ressonância dos elétrons entre M e L, e λ, o coeficiente de mistura ou perturbação. A combinação do metal e do ligante pode ser feita como soma ou diferença, gerando dois orbitais moleculares HOMO e LUMO, ocupado e vazio, respectivamente. O HOMO é associado ao estado fundamental do complexo, e o LUMO ao estado excitado. (HOMO = highest occupied molecular orbital, LUMO = lowest unnoccupied molecular orbital).

Esse diagrama mostra que o orbital molecular de menor energia sempre terá maior contribuição do orbital de partida que está energeticamente mais próximo dele. Geralmente é o orbital do ligante, que atua como um doador de elétrons para o íon metálico. A combinação leva a um abaixamento de energia dado pelo fator $\Delta = H_{ML}^2/(H_{MM}-H_{LL})$ em que H_{MM} e H_{LL} representam as energias dos orbitais de M e L, iniciais, e H_{ML} representa a energia da ressonância dos elétrons que são compartilhados por M e L. H_{ML} expressa a interação eletrônica responsável pela ligação química entre M e L. O coeficiente de mistura, λ, assim como a estabilização Δ crescem com H_{ML} e diminuem com a separação energética entre os orbitais de M e L que estão se combinando.

O diagrama de energias associado está esquematizado na Figura 3.7.

Figura 3.7
Diagrama de orbitais moleculares para um complexo octaédrico (A) com ligantes saturados, que só formam ligações σ, (B) com ligantes que apresentam capacidade doadora-π e (c) com ligantes receptores-π. As setas indicam a força do campo ligante, Δ = 10Dq, que cresce no sentido dos ligantes π doadores, para os ligantes receptores-π.

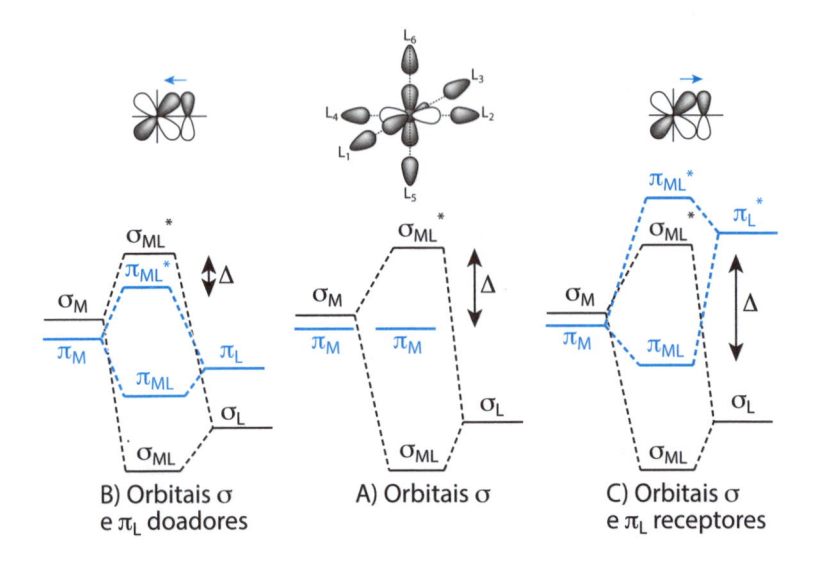

B) Orbitais σ e π_L doadores

A) Orbitais σ

C) Orbitais σ e π_L receptores

No diagrama mostrado na Figura 3.7, o estado excitado (antiligante) tem maior contribuição do metal, concordando com a representação de energia elaborada com base na Teoria do Campo Ligante (Figura 3.2). Quando o ligante também apresenta orbitais π cheios, ele poderá compartilhar seus elétrons com os orbitais π vazios ou incompletos do metal. Com isso, enquanto o orbital π_L se estabiliza, o orbital π_M sofre um aumento de energia, como mostrado na Figura 3.7B. Como consequência, o valor de 10 Dq diminui.

Quando o ligante é insaturado, com orbitais π_L^* de baixa energia, ele poderá compartilhar dos elétrons dos orbitais π_M cheios. O metal passa a ser um doador de elétrons para o orbital vazio do ligante. Esse efeito é conhecido como retrodoação-π. Nesse caso, o orbital π_M do metal fica estabilizado, aumentando o valor de 10 Dq. Por isso, ligantes receptores-π, como NO^+, CO e CN^- são ligantes de campo forte. Esse tipo de interação é importante para compreender as ligações desses ligantes, incluindo o oxigênio molecular, com o íon de ferro na hemoglobina.

Em resumo, a força do campo ligante está relacionada com o poder doador ou receptor-π dos ligantes.

A afinidade química é controlada pela ligação entre os átomos, expressa pela energia de ressonância, HML entre os orbitais envolvidos de M e L, e por sua proximidade energética.

$$\Delta H_{covalência} = -\frac{\Sigma c_M^{\,2} c_L^{\,2} H_{ML}}{H_{MM} - H_{LL}}$$

Quando a diferença de energia é muito grande, a ligação formada pelo compartilhamento de elétrons (ligação covalente) é prejudicada, e a interação passa a ser governada pela atração eletrostática entre o metal e o ligante, isto é

$$\Delta H_{eletrostático} = -\frac{|Z_M Z_L| e^2}{r_{ML}}$$

Quando as cargas iônicas Z_M e Z_L envolvidas são elevadas, a energia liberada pela associação eletrostática é compensada pela energia necessária para a remoção do solvente nos sítios de ligação de M e L. Entretanto, a liberação do solvente introduz um fator entrópico favorável que acaba sendo a força que dirige a associação metal-ligante[3].

Essa interação gera uma afinidade entre um doador (base de Lewis) do tipo duro e um receptor (ácido de Lewis) do tipo duro, por meio de forças eletrostáticas. O perfil típico de metais duros é formado por íons com carga alta e raios pequenos, geralmente com camada cheia (octeto).

---

[3] Para aprofundar nesse assunto, consulte o volume 4 desta coleção.

Doadores com orbitais moleculares disponíveis para compartilhar elétrons com os orbitais vazios dos receptores determinam um comportamento dirigido pela covalência. Essa interação caracteriza um comportamento que R. G. Pearson denominou mole, ou *soft*, em contraposição com o comportamento duro, ou *hard*. A classificação de Pearson está discriminada na Tabela 3.1, e tem como norma o fato de que ácidos duros preferem bases duras, e ácidos moles preferem bases moles.

Tabela 3.1 – Ácidos e bases, duros e moles

Tipos	Ácidos	Bases
Duros	Li^+, Na^+, K^+, Rb^+, Cs^+ Be^{2+}, Mg^{2+}, Ca^{2+}, Sr^{2+}, Ba^{2+} Sc^{3+}, La^{3+}-Lu^{3+}, Cr^{3+}, Fe^{3+} (s. a.), Al^{3+}, In^{3+} Ce^{4+}, Th^{4+}, U^{4+}, Ti^{4+}, Zr^{4+}, Hf^{4+}, VO^{2+}, UO_2^{2+}	H_2O, OH^-, O^{2-}, ROH, RO^-, R_2O CH_3COO^-, CO_3^{2-}, NO_3^-, PO_4^{3-}, SO_4^{2-}, ClO_4^- R-SO_3^-, Cl^-, F^-
Intermediários	Fe^{2+}, Co^{2+}, Ni^{2+}, Cu^{2+}, Zn^{2+} Rh^{3+}, Ir^{3+}, Ru^{3+}, Os^{3+}, Sb^{3+}, Bi^{3+}	N_3^-, N_2, py, NO_2^-, SO_3^{2-}, Br^-, NCS^-
Moles	Cu^+, Ag^+, Au^+, Hg^+, Tl^+, Cd^{2+}, Hg^{2+}, CH_3Hg^+ $[Co(CN)_5]^{3-}$, $[Fe(CN)_5]^{3-}$, Pd^{2+}, Pt^{2+}, Pt^{4+}, Ru^{2+}, Os^{2+}	H^-, R^-, RS^-, I^- NO^+, CO, CNR, CN^-, C_2H_4, R_3P, $(RO)_3P$, R_3As, R_2S, R_2SO

(s. a. = spin alto)

Muitas proteínas apresentam íons metálicos como parte de sua constituição, e são conhecidas como metaloproteínas. Um exemplo típico bem conhecido é a hemoglobina, responsável pelo transporte de oxigênio no organismo. Nas metaloproteínas, o íon metálico está sempre associado a grupos coordenantes dos aminoácidos que não participam das ligações peptídicas, como o grupo imidazol (histidina), tiol (cisteína), tioéter (metionina), carboxilato (ácido glutâmico, ácido aspártico), amina (lisina) e fenol (tirosina).

Imidazol (histidina)   Tioéter (metionina)   Tiolato (cisteína)

Amina (lisina)   Álcool (serina)

Carboxilato (ácido glutâmico, aspártico)   Fenolato (tirosina)

Um exemplo típico é a enzima formaldeído desidrogenase, cujo sítio ativo está ilustrado no esquema a seguir. Nessa enzima, o íon Zn(II) está ligado aos aminoácidos histidina, cisteína e aspartato, com uma molécula de água a ser deslocada pelo substrato.

Formaldeído desidrogenase

Grupos prostéticos

Muitas vezes, o íon metálico faz parte de um grupo **prostético**, isto é, que não é componente da proteína. Uma classe de grupos prostéticos bastante interessante é exemplificada pelos compostos macrocíclicos derivados da condensação do pirrol, conhecidos como porfirinogênios. Nesse grupo estão a **porfirina**, encontrada na hemoglobina; a **corrina**, encontrada na vitamina B_{12}; e a **clorina**, encontrada na clorofila (Figura 3.8).

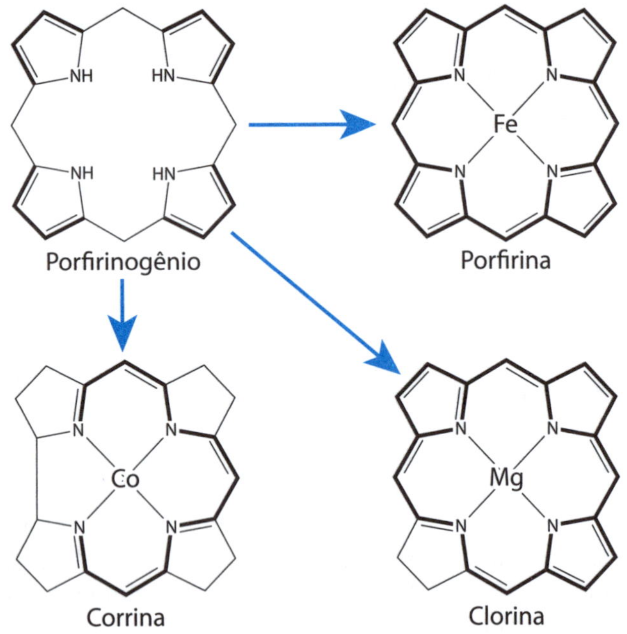

Figura 3.8
Grupos prostéticos porfirinogênios encontrados na hemoglobina (porfirina), vitamina B_{12} (corrina) e clorofila (clorina), mostrando, em negrito, o arcabouço estrutural de origem.

Porfirinogênio

Porfirina

Corrina

Clorina

Ionóforos

Existe uma classe importante de ligantes macrocíclicos capazes de formar complexos seletivos com íons metálicos, mantendo-os aprisionados em suas cavidades. Esses ligantes são denominados ionóforos, e, quando se alojam nas membranas celulares, podem criar canais de passagem de íons. Quando isso acontece, acabam levando a célula ao esgotamento, por competir com o transporte ativo feito pela bomba de Na^+/K^+. Assim, muitos ionóforos apresentam atividade antibiótica, como é o caso da valinomicina, um polipeptídio cíclico de valina.

Valinomicina

Sideróforos

Muitos íons metálicos, como é o caso do Fe^{3+}, encontram-se na natureza sob a forma de óxidos e hidróxidos pouco solúveis em água. O produto de solubilidade do $Fe(OH)_3$ é igual a 2×10^{-39}, o que leva a uma baixa disponibilidade em meio aquoso, dificultando sua captura. Por isso, muitos organismos desenvolveram sistemas de captura de íons metálicos bastante eficientes, conhecidos como sideróforos (transportador de ferro, em grego). Esses sistemas são formados por agentes complexantes, com grupos catecolatos ou hidroxamatos:

Catecolato

Hidroxamato

Exemplos típicos são a enterobactina e a ferricroma.

A enterobactina apresenta três grupos catecolatos ligados a uma estrutura cíclica, com uma disposição favorável à formação de complexos com Fe^{3+}, conforme pode ser visto no esquema. A constante de estabilidade desse complexo é da ordem de 10^{49}, bastante superior à do hidróxido de ferro(III), $Fe(OH)_3$ ($1/Kps = 10^{39}$). Dessa forma, ela atua como excelente captador e transportador de íons de Fe^{3+}.

Enterobactina   Complexo enterobactina-Fe^{3+}

A ferricroma apresenta grupos hidroxamatos coordenantes, ligados a uma cadeia cíclica. Em ambos os casos, a liberação dos íons ao nível celular é feita após a endocitose da molécula pela membrana, que, ao passar para dentro da célula, acaba sofrendo decomposição ou redução do íon metálico até Fe^{2+}. O íon reduzido acaba se soltando por ter menor afinidade com o ligante em relação ao Fe^{3+}.

Ferricroma

O ferro presente nos alimentos passa pelo processo digestivo, chegando até o trato gastrointestinal como Fe^{3+}. No intestino delgado ele é reduzido a Fe^{2+}, e só nessa forma ele consegue ser absorvido pelas células epiteliais da mucosa. Para passar para a circulação, o íon de ferro deve ser novamente oxidado a Fe^{3+}, e isso é feito por meio de uma enzima de cobre, a ceruloplasmina. Os íons de Fe^{3+} são captados pela apotransferrina (H_2Tf), que é a proteína transportadora de ferro, formando um complexo juntamente com íons carbonato:

$$Fe^{3+} + H_2Tf + HCO_3^- \rightarrow [Fe^{III}(Tf)(CO_3)]^- + 3H^+$$

Nesse complexo, o ferro se coordena a dois resíduos fenólicos de tirosina, um resíduo carboxilato de aspartato, um grupo imidazol de histina, e um íon carbonato, como no esquema:

Complexo Fe^{3+}-carbonato-transferrina

A transferrina é uma glicoproteína com massa molar de 80 kDa (6% carbo-hidrato) e apresenta dois sítios equivalentes para a captura de Fe^{3+}. Outros íons metálicos também podem ser transportados pela biomolécula. Sua função é transportar os íons de Fe^{3+} até os locais onde são necessários, sendo o excesso transferido para as ferritinas, que são proteínas armazenadoras. A liberação do ferro necessita de sua redução a Fe^{2+}, que é feita, por exemplo, com vitamina C (ácido ascórbico).

$$[Fe^{III}(Tf)(CO_3)]^- + e^- + 3H^+ \rightarrow H_2Tf + HCO_3^- + Fe^{2+}$$

O Fe^{2+} é incorporado à protoporfirina-IX na produção da hemoglobina:

$$Fe^{2+} + \text{protoporfirina-IX} + \text{globina} \rightarrow \text{hemoglobina} + 2H^+$$

Em nosso organismo, cerca de 40 mg de Fe são transportados diariamente pela transferrina até a medula espinal para a síntese da hemoglobina, e cerca de 6 mg são armazenados nas ferritinas.

As ferritinas são proteínas de armazenagem, com o formato de uma esfera oca composta por 24 subunidades, cada qual com 163 aminoácidos, dispostas simetricamente (Figura 3.9). O diâmetro externo é de 13 nm, ao passo que o diâmetro interno é de 7 nm. A superfície interna da cápsula é rica em grupos carboxilatos, usados na coordenação do Fe^{3+}. Os vários centros de ferro são interligados por grupos oxo e hidroxo, formando estruturas do tipo $8FeO(OH)$. $FeO(H_2PO_4)$, que podem envolver até 4.500 íons de Fe^{3+}. No interior das ferritinas existem nanocanais que permitem a troca de íons de Fe^{3+} com o exterior. Entretanto, a captura está centrada no Fe^{2+}, que é oxidado no interior da ferritina, pelo oxigênio molecular, acompanhado por outros processos redox, até se estabilizar na forma de $Fe^{III}O(OH)$.

$$2Fe^{2+} + O_2 \rightarrow Fe^{2+}(\mu\text{-}O_2)Fe^{2+} \rightarrow Fe^{3+}(\mu\text{-}O_2{}^{2-})Fe^{3+} +$$
$$+ 2H_2O + 2[H] \rightarrow 2FeO(OH) + 4H^+$$

Figura 3.9
Visão pictórica da ferritina, e sua vista de corte, mostrando o interior formando por agregados de oxo (hidroxo) complexos de ferro (III), e os canais de passagem de íons.

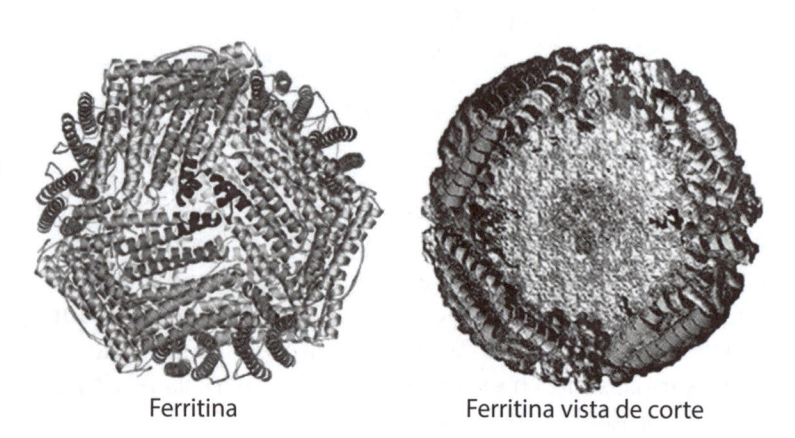

Ferritina · Ferritina vista de corte

Ácidos húmicos e fúlvicos

O ácido húmico resulta da biodegradação de matéria orgânica vegetal, e é o constituinte principal do húmus. É encontrado nos solos, nas turfas ou nas águas, formando uma mistura complexa de compostos contendo principalmente grupos carboxílicos e fenólicos decorrentes da decomposição da lignina. Um exemplo de estrutura de ácido húmico pode ser visto no esquema a seguir.

Por causa da presença de vários grupos complexantes, os ácidos húmicos são agentes sequestrantes de metais como Mg^{2+}, Ca^{2+}, Fe^{2+} e Fe^{3+}, e geralmente formam coloides, em virtude da elevada massa molecular. Essa propriedade faz com que os ácidos húmicos tenham papel importante no controle da disponibilidade de elementos metálicos nos solos e nas águas. Os ácidos fúlvicos são ácidos húmicos de menor massa molecular e com um teor mais elevado de oxigênio, refletindo um estágio de degradação mais avançado.

CAPÍTULO 4

METALOPROTEÍNAS E METALOENZIMAS

Reatividade substitucional e hidrolítica de complexos

Nos sistemas biológicos, os íons metálicos têm um papel especial, atuando de várias formas, começando por seu caráter catiônico, que favorece a interação com ânions ou grupos negativamente carregados e, como ácido de Lewis, atraindo os elétrons das espécies ao seu redor. Além disso, também exercem um papel importante na transferência de elétrons, em virtude de apresentarem estados redox acessíveis e versáteis, que podem ser sintonizados com a influência dos ligantes, e acoplados a processos ácido-base.

Outro papel importante dos íons metálicos é de natureza estrutural, proporcionando a geometria ou conformação adequada para que a proteína possa exercer sua atividade química.

Finalmente, o íon metálico pode modificar a reatividade da espécie coordenada, por meio dos efeitos eletrônicos que afetam o comportamento ácido-base, o potencial redox e a estabilidade química do sistema. Esses efeitos são mais relevantes nos processos de catálise enzimática e têm como aliado especial o comportamento cinético dos íons metálicos, que difere acentuadamente do comportamento observado com os compostos orgânicos. Assim, os íons metálicos podem exercer funções catalíticas, de natureza hidrolítica, organometálica ou por meio da transferência de elétrons (redox).

Esses íons normalmente são constituídos por metais da primeira série de transição, como V, Mn, Fe, Co, Ni, Cu e Zn. Os únicos elementos da segunda e terceira série de transição que têm função enzimática são Mo e W. Note que a seleção natural desses elementos priorizou não apenas sua disponibilidade, mas principalmente sua eficiência no processo catalítico, relacionada com suas características cinéticas.

Um detalhe importante nos sistemas bioinorgânicos é que a reatividade do íon metálico depende não apenas de suas características eletrônicas, mas também da natureza dos ligantes coordenados e de sua disposição espacial no sítio de coordenação.

Os íons metálicos têm um comportamento cinético bastante característico nas reações de substituição, isto é, que envolvem a entrada ou saída de ligantes. Alguns íons trocam os ligantes muito rapidamente, e são denominados lábeis. Outros o fazem muito lentamente e são denominados inertes. Uma visão geral do comportamento lábil/inerte pode ser vista na Figura 4.1.

Figura 4.1
Quadro comparativo das frequências ou constantes de velocidade de troca de solvente na esfera de coordenação de um íon metálico, na escala logarítmica (s^{-1}), para as diferentes classes de metais monovalentes alcalinos, bivalentes alcalino-terrosos, trivalentes representativos, trivalentes de transição e lantanídios e bivalentes de transição.

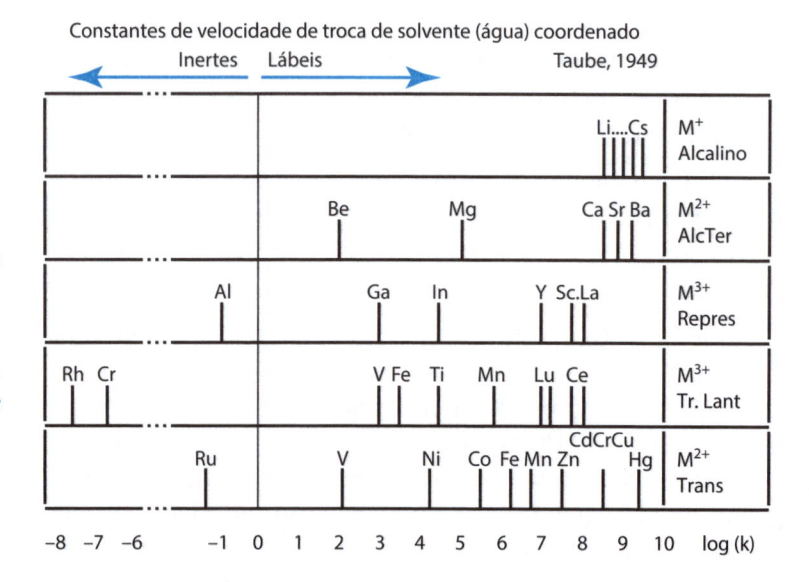

A classificação e a explicação da labilidade e da inércia dos íons metálicos foram feitas pela primeira vez por Henry Taube em 1949, discriminando os complexos com maior caráter covalente, ou de campo forte, como os derivados de Co(III), Rh(III) e Pt(IV). Mais tarde, L. Orgel mostrou a influência das energias de estabilização de campo ligante na labilidade e na inércia dos complexos, e os dados globais podem ser racionalizados com base na Figura 4.2.

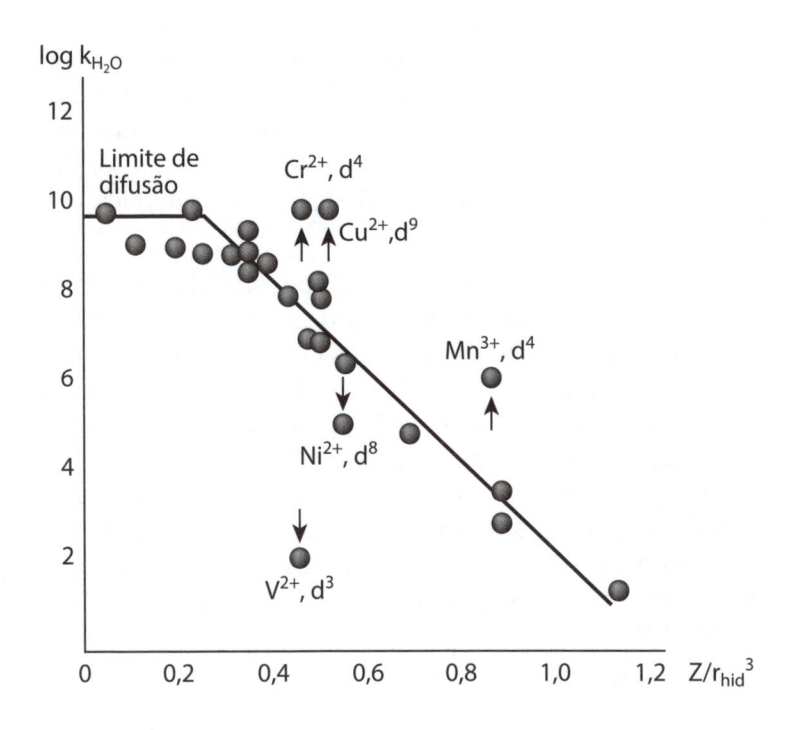

Figura 4.2
Variação das constantes de velocidade de troca de solvente com a relação de distribuição volumétrica de carga iônica.

Em meio aquoso, as constantes de velocidade de substituição têm um valor limite, que é dado pela constante de difusão das moléculas no solvente, da ordem de 10^{10} s^{-1}. Essa frequência de troca de solvente constitui o limite que pode ser apresentado pelos íons metálicos em meio aquoso. Existe uma relação quase linear dos logaritmos das constantes de velocidade de troca, em função da relação Z/r_{hid}^3, ou seja, da distribuição volumétrica de carga no íon. Íons com alta concentração de carga polarizam mais fortemente os ligantes, tornando mais lenta sua saída da esfera de coordenação. Esse é um fator universal, válido para todos os íons.

Como pode ser visto na Figura 4.2, alguns íons apresentam constantes de troca de solvente muito fora da reta. Esses íons apresentam configuração d^3 e d^8, que são as mais estabilizadas pelo campo ligante, implicando uma maior dificuldade para substituição dos ligantes. Os íons de configuração d^5 e d^6 de baixo spin são altamente estabilizados pelo campo ligante e apresentam maior inércia à substituição. Esses íons caem muito abaixo da escala mostrada na Figura. Por outro lado, os íons de configuração d^4 e d^9 apresentam constantes de velocidade muito acima da reta, implicando uma maior labilidade. Esses íons apresentam forte distorção Jahn-Teller, que labiliza as posições axiais, favorecendo o processo de substituição. Tais considerações são de extrema importância na atividade enzimática e nos processos de substituição de ligantes na Química bioinorgânica.

Outro aspecto relevante a ser considerado na catálise enzimática está relacionado com o efeito no íon metálico no caráter ácido-base dos ligantes coordenados. Por meio da coordenação do íon metálico, os ligantes ou substratos ficam sujeitos à atração exercida por sua carga nuclear efetiva, polarizando-se com deslocamento de carga no sentido da indução. Com isso, os grupos funcionais ativados passam a ser alvo de espécies nucleofílicas, como a água, que tem afinidade por centros deficientes em elétrons, facilitando a ocorrência do processo hidrolítico representado na Figura 4.3.

Figura 4.3
Efeito de polarização das ligações na água induzidas pela coordenação junto ao íon metálico, aumentando sua acidez.

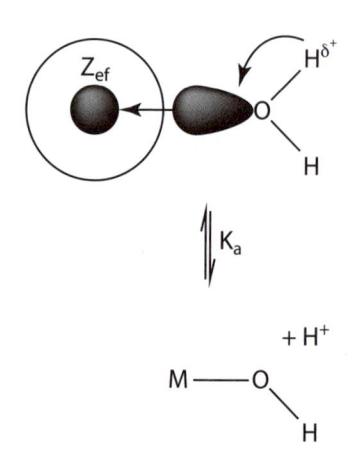

Um exemplo típico é a variação da acidez da água coordenada ao íon metálico. Os íons de camada cheia, como os de metais alcalinos e alcalino-terrosos, exercem um efeito moderado de indução eletrostática de carga que cresce com o aumento da relação Z_{ef}/r_{hid}^3, provocando um aumento de acidez ou diminuição de pKa (log 1/Ka) (Figura 4.4).

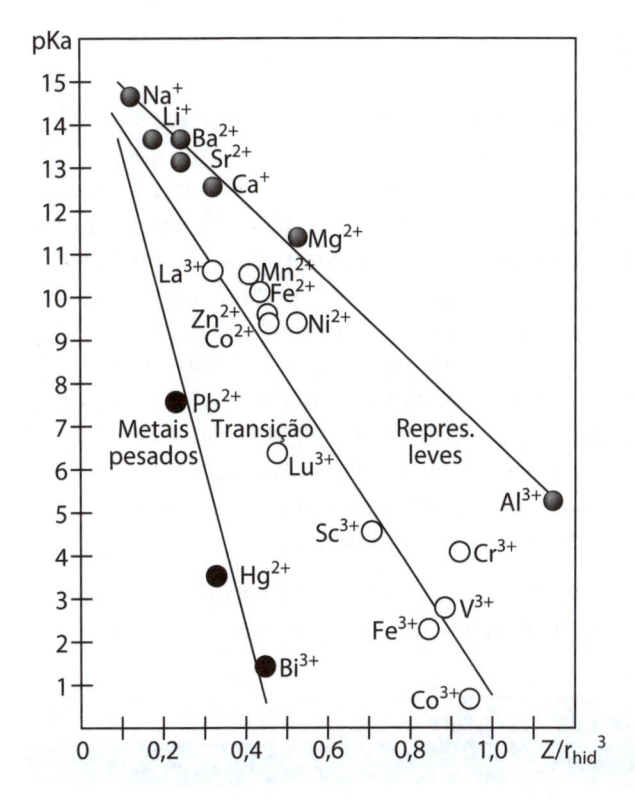

Figura 4.4
Variação das constantes de hidrólise (pKa) de íons metálicos em água, mostrando as diferenças de comportamento para três diferentes classes de elementos: representativos leves, de transição e metais pesados.

Os íons de metais de transição, incluindo os lantanídios, apresentam esse comportamento mais acentuado que na série anterior, o que reflete a maior influência da carga nuclear efetiva na polarização do ligante, que tende a crescer com o aumento do número atômico e da participação da ligação covalente. Esse efeito ainda é mais acentuado nos metais pesados como Pb^{2+}, Hg^{2+} e Bi^{3+}, levando a um aumento acentuado da acidez em relação aos grupos anteriores.

Além dos aspectos relacionados com a Química de coordenação dos elementos metálicos, a conformação da proteína exerce um papel importante na atividade da biomolécula, aproximando grupos reativos, criando cavidades hidrofóbicas para a entrada do substrato e promovendo efeitos de proteção dos sítios ativos. Nesse sentido, as dobras que ocorrem na cadeia proteica são de grande importância na manutenção da geometria conformacional das biomoléculas.

Enzimas

Atuando como catalisadores altamente eficientes e seletivos, as enzimas são substâncias proteicas que participam da maioria dos processos bioquímicos conhecidos. Na ausência da enzima, uma reação química ocorreria muito lentamente e poderia formar vários produtos, muitos dos quais prejudiciais ao organismo. A enzima apresenta um centro ou sítio ativo, formado, muitas vezes, por complexos metálicos (também denominados cofatores), além de uma parte proteica, envolvente, chamada de apoenzima, que exerce um papel importante na seleção e orientação das espécies a serem transformadas (substratos). Sem a apoenzima, o sítio ativo poderia até ser mais reativo, porém perderia completamente a seletividade.

As enzimas são classificadas em seis grupos principais, de acordo com as reações que elas catalisam (Tabela 4.1).

Tabela 4.1 – Classificação básica de enzimas

Enzimas	O que fazem	Exemplos
Oxidorredutases	Catalisam reações de oxidação e redução	Citocromos, ferredoxinas, ascorbato-oxidase
Transferases	Catalisam a transferência de um grupo de átomos, como CH_3, CH_3CO ou NH_2, de uma molécula a outra	Aspartato-aminotransferase
Hidrolases	Catalisam reações de hidrólise	Pepsina, tripsina
Liases	Catalisam a adição de um grupo a uma dupla ligação, ou a remoção de um grupo para criar uma dupla ligação	Aconitase
Isomerases	Catalisam reações de isomerização	Fosfo-hexoseisomerase
Ligases ou sintetases	Catalisam a união de duas moléculas	Tirosina-tRNAsintetase

Como todo catalisador, a enzima (E) não altera as concentrações dos substratos e produtos no ponto de equilíbrio da reação. Seu papel é acelerar a reação, contudo isso não ocorre linearmente. Quando a concentração do substrato [S] é muito alta, os centros catalíticos podem ficar ocupados, conduzindo a cinética a um comportamento de saturação da velocidade em relação à concentração do substrato. O esquema cinético tradicional é conhecido como Michaelis-Menten,

$$E + S \underset{k_{-1}}{\overset{k_1}{\rightleftharpoons}} C \xrightarrow{k_2} E + P,$$

em que C representa um intermediário envolvendo a enzima E e o substrato S. Para esse esquema, a velocidade de reação é dada por

$$v = \frac{dP}{dt} = k_2[C] = \frac{k_2 E_{tot}[S]}{[S] + K_m}.$$

Nessa equação, K_m representa a constante de Michaelis-Menten, que expressa a relação entre o desaparecimento $(k_{-1} + k_2)$ e a formação (k_1) de C:

$$K_m = \frac{k_{-1} + k_2}{k_1}.$$

Portanto, K_m tem um significado inverso em relação à constante de formação. Valores baixos de K_m implicam uma maior afinidade enzima-substrato.

Na prática, a equação de Michaelis-Menten é mais utilizada sob a forma rearranjada, em termos da velocidade máxima, V_{max},

$$v = V_{máx} \frac{[S]}{[S] + K_m},$$

como ilustrado na Figura 4.5. O gráfico das velocidades de reação *versus* concentração do substrato [S] permite avaliar diretamente o valor de K_m pelo valor de [S] no ponto correspondente a $V_{máx}/2$.

Outra forma de trabalhar essa equação é por meio da forma inversa, conhecida como gráfico de Lineweaver-Burk, que permite obter diretamente os valores de K_m e da velocidade máxima, com base nos coeficientes linear e angular da equação.

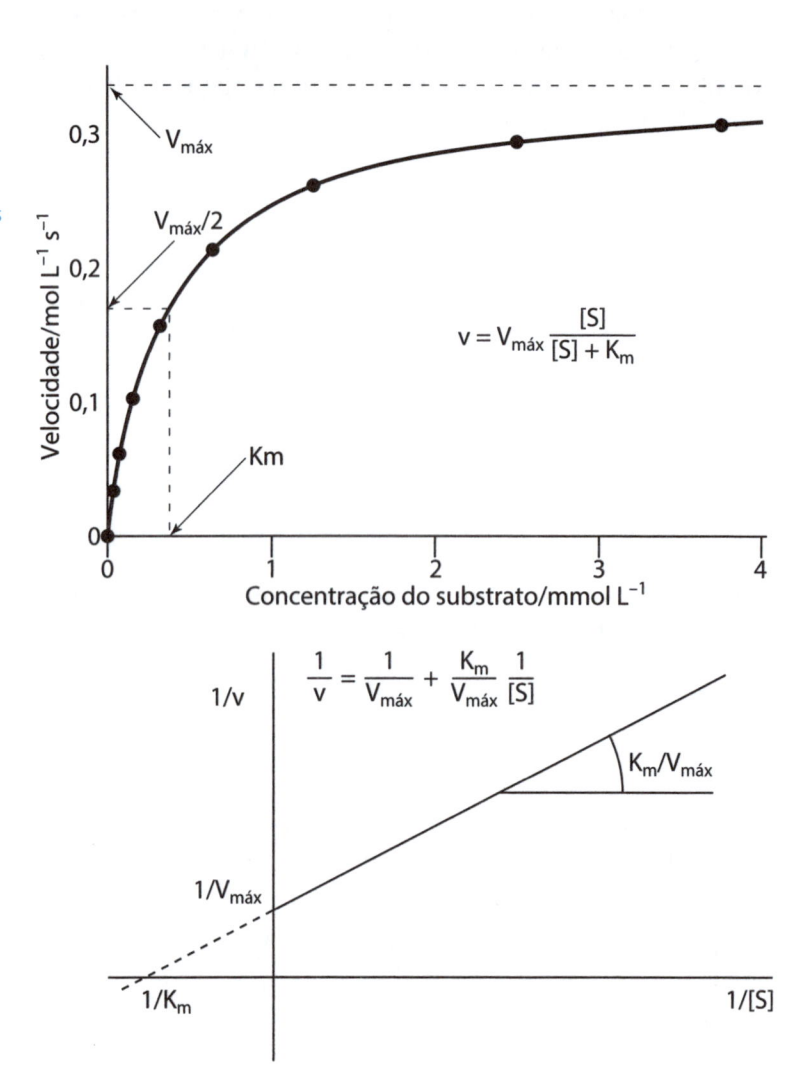

Figura 4.5
Perfil típico de Michaelis-Menten para cinética enzimática, e o gráfico de Lineweaver-Burk utilizado para o cálculo dos parâmetros envolvidos.

$$v = V_{máx} \frac{[S]}{[S] + K_m}$$

$$\frac{1}{v} = \frac{1}{V_{máx}} + \frac{K_m}{V_{máx}} \frac{1}{[S]}$$

Na catálise enzimática, o desempenho é medido pela relação mol de produto/mol de catalisador. Ela é conhecida como *turn over number* ou TON e reflete o número de ciclos catalíticos medidos ou que aconteceram durante o processo. Outra relação utilizada é frequência de *turn over* ou ciclagem por unidade de tempo (*turn over frequency* ou TOF).

Metaloenzimas de zinco

O zinco é um elemento que comparece nos compostos sob a forma de íons Zn^{2+}, e, ao contrário do ferro, do cobre, do manganês e do molibdênio, não é ativo sob o ponto de vista redox. Seu potencial eletroquímico $E°(Zn^{2+} + 2e^- \rightleftharpoons Zn°)$ é igual a –0,763 V, e não existem estados redox Zn^+ ou Zn^{3+} acessíveis, o que é justificado pela sua configuração eletrônica $3s^2\,3p^6\,3d^{10}$ estável, ou seja, com 18 elétrons no nível de valência. Apesar disso, os níveis 4s e 4p vazios estão disponíveis aos pares eletrônicos dos ligantes, formando ligações com algum caráter covalente, diferente do que acontece com os íons alcalinos e alcalino-terrosos, cujo nível externo é de octeto completo, s^2p^6. Quando o nível externo é $(n-1)$ $d^{10}\,n(s,p)^0$, pode-se fazer uma combinação entre os orbitais $d_z^{\;2}$ e $d_{x^2-y^2}$ e os orbitais s e p, gerando orbitais híbridos d^2sp^3. Esses orbitais híbridos apontam para os vértices do octaedro, e podem formar ligações σ com os ligantes.

Por isso, o íon Zn^{2+} forma complexos estáveis com os ligantes convencionais, atuando como ácido de Lewis, por meio da recepção dos pares eletrônicos por meio da ligação sigma formada. Esse caráter de ácido de Lewis é transmitido para os ligantes, provocando um deslocamento da carga na direção do núcleo metálico, fato conhecido como polarização. Isso aumenta a acidez do ligante coordenado, como já foi discutido anteriormente.

Assim, um dos papéis mais importantes dos íons Zn^{2+} nos sistemas biológicos é o de polarizar as ligações das moléculas coordenadas, aumentando sua acidez. Com isso, os íons de Zn^{2+} conseguem ativar as moléculas coordenadas, facilitando a liberação de prótons ou o ataque nucleofílico de bases.

O zinco participa de um grupo muito grande de metaloenzimas ligases e sintetases, e principalmente das hidrolases, como a anidrase carbônica, a carboxipeptidase e a fosfatase alcalina. Também participa de algumas oxidorredutases, como a álcool-desidrogenase, e a formaldeído--desidrogenase. Além da participação nos sítios ativos, o zinco também pode ter um papel estrutural, estabilizando a estrutura terciária das enzimas por meio da coordenação com os grupos ligantes das cadeias proteicas.

Anidrase carbônica

A enzima anidrase carbônica tem massa molecular de 29,7 kDa e contém um íon de Zn^{2+} em seu sítio catalítico. Ela é responsável pela hidratação do gás carbônico, CO_2, produzido na cadeia respiratória. O CO_2 é uma molécula linear extremamente estável, tornando difícil sua modificação. Por isso, em solução aquosa, ele sofre um lento equilíbrio de hidratação, permanecendo, em sua maior parte, na forma livre.

$$CO_2 + H_2O \rightleftharpoons H_2CO_3$$

A constante de velocidade de hidratação, k_{hid} é igual a 0,039 s^{-1}, e a de desidratação (k_{des}), no sentido inverso, é 23 s^{-1}. Assim como a velocidade, a constante de equilíbrio $K_{hid} = k_{hid}/k_{des} = 1,7 \times 10^{-3}$ também é pouco favorável à hidratação do gás carbônico. Por isso, o CO_2 leva cerca de 25 segundos para que a metade das moléculas sofram hidratação, o que explica seu fácil escape da solução, provocando o borbulhamento típico das bebidas carbonatadas. Nos seres vivos, esse processo seria fatal, pois as bolhas de CO_2 iriam provocar distúrbios na corrente sanguínea. Isso justifica a função da anidrase carbônica no organismo.

Na enzima, o Zn^{2+} está coordenado a três grupos imidazólicos de histidinas, ficando uma quarta posição com uma molécula de água em equilíbrio com o íon hidróxido, auxiliado por outra histidina próxima ao sítio ativo, como ilustrado na Figura 4.6.

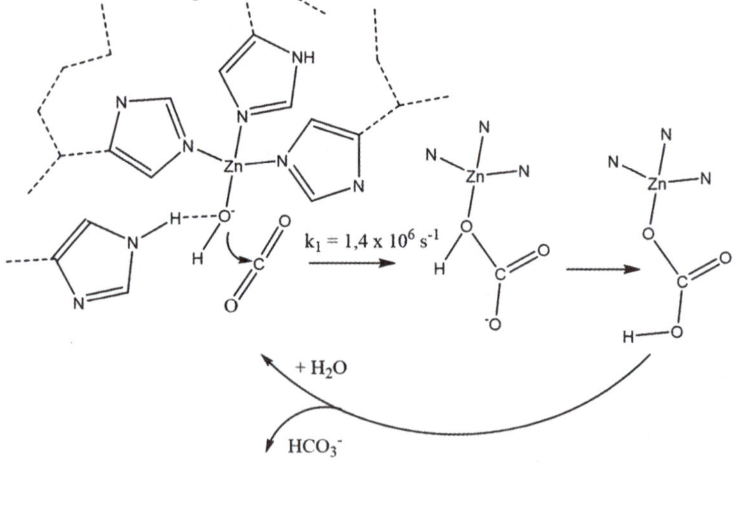

Figura 4.6
Mecanismo de hidratação do CO_2 pela anidrase carbônica.

O ataque ao CO_2 ocorre com uma constante de velocidade de 1×10^6 s^{-1}, portanto sete ordens de grandeza maior que a velocidade normal de hidratação do CO_2. Contribui para isso tanto a ativação da água coordenada como o ambiente químico no sítio ativo favorável à entrada do CO_2. Além de acelerar o processo, a anidrase carbônica existente nas hemácias acaba transportando o CO_2 até o pulmão, para sua liberação no meio ambiente.

O Zn^{2+} pode ser removido da anidrase carbônica por meio de agentes complexantes, deixando uma apoenzima inativa. Entretanto, a reabsorção do Zn^{2+} por essa enzima é muito rápida (k = 10^4 mol^{-1} L s^{-1}). A substituição do Zn^{2+} por outros íons metálicos diminui a atividade, que acaba persistindo apenas no caso do Co^{2+}.

Carboxipeptidase

A carboxipeptidase é uma proteína de massa molecular 36,4 kDa responsável pela quebra dos peptídios pelo carbono terminal. O sítio ativo é formado pelo complexo de Zn^{2+} ligado a dois grupos imidazólicos (histidina) e a um grupo carboxilato de ácido glutâmico, com uma molécula de água na posição axial. O modo de ação está ilustrado na Figura 4.7.

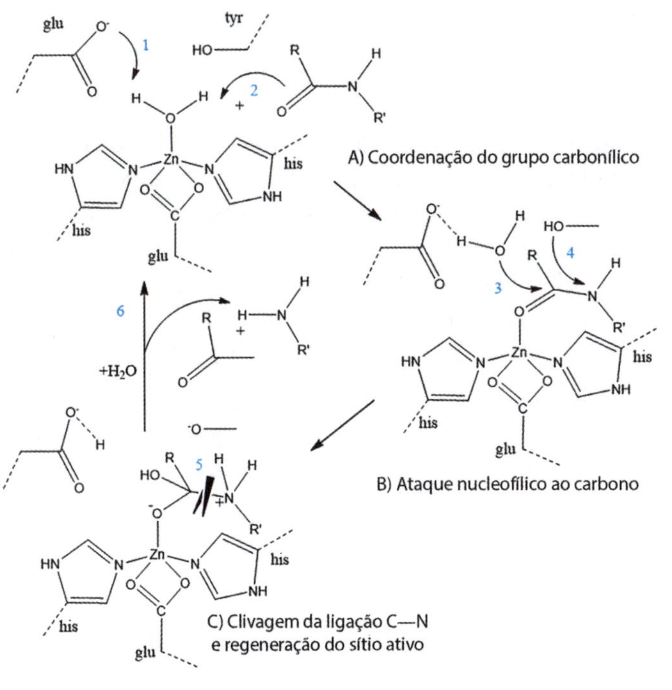

A) Coordenação do grupo carbonílico

B) Ataque nucleofílico ao carbono

C) Clivagem da ligação C—N e regeneração do sítio ativo

Figura 4.7
Na atuação da carboxipeptidase, a sequência de 1 a 6 descreve: A) substituição da molécula de água coordenada ao Zn^{2+} pelo grupo carbonílico, facilitado pela proximidade do grupo glutamato; B) ataque nucleofílico ao carbono da amida; C) quebra da ligação C-N gerando amina e aldeído e regenerando o sítio ativo.

Fosfatases

As fosfatases são hidrolases que removem grupos fosfato de biomoléculas como nucleotídios, proteínas e alcaloides, e são produzidas em diversos órgãos e tecidos, como nos ossos, no fígado e na placenta. Algumas são mais ativas em meio alcalino, e são usadas para a desfosforilação de grupos terminais do DNA, o que impede a ligação dessas extremidades com outras moléculas de DNA. Outras são mais ativas em meio ácido. Em geral, apresentam um sistema bimetálico nos sítios ativos, geralmente constituídos por um complexo de Fe(III) ligado em ponte, com outro complexo metálico de Zn(II), Fe(II,III) e Co(II). Uma classe especial é conhecida como fosfatase púrpura, cujo sítio ativo está mostrado na Figura 4.8.

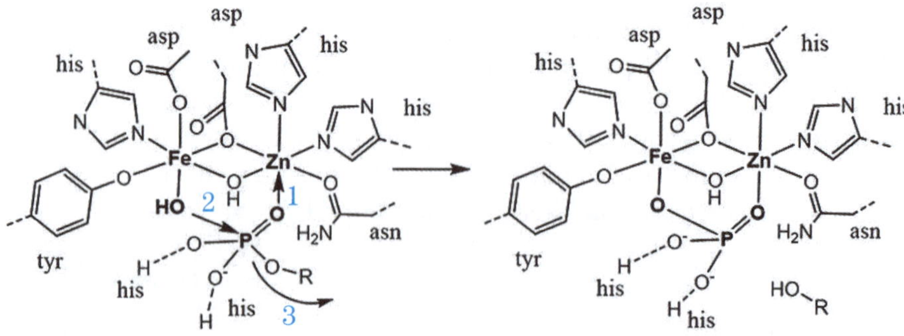

Figura 4.8

Desfosforilação catalisada por uma fosfatase púrpura, mostrando a etapa de coordenação ao Zn (1), ataque nucleofílico da base OH⁻ (2) e saída do grupo O-R contendo inicialmente o grupo fosfato (3).

A coloração púrpura provém de uma transição de transferência de carga tirosina → Fe(III) na faixa de 510--550 nm. A ativação do grupo fosfato ocorre pela coordenação do íon metálico, seguido pelo ataque nucleofílico de um grupo OH⁻ ligado ao íon metálico vizinho. Essa ação combinada leva à labilização da ligação P-O-R, provocando o desligamento do grupo fosfato do radical O-R.

O acompanhamento das fosfatases tem importância clínica, pois o aumento de sua atividade tem sido associado a problemas de invasão maligna nos ossos e leucemias.

Álcool e formaldeído-desidrogenases

A álcool-desidrogenase é uma metaloproteína formada por quatro unidades idênticas, com um massa molecular global de 150 kDa, responsável pela oxidação do álcool pelo NAD^+, formando aldeído e NADH.

$$RCH_2OH + NAD^+ + H_2O \rightleftharpoons RCHO + NADH + H_3O^+$$

A formaldeído-desidrogenase é outra metaloproteína formada por quatro unidades, com uma massa molecular global de 170 kDa, responsável pela oxidação do formaldeído até o ácido fórmico.

$$HCHO + NAD^+ + 3H_2O \rightleftharpoons HCOO^- + NADH + 2H_3O^+$$

Ambas as enzimas apresentam Zn^{2+} no sítio ativo, em geometria tetraédrica, com ligantes cisteína, histidina, ou aspartato, como ilustrado na Figura 4.9, sendo a quarta posição ocupada por uma molécula de água. A substituição da água é facilitada pelo ambiente proteico, favorecendo a ligação do substrato. Apesar de não atuar na transferência de elétrons, o Zn^{2+} tem papel catalítico, promovendo a coordenação e a ativação do substrato e, com isso, facilitando a ação do NAD^+ como agente oxidante, alojado nas proximidades do sítio ativo.

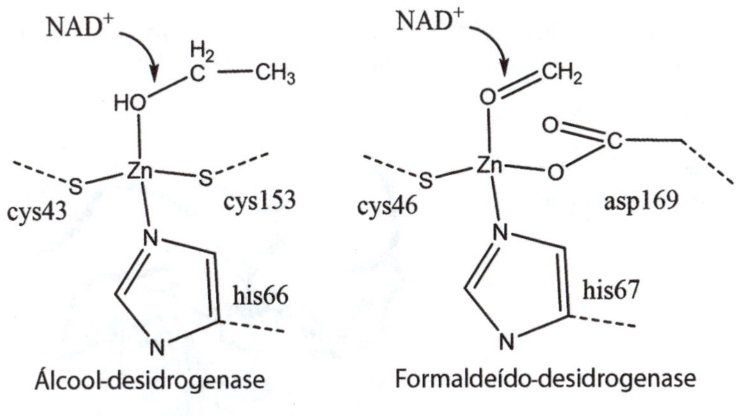

Álcool-desidrogenase   Formaldeído-desidrogenase

Figura 4.9
Sítios ativos da álcool-desidrogenase e da formaldeído-desidrogenase, mostrando os íons de Zn^+ coordenados a cisteína, histidina e aspartato, sendo a quarta posição de coordenação disponível à coordenação do substrato (álcool ou aldeído).

Os dedos de zinco: fatores de transcrição genética

As informações genéticas armazenadas no DNA são transcritas na estrutura das proteínas por meio de um RNA mensageiro. Para isso, torna-se necessário uma RNA-sintase e um piloto capaz de direcioná-la para um setor específico do DNA. Esse piloto é o fator de transcrição genética. A transcrição ocorre no núcleo da célula, enquanto a síntese das proteínas se passa mais distante, nas ribossomas. O fator de transcrição apresenta um íon de Zn^{2+} em sítio de coordenação tetraédrico, com duas cisteínas e duas histidinas. Junto a esses grupos, existe uma sequência específica de aminoácidos capaz de reconhecer um sítio específico do DNA. Por isso, o fator de transcrição atua como dedos, que percorrem a cavidade maior, onde está a informação da síntese de uma determinada proteína.

Tioneínas

Tioneínas são proteínas pequenas formadas por cerca de 60 aminoácidos e massa molecular de 6 kDa, com cerca de um terço de sua composição constituída por cisteína. Nelas não estão presentes aminoácidos aromáticos. As tioneínas podem acomodar até sete íons de zinco ou de outros metais, e servem como sistemas capazes de armazenar esses íons. Um exemplo típico está ilustrado na Figura 4.10. Também são gerados para combater a intoxicação provocada por íons de metais pesados como Cd^{2+} e Hg^{2+}.

Figura 4.10
Estrutura típica de metalotioneína de Zn, mostrando o íon metálico ligado a cisteínas e histidina, em sítios tetraédricos.

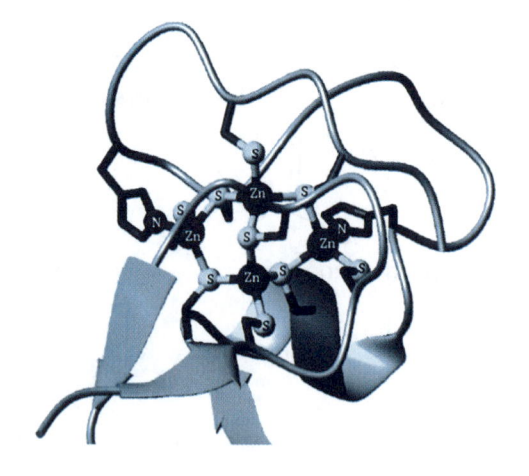

Captura e transporte do oxigênio molecular

O oxigênio é captado pelos organismos por meio da respiração, e levado até os pulmões, onde é feita a oxigenação das hemácias ou células vermelhas do sangue (Figura 4.11). É interessante notar que a solubilidade do O_2 em água é relativamente baixa: apenas 31 mL de O_2 por litro de água a 20 °C, ou 23 mL a 40 °C. O sangue é capaz de captar dez vezes esse valor, ou seja 200 mL de O_2 por litro, graças a uma metaloproteína conhecida como hemoglobina (Figura 4.11). Esse processo é conjugado à conversão do gás carbônico em CO_2, pela enzima anidrase-carbônica, conforme já descrito anteriormente.

Figura 4.11
Microfotografia das hemácias e representação estrutural da hemoglobina.

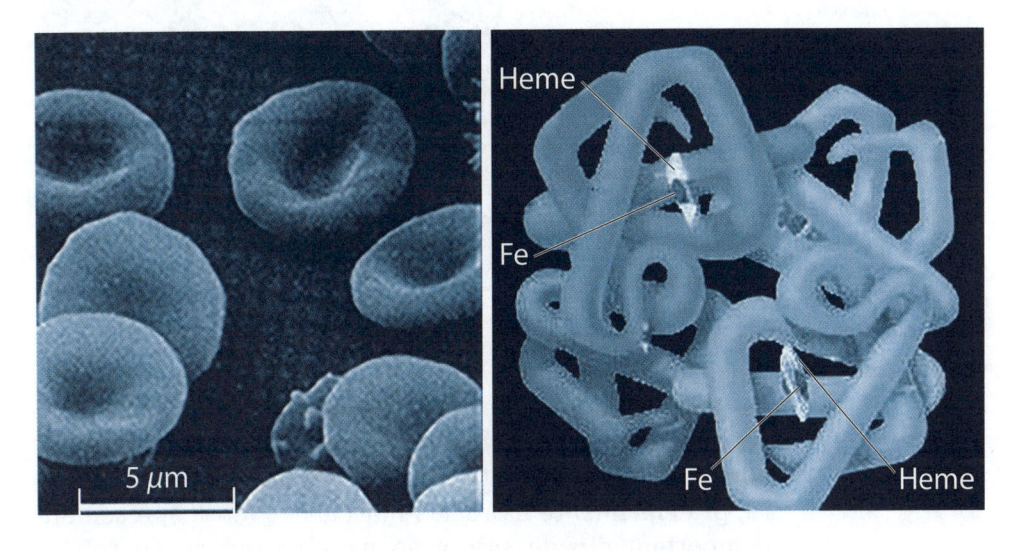

A hemoglobina é uma proteína globular de massa molecular 68.000, formada por quatro unidades, cada qual envolvendo um núcleo ferroporfirínico, também chamado de heme. Nesse núcleo se aloja um íon de Fe^{2+} que atua no processo de captura e transporte do O_2. A cadeia proteica também exerce um papel muito importante na atividade da hemoglobina. Existe um defeito genético envolvendo a simples troca de um aminoácido valina, o qual apresenta um grupo R não polar, por um glutamato, que tem um grupo carboxilato, tipicamente polar. As mudanças conformacionais provocadas por essa troca mudam o aspecto arredondado das hemácias para um formato falciforme e alteram a capacidade da hemoglobina de transportar oxigênio, levando ao aparecimento de anemia.

A hemoglobina (Hb) transporta o oxigênio até os tecidos, onde existe outra proteína captadora, a mioglobina (Mb), que apresenta uma única unidade proteica e um grupo heme (Figura 4.12).

Figura 4.12
Representação estrutural da mioglobina, destacando o grupo porfirínico captador de oxigênio molecular.

A comparação entre a hemoglobina e a mioglobina pode ser vista na Figura 4.13. A mioglobina tem maior afinidade com o O_2, e por isso atua como uma espécie armazenadora, principalmente na região muscular. Ambas apresentam comportamento de saturação na absorção do O_2 sob as pressões parciais relativamente elevadas encontradas no pulmão. Por outro lado, a afinidade da hemoglobina com o oxigênio é muito sensível ao pH, e cai acentuadamente quando se chega ao pH 6,8, típico da região muscular. Com isso, a hemoglobina passa a liberar mais O_2 para a mioglobina existente no local.

Na hemoglobina e na mioglobina, o oxigênio molecular se liga ao grupo heme ou ferroporfirínico, interagindo diretamente com os íons de ferro(II), inicialmente presente em configuração de spin alto, com quatro elétrons desemparelhados. Nessa configuração, o diâmetro do Fe^{2+} é de 0,092 nm e não consegue se encaixar na cavidade do anel protoporfirínico. Isso faz com que o Fe^{2+} fique deslocado do plano do anel em cerca de 0,040 nm, como mostrado na Figura 4.14.

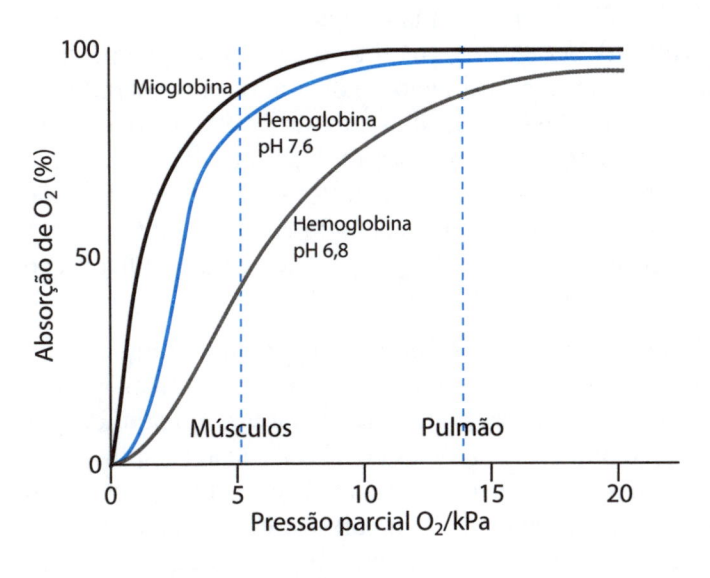

Figura 4.13
Curvas de absorção de O_2 pela mioglobina e hemoglobina, em pH 7,6 (pulmões), e pela hemoglobina em pH 6,8 (músculos).

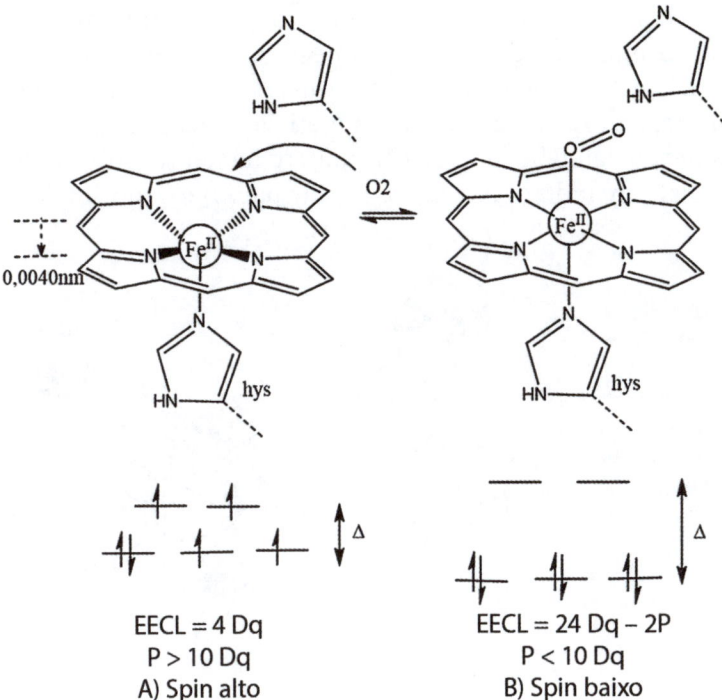

Figura 4.14
Grupo heme na desoxi-hemoglobina (spin alto) com o íon de ferro deslocado do plano e mudança de configuração com a entrada do oxigênio e planarização da estrutura, em virtude do emparelhamento de spin. Abaixo estão representadas as configurações de spin alto e spin baixo, com as devidas energias de estabilização de campo ligante, EECL.

A ligação do Fe^{2+} com O_2 é bastante interessante. O oxigênio apresenta dois orbitais moleculares π formados pela combinação dos orbitais atômicos $p_x(A) + p_x(B)$, e $p_y(A) + p_y(B)$. Esses orbitais encontram-se preenchidos com elétrons e, ao se posicionarem angularmente sobre o íon Fe^{2+}, podem formar uma ligação σ combinando-se com seu orbital d_z^2 (Figura 4.15). Por outro lado, esse posicionamento permite a interação do orbital d_{xz}, preenchido, do Fe^{2+}, com o orbital π^* antiligantes do oxigênio, decorrente da combinação $p_x(A) - p_x(B)$. Esse efeito é conhecido como retrodoação-π. A interação leva a uma estabilização dos orbitais d_π do Fe^{2+}, provocando um aumento da força do campo ligante, $\Delta = 10Dq$, e gerando uma configuração de baixo spin (campo forte).

Assim, a coordenação do O_2 provoca uma mudança no estado de spin do Fe^{2+}, que passa de spin alto para spin baixo. Essa passagem pode ser facilmente constatada por meio de medidas de magnetismo. Na situação de spin alto, o Fe^{2+} é paramagnético, e é atraído pelo campo magnético, ao passo que na situação de spin baixo, o Fe^{2+} é diamagnético e repelido pelo imã. O complexo na configuração spin baixo é completamente diamagnético, o que é surpreendente, pois a molécula de oxigênio no estado fundamental constitui um triplete, com dois elétrons desemparelhados nos orbitais π^*. As medidas que magnetismo mostram que coordenação também provoca o emparelhamento desses elétrons, forçando o oxigênio a passar para o estado singlete.

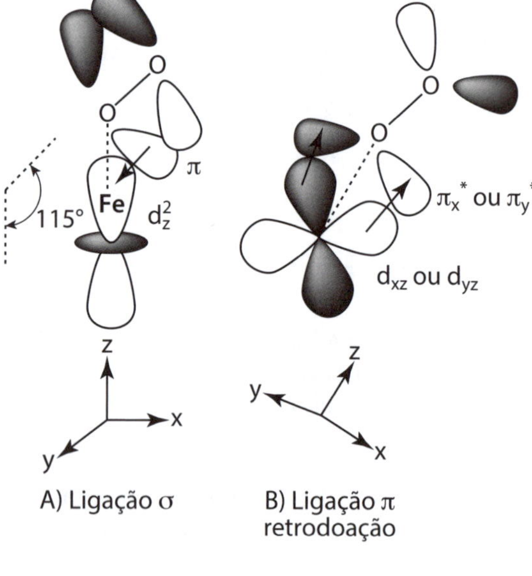

Figura 4.15
Ligação $Fe^{II}-O_2$ na oxi-hemoglobina: A) ligação σ, formada pela combinação do orbital d_z^2 (Fe, vazio) e o orbital π (preenchido) do O_2; (B) vista angular da ligação retrodoadora envolvendo a combinação do orbital d_{xz} (Fe, preenchido) e o orbital π_x^* (vazio) do O_2; semelhante à ligação formada com o orbital d_{yz} combinando-se com π_y^*.

A) Ligação σ

B) Ligação π retrodoação

Por isso, Pauling propôs a seguinte descrição para a ligação do ferro com o oxigênio na oxi-hemoglobina: $^1Fe^{II}-^1O_2$. Outra proposta alternativa, feita por Weiss, é representada por $^2Fe^{III}-^2O_2^-$, na qual o íon de ferro está no estado de oxidação III, ligado a um radical superóxido. Nesse caso, o acoplamento antiparalelo dos spins levaria ao estado diamagnético. Existem ainda outras propostas que envolvem estados intermediários de spin para o Fe(II), porém a proposta de Pauling tem sido a mais coerente com os cálculos teóricos e com a estrutura observada para a oxi--hemoglobina.

A importância da retrodoação $Fe-O_2$ ficou bem demonstrada nos trabalhos do grupo de T. G. Spiro, por meio da correlação linear descendente entre a frequência de estiramento $Fe-O$ (ν_{Fe-O}) e a frequência de estiramento $O-O$ (ν_{O-O}), para uma série de ferroporfirinas. À medida que a ligação $Fe-O$ fica mais forte, ν_{Fe-O} aumenta, como seria esperado. Porém, o aumento da força decorrente da retrodoação $Fe \rightarrow O_2$ leva a um aumento da população dos orbitais π^* do oxigênio, diminuindo sua ordem de ligação e a frequência de estiramento ν_{O-O}.

O grupo heme tem uma coloração vermelha característica devida ao anel porfirínico, com sua forte deslocalização eletrônica envolvendo os orbitais de simetria π. O espectro eletrônico ilustrado na Figura 4.16 envolve transições de dois níveis eletrônicos ocupados da porfirina, representados pela notação a_{1u} e a_{2u} da Teoria de Grupo, para os nível eletrônicos vazios, de maior energia, de simetria b_{2g} e b_{3g}. A transição $a_{1u} \rightarrow b_{2g}$ dá origem a uma banda extremamente forte, localizada na faixa de 380 a 450 nm, com absortividade $\varepsilon > 10^5$ mol L^{-1} cm^{-1}, denominada Soret ou B. Na porfirina, as vibrações moleculares acabam acoplando os quatro níveis eletrônicos dando origem a um conjunto de bandas, designado pela letra Q, na faixa de 500 a 650 nm. Essas bandas têm intensidade cerca de dez vezes menor em relação à banda Soret. Em sistemas mais simétricos (D_{4h}), como é o caso das porfirinas metaladas, a banda Q se apresenta como duas bandas, denominadas α e β.

Na hemoglobina, Hb, a condição de spin alto provoca um alargamento nas bandas Soret e Q. Após a entrada do oxigênio, formando a oxi-hemoglobina, HbO_2, ocorre a inversão de spin e as bandas Soret e Q ficam mais bem definidas.

A banda Soret se desloca para menores comprimentos de onda, enquanto a banda Q se desdobra nos componentes α e β.

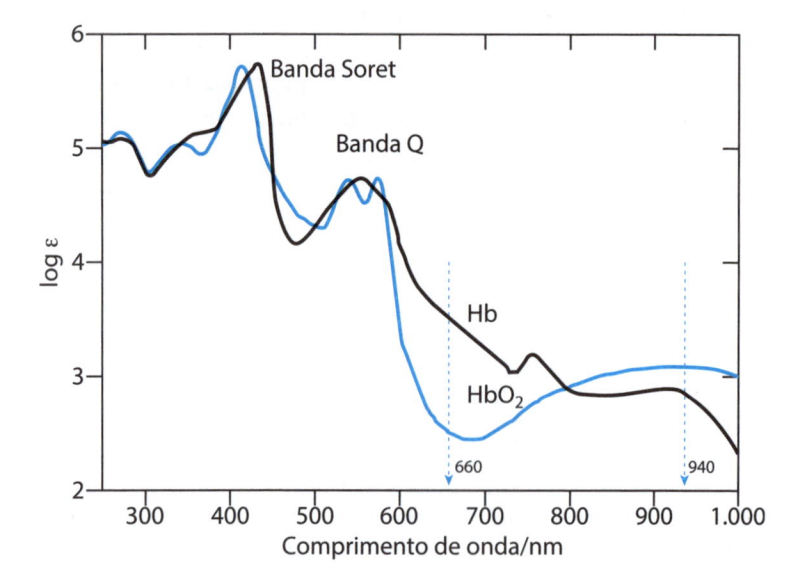

Na região do infravermelho próximo (>700 nm) ocorrem outras bandas de menor intensidade ($\varepsilon \approx 10^3$ mol^{-1} L cm^{-1}) (Figura 4.16) gerando perfis distintos para a hemoglobina e a oxi-hemoglobina. Essas bandas foram atribuídas a transições envolvendo a participação dos orbitais d do Fe^{2+}, e no caso da oxi-hemoglobina, também os orbitais π^* do O_2. A região do infravermelho é particularmente interessante para efeito de monitoração óptica, pois os tecidos orgânicos são transparentes quando submetidos a esse tipo de radiação. Dessa forma, com base nas variações espectrais observadas, utilizando dois diodos que emitem em 660 nm e 940 nm, é possível diferenciar e quantificar a presença da oxi--hemoglobina na presença da desoxi-hemoglobina. Isso é feito comercialmente com um pequeno dispositivo (oxímetro digital) que monitora o grau de oxigenação do sangue, medindo a luz transmitida através de um dedo inserido no equipamento (Figura 4.17).

O comportamento cinético da hemoglobina é outro aspecto bastante interessante. Na forma de spin alto, o Fe^{2+} tem baixa estabilização de campo ligante e é tipicamente lábil. A velocidade de entrada do oxigênio ocorre com uma constante de velocidade bastante alta, igual a $1,7 \times 10^7$ mol $L^{-1} s^{-1}$. Após a coordenação do oxigênio, a inversão de spin deixa o complexo mais inerte, refletindo a estabilização pelo campo ligante. A constante de velocidade de saída do O_2 é igual a $1,9 \times 10^3 s^{-1}$, ou seja, quatro ordens de grandeza menor que a de entrada.

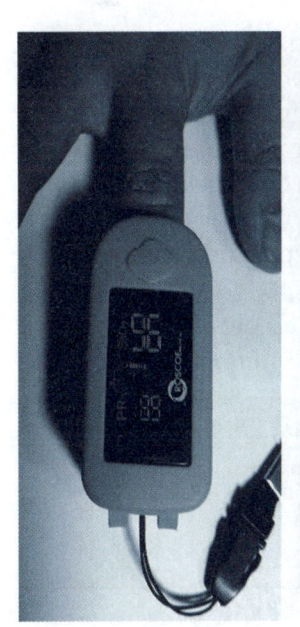 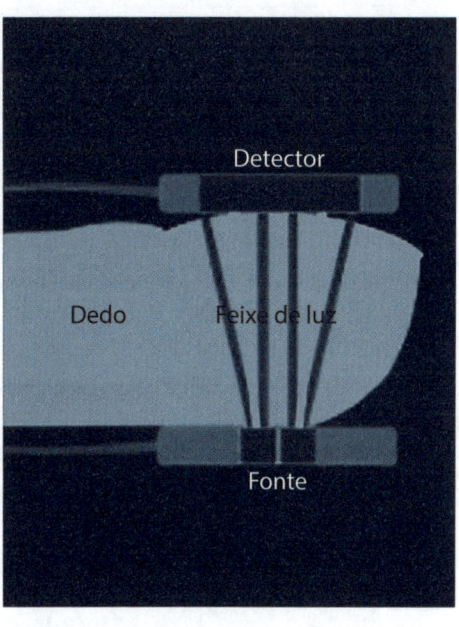

Detector

Dedo   Feixe de luz

Fonte

Figura 4.17
Oxímetro digital, de bolso, para monitoração do grau de oxigenação do sangue, utilizando a absorção de luz na região do infravermelho próximo.

As constantes de estabilidade observadas para os complexos de oxigênio na hemoglobina não seguem a tendência esperada, em termos estatísticos, de uma diminuição progressiva à medida que os sítios vão sendo preenchidos:

$K_1 = 9 \times 10^3 \ mol^{-1} L$

$K_2 = 2,1 \times 10^5 \ mol^{-1} L$

$K_3 = 9 \times 10^3 \ mol^{-1} L$

$K_4 = 6,6 \times 10^5 \ mol^{-1} L$

Observa-se que a entrada da segunda molécula de O_2 tem uma constante mais elevada em relação à primeira, o que tem sido atribuído a um efeito de comunicação entre os dois sítios mais próximos. O mesmo acontece com a terceira e a quarta constantes de estabilidade. Esse efeito cooperativo entre dois sítios tem sido explicado pela inversão de spin após a entrada da molécula de O_2. Na forma de spin alto, o íon de Fe^{2+} encontra-se deslocado do plano do anel por 0,040 nm. Com a inversão de configuração, o íon metálico sofre uma contração, acomodando-se perfeitamente no plano do anel. Esse movimento gera uma tensão que se propaga para os outros grupos vizinhos, aumentando, de alguma forma, a afinidade do segundo heme pelo oxigênio molecular.

Outro aspecto importante é a inativação da hemoglobina por agentes coordenantes, como o monóxido de carbono, CO. A hemoglobina tem uma afinidade por monóxido de carbono cerca de 220 vezes maior que em relação ao O_2. Por isso, em ambientes com altas concentrações de CO, a hemoglobina deixa de transportar O_2, por efeito competitivo, resultando em deficiência respiratória ou asfixia. A formação da carboxi-hemoglobina pode ser monitorada pelo espectro eletrônico (Figura 4.18) obtido na presença de ditionito de sódio, $Na_2S_2O_4$ que é um forte agente redutor. Sua função é converter a oxi-hemoglobina e a meta-hemoglobina em desoxi-hemoglobina, deixando aparentes os picos característicos da carboxi-hemoglobina na região do visível.

Figura 4.18
Espectro eletrônico da carboxi-hemoglobina, que pode ser diferenciado da oxi-hemoglobina, colocando ditionito de sódio, $Na_2S_2O_4$, para eliminar a influência do ar e de agentes oxidantes.

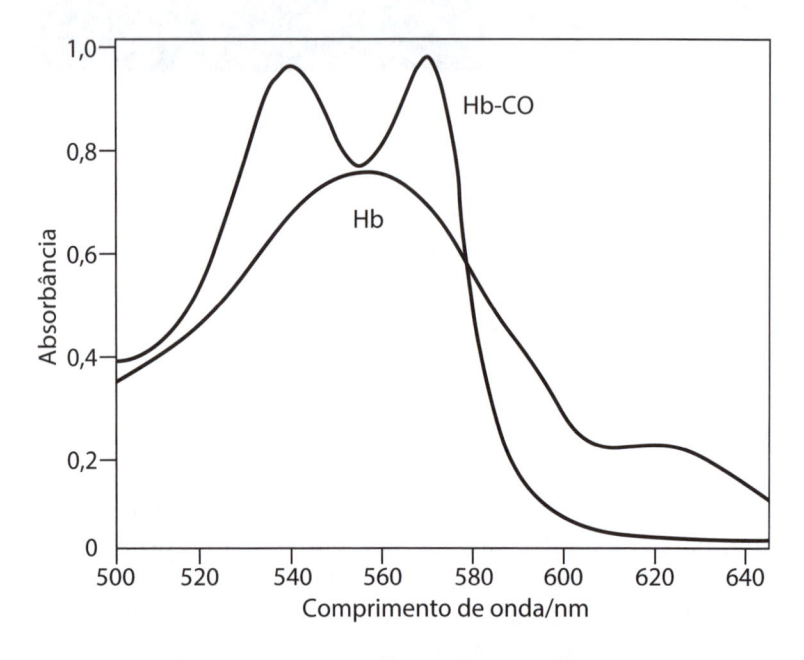

A inalação da fumaça de cigarro (20 unidades/dia) inibe cerca de 25% da capacidade transportadora da hemoglobina. O NO formado na fumaça também exerce um efeito semelhante. A hemoglobina sempre apresenta alguma percentagem da forma oxidada, conhecida como meta-hemoglobina (MetHb), por ser alvo de agentes oxidantes como as espécies reativas de oxigênio.

Transporte de oxigênio pela hemocianina e hemeritrina

As hemocianinas são proteínas transportadoras de oxigênio que ocorrem em artrópodes (aranhas, caranguejos, lagostas...) e moluscos (caramujos, ostras, lulas...). Elas contêm um centro binuclear de cobre por subunidade (Figura 4.19), com o íon metálico coordenado a grupos imidazólicos (histidina). As massas por mol variam de 450 kDa em artrópodes (com subunidades de 75 kDa) a 9.000 kDa, em moluscos (com subunidades de 55 kDa). A reação com oxigênio é reversível, envolvendo um processo de adição oxidativa:

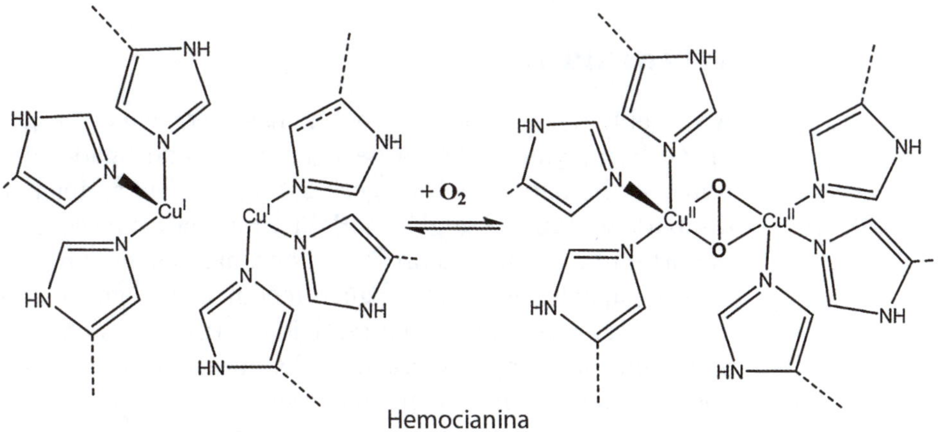

Figura 4.19
Captura de oxigênio molecular pelas hemocianinas por meio dos sítios binucleares de cobre(I).

$$[Cu^+....Cu^+] + O_2 \rightleftharpoons [Cu^{2+}(\mu\text{-}O_2^{2+})Cu^{2+}]$$

Hemocianina

O transporte de oxigênio em espécies de vermes marinhos é feito pela hemeritrina, uma proteína com oito subunidades e massa molecular de 108 kDa, contendo em cada uma um centro binuclear de ferro, como ilustrado na Figura 4.20.

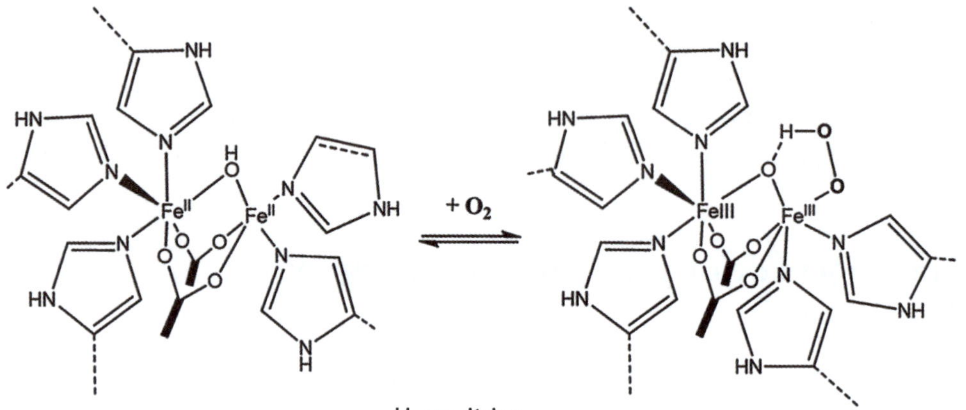

Hemeritrina

Figura 4.20
Sítio ativo para captura do oxigênio pela hemeritrina.

A forma desoxigenada é constituída por sítios de Fe(II), ligados por OH⁻, e grupos carboxilatos de um aspartato e um glutamato. Um dos íons de Fe(II) é coordenado a três histidinas, e o outro a duas histidinas, deixando uma vacância para a entrada do oxigênio molecular. Quando isso acontece, os íons de Fe(II) são convertidos em Fe(III) e o grupo hidróxido de ponte se transforma em um grupo μ-óxido, transferindo o próton para o grupo peróxido formado.

Vitamina B$_{12}$

A vitamina B$_{12}$ é uma das 13 vitaminas essenciais. O organismo tem alguma reserva de vitamina B$_{12}$ no fígado, porém o ser humano precisa ingerir 2,4 μg dessa vitamina por dia para se manter saudável. Essa vitamina é um cofator importante para muitos processos enzimáticos, em virtude de sua capacidade de interagir e modificar as ligações de carbono, apresentando uma reatividade típica dos chamados compostos organometálicos. Ela apresenta um íon de cobalto inserido em um anel macrocíclico derivado da porfirina, porém com um nível menor de conjugação, conforme representado na Figura 4.21. Esse anel é conhecido como corrina e o complexo de cobalto recebe a denominação de cobalamina. As posições axiais são ocupadas por um grupamento 5'-desoxidenosil e bis-dimetilbenzimidazol; entretanto, a forma mais estável, obtida na fermentação bacteriana, é isolada e comercializada com um grupo cianeto ligado ao cobalto. Nessa forma o íon cianeto não é tóxico. Sua natureza foi desvendada por Dorothy Hodgkin, agraciada com o Prêmio Nobel de 1964.

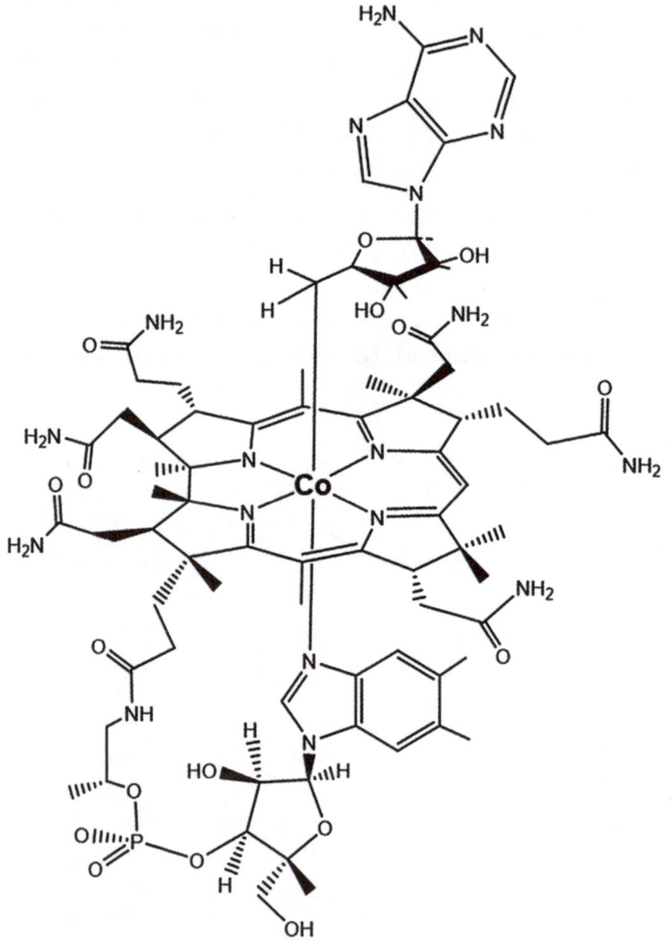

Figura 4.21
Estrutura da vitamina B_{12}.

A química da vitamina B_{12} exemplifica bem a influência do estado de oxidação na reatividade do complexo de cobalto. Na forma de Co(III) o íon metálico apresenta uma configuração eletrônica d^6 com os orbitais d_{xz}, d_{xy} e d_{yz} totalmente preenchidos (t_{2g}^6), apresentando uma geometria octaédrica com forte estabilização de campo ligante (Figura 4.21). O complexo nessa forma é pouco reativo, e seu comportamento se aproxima dos compostos clássicos da Química de coordenação.

Quando reduzido a Co(II), o orbital d_z^2 é ocupado por um elétron, conferindo um caráter de radical livre à molécula, que passa a adotar uma geometria piramidal. Em razão da presença do elétron livre, o cobalto passa a ter um comportamento semelhante ao radical $CH_3^\bullet$. Segundo R. Hofmann (Prêmio Nobel 1981) ambos apresentam uma semelhança isolobal, em termos dos orbitais envolvidos. Por isso, a Co^{II}-cobalamina reage facilmente com radicais metil ou alquil, formando compostos organometálicos, como a metil-cobalamina, ou seja, com ligações Co-C.

Na forma de Co(I), o cobalto apresenta uma configuração eletrônica d^8 (spin baixo), conduzindo a uma estrutura quadrada (planar) com os dois sítios axiais livres. Essa forma é extremamente reativa, e desperta interesse pela semelhança com os catalisadores utilizados industrialmente em processos químicos.

Figura 4.22
Estruturas e diagramas de campo ligante para o centro de cobalto na vitamina B_{12}, em vários estados de oxidação.

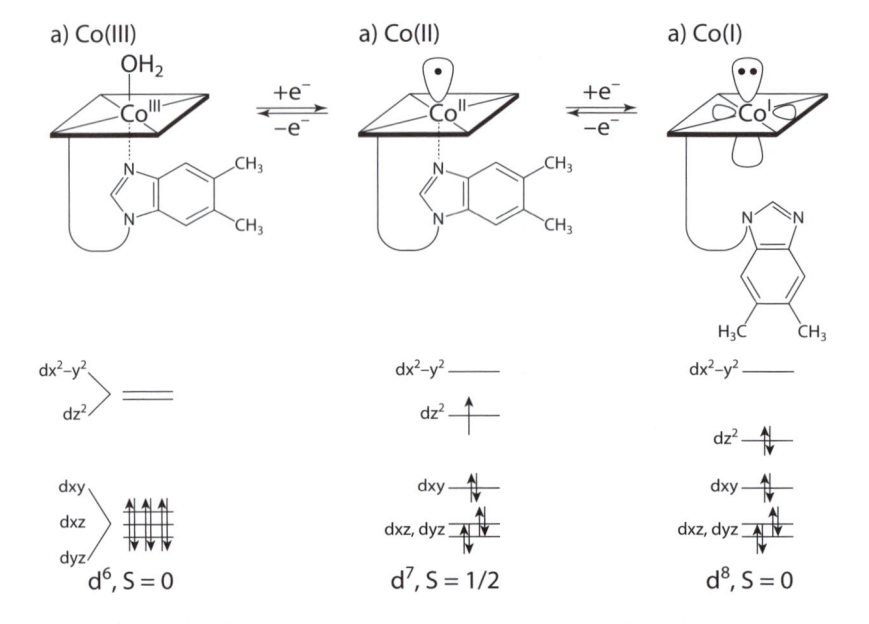

A ação da vitamina B_{12} pode ser constatada em processos enzimáticos envolvendo isomerases, como a diol-desidrogenase, amônia-liase e a glutamato-mutase, promovendo reações do tipo

O mecanismo envolve a clivagem homolítica da ligação Co-C axial, gerando a Co^{II}-cobalamina e o radical adenosil, que abstrai um H da molécula-alvo, dando origem ao radical correspondente (Figura 4.23). O radical orgânico acaba sofrendo um rearranjo de ligações com o substituinte mais próximo, promovendo a isomerização. A abstração do H do grupo metil completa a reação, regenerando o catalisador.

Figura 4.23
Mecanismo de ação da vitamina B_{12} envolvendo (1) a clivagem da ligação Co-C, seguida pela abstração do H da molécula alvo (2) e rearranjo com migração do grupo X (3), e da abstração de H do grupo metil ligado à adenosina (4) completando a reação de isomerização.

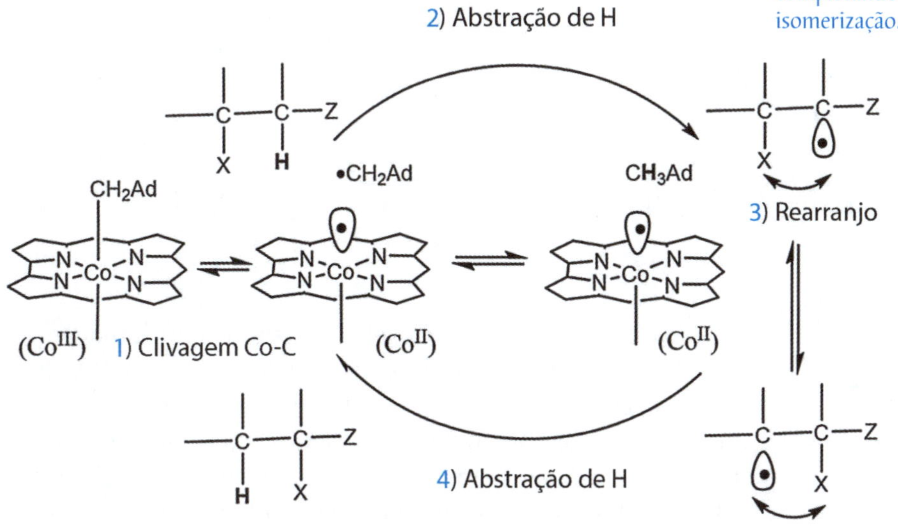

A vitamina B_{12} participa da formação do grupo heme que é parte da hemoglobina, e por isso sua deficiência no organismo leva ao desenvolvimento da anemia.

Outra forma de ação da vitamina B_{12} está associada a enzimas do tipo metiltransferase, como a metionina-sintase e acetilcoenzimaA-sintase.

$$R\text{-}CH_3 + R'\text{-}H \rightarrow R\text{-}H + R'\text{-}CH_3$$

O mecanismo envolve a participação da Co^{I}-cobalamina, que atua como agente nucleófilo retirando o grupo CH_3^+ do metilfolato, convertendo-se na metil-Co^{III}-cobalamina. Essa forma, por sua vez, atua como agente metilante para o grupo tiolato, formando a metionina, conforme ilustrado na Figura 4.24.

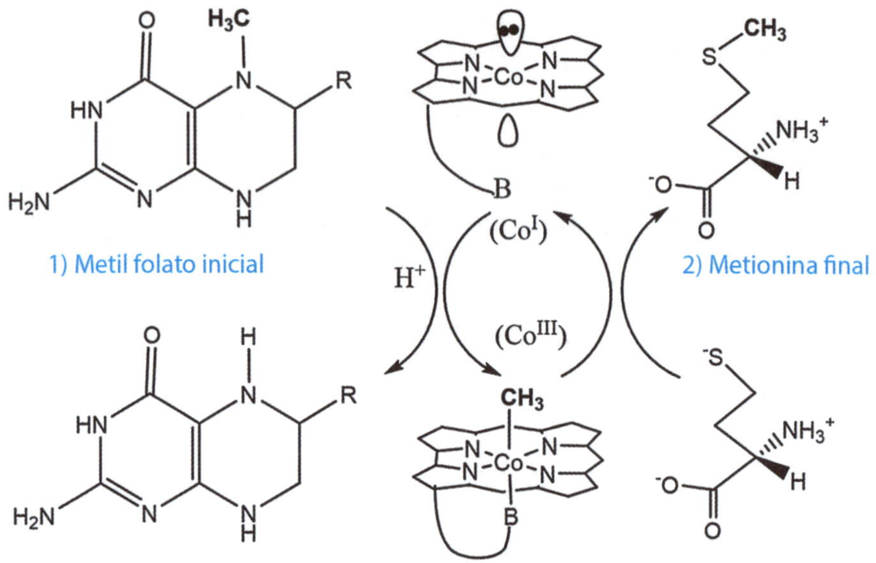

Figura 4.24
Mecanismo de ação da vitamina B_{12} em processos de metilação enzimática, partindo do metilfolato (1) que transfere o grupo metil para o cobalto, o qual, por sua vez, promove a metilação do grupo tiolato da cisteína (2), gerando a metionina como produto final.

A vitamina B_{12} tem papel importante na regulação de atividade genética, controlando a metilação do DNA. Isso deixa o DNA sem atividade, ou desligado. A remoção do grupo metil liga novamente o DNA, tornando-o ativo. Esse processo deve ser bem controlado, pois um excesso de metilação pode provocar anomalias e contribuir para o surgimento de câncer. Assim, a vitamina B_{12} pode ter um papel na prevenção do câncer, embora esse fato ainda seja tema de estudo.

A vitamina B_{12} também é essencial para o funcionamento adequado e para o desenvolvimento do cérebro e das células nervosas. Seu papel está na síntese e nos reparos da **mielina**, uma substância lipídica que reveste os tecidos do sistema nervoso central e periférico, proporcionando uma transmissão de impulsos nervosos com maior rapidez.

Vanádio em sistemas biológicos

O vanádio normalmente está presente sob a forma de complexos no estado de oxidação V, ligado a espécies carboxílicas ou aminocarboxílicas, como o EDTA. Esse é o estado de oxidação mais estável em condições ambientes. Entretanto, além do V^V, o vanádio apresenta estados de oxidação acessíveis como V^{IV}, V^{III} e V^{II}, tornando-se, ao mesmo tempo, mais reativo em processos redox. Nos sistemas biológicos, o vanádio é usado por muitas bactérias fixadoras de nitrogênio, substituindo o molibdênio, como será discutido posteriormente. Entretanto, os sistemas mais estudados envolvendo a Química bioinorgânica do vanádio focalizam organismos marinhos conhecidos como *ascidians* ou tunicatos.

Nesses organismos, o vanádio é reduzido pelo NADH, até o estado de oxidação III, fato que pode ser constatado pela adição de fenantrolina, pela produção dos complexos característicos de $[V(phen)_3]^{3+}$. A concentração de vanádio nas *ascidians* chega a 0,350 mol L^{-1}, valor 10^7 vezes maior do que a encontrada na água do mar (35 nmol L^{-1}). Seu papel ainda é discutível, existindo propostas da participação em processos de captação de oxigênio molecular, e em processos de transferência de elétrons, atuando como forma de armazenar energia.

CAPÍTULO 5

CADEIA RESPIRATÓRIA MITOCONDRIAL E METALOENZIMAS REDOX

As reações de transferência de elétrons, ou redox, desempenham um papel fundamental em sistemas biológicos, participando, por exemplo, dos processos de produção de energia nas mitocôndrias e nos cloroplastos. Nos processos redox, a passagem do elétron é controlada pela diferença de potencial, ΔE, entre os reagentes. A essa diferença de potencial está associada uma variação de energia livre ($\Delta G = -n.F.\Delta E$) que comanda transformações químicas essenciais para a atividade celular.

A maior parte dos processos redox é conduzida por metaloenzimas, principalmente as que contêm íons metálicos como Fe, Cu, Mn e Mo. Esses elementos se estabeleceram como os mais importantes para essa finalidade por apresentarem estados de oxidação acessíveis e facilidade de transferir elétrons para os substratos.

Mecanismos de transferência de elétrons em complexos

Em termos conceituais, o mecanismo mais simples de transferência de elétrons é o que ocorre entre duas espécies que mantêm sua composição química, exceto pela variação do número de oxidação. Esse mecanismo foi denominado por

Henry Taube como de **esfera externa**, pois ele ocorre sem variações na composição química da esfera de coordenação. Apesar de parecer simples, seu equacionamento depende da comunicação eletrônica entre os reagentes, e engloba conceitos clássicos e quânticos. Isso pode ser mais bem compreendido por meio de curvas de potencial, como mostrado na Figura 5.1.

Figura 5.1
Curvas de potencial para uma reação de transferência de elétrons entre M^{2+} e M^{3+}, em que E_λ ou λ = energia de excitação vertical, H_{AB} = energia de interação ou ressonância entre os orbitais comunicantes A e B, E_{th} = $\Delta G^{\ddagger}$ = energia de ativação ou reorganização.

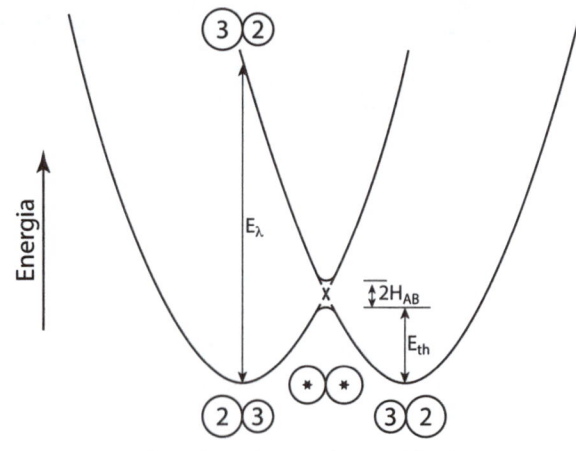

Coordenadas nucleares (distância)

A curva de potencial representa a variação da energia do sistema em função de coordenadas, como as distâncias de ligação. Ela pode ser comparada à variação da energia de uma mola, que oscila harmonicamente, produzindo vibrações. Na dimensão nanométrica essas vibrações são quantizadas, isto é, só podem assumir determinados valores de frequência, que definem a existência de subníveis ou estados vibracionais dentro de um estado eletrônico. O preenchimento dos estados vibracionais nas moléculas é função de sua energia térmica, sendo o estado de menor energia o mais favorável em condições ambiente.

Quando as curvas de energia potencial de duas espécies são sobrepostas, como em um processo colisional, o ponto de cruzamento estabelece uma energia em comum entre ambas. É nesse ponto que a comunicação eletrônica (H_{AB}) entre as duas espécies passa a dirigir a transformação química, por meio da transferência de elétrons. O reagente que irá ceder o elétron deve ter alguma distribuição energética (térmica) suficiente para promover o estado de transição, representado pelo ponto de cruzamento. Essa distribuição é descrita pela equação de Boltzmann, ou $\exp(-\Delta G^{\ddagger}/RT)$, e a energia necessária corresponde à energia de ativação ($\Delta G^{\ddagger}$). O ponto de cruzamento envolve uma mesma coordenada para as duas espécies, com um valor intermediário entre as dos reagentes iniciais no estado de equilíbrio (mínimo de potencial). Por isso, além da distribuição térmica, é necessário um rearranjo nas coordenadas (distâncias de ligação) para se chegar ao estado de transição. Assim, no caso dos complexos metálicos, a energia de ativação também representa a energia de reorganização das esferas de coordenação. Em outras palavras, a transferência de elétrons é precedida pela reorganização das esferas de coordenação das duas espécies que estão reagindo.

Considerando espécies simples, como os pares redox $[Fe(H_2O)_6]^{3+/2+}$, $[Fe(CN)_6]^{3-/4-}$ e $[Fe(phen)_3]^{3+/2+}$, a transferência de elétrons entre os reagentes é um processo que ocorre naturalmente em solução, apesar de não se observar uma mudança visível na composição química, isto é $\Delta G = 0$. Isso só é possível por meio da marcação isotópica, ou mediante o emprego de recursos instrumentais especializados, como a ressonância magnética nuclear. A constante de velocidade de transferência de elétrons (k_{ii}/mol^{-1} L s^{-1}) é igual nos dois sentidos da reação,

$$[^*Fe(H_2O)_6]^{3+} + [Fe(H_2O)_6]^{2+} \rightleftharpoons [^*Fe(H_2O)_6]^{2+} + \\ + [Fe(H_2O)_6]^{3+} \; k_{ii}= 1,1 \; (E^0= 0,74 \; V)$$

$$[^*Fe(CN)_6]^{3-} + [Fe(CN)_6]^{4-} \rightleftharpoons [^*Fe(CN)_6]^{4-} + \\ + [Fe(CN)_6]^{3-} \; k_{ii}= 2,2 \times 10^2 \; (0,42 \; V)$$

$$[^*Fe(phen)_3]^{3+} + [Fe(phen)_3]^{2+} \rightleftharpoons \\ [^*Fe(phen)_3]^{2+} + [Fe(phen)_3]^{3+} \; k_{ii}= 1,3 \times 10^7 \; (1,1 \; V)$$

Nos pares redox, os valores de k_{ii} estão diretamente relacionados com as energias de reorganização das esferas de coordenação. No caso de complexos com maior caráter covalente, como os que envolvem ligantes orgânicos como fenantrolina, as esferas de coordenação são pouco perturbadas pela mudança no estado de oxidação, diminuindo a energia de reorganização. Por isso, a transferência eletrônica se processa mais rapidamente no caso do par redox $[Fe(phen)_3]^{3+/2+}$ ($k_{ii} = 1,3 \times 10^7 \; mol^{-1}$ L s^{-1}).

Complexos com menor caráter covalente têm sua química dirigida pela estrutura eletrônica do íon metálico central, e são mais sensíveis às mudanças na esfera de coordenação, apresentando uma energia de reorganização mais elevada. Por isso as constantes de troca eletrônica são dez milhões de vezes (10^7) menores no par redox $[Fe(H_2O)_6]^{3+/2+}$ $(1,1$ $mol^{-1}\ L\ s^{-1})$.

Com base nos valores das constantes de troca eletrônica, Rudolf Marcus formulou uma teoria que permite calcular as constantes de velocidade de reações de transferência de elétrons de esfera externa envolvendo espécies quimicamente distintas, como

$$[Fe^{II}(CN)_6]^{4-} + [Fe^{III}(bipy)_3]^{3+} \rightleftharpoons [Fe^{III}(CN)_6]^{3-} + \\ + [Fe^{II}(bipy)_3]^{2-}.$$

Essa teoria conduz a uma expressão relativamente simples para a constante de transferência eletrônica cruzada, k_{ij}, isto é, entre as espécies i e j:

$$k_{ij} = (k_{ii}\ k_{jj}\ K_{ij}.f)^{1/2}$$

em que o termo f é um fator dado por

$$\log f = (\log K_{ij}^2/4\log(k_{ii}.k_{jj}/Z^2).$$

Nessa expressão, Z é o fator de colisão, igual a 10^{11} $mol^{-1}\ L\ s^{-1}$, e K_{ij} é a constante de equilíbrio da reação. Ela pode ser calculada pela diferença de potencial entre os reagentes, ΔE^0, por meio da relação termodinâmica $\Delta G = -RT\ln K = -nF \times \Delta E^0$, em que F é a constante de Faraday, R, a constante universal dos gases, e n é o número de elétrons envolvido, e $K = 10^{n\Delta E/0,0591}$.

Quando os reagentes apresentam pequena diferença de potencial, o termo log f tende a zero, e f = 1, simplificando bastante a equação de Marcus. Nessa situação, a velocidade de reação cresce com ΔE^0, até atingir um máximo, quando f se torna importante. Quando $\Delta E^0 > 1$, log f pode apresentar valores bastante negativos, diminuindo bastante a constante de velocidade de reação. Essa situação paradoxal, em que a força dirigente da reação (ΔE^0) desacelera o processo, é conhecida como região invertida de Marcus. Isso pode ser mais bem compreendido observando-se como a energia de reorganização varia em função de ΔG^0, na Figura 5.2.

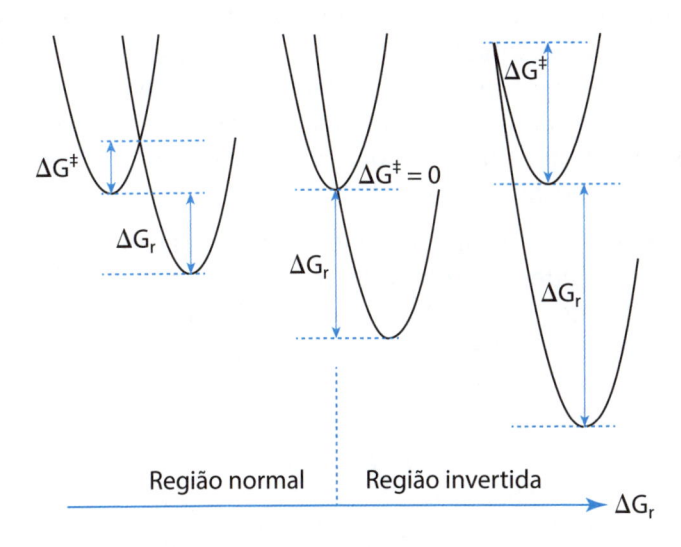

Figura 5.2
Curvas de potencial para transferência de elétrons mostrando o efeito da força dirigente, ΔG_r, sobre a energia de ativação e velocidade de reação. À medida que a curva de potencial se desloca para baixo, aumentando a energia livre de reação, a energia de ativação diminui, passando por zero, e depois aumenta novamente (região invertida de Marcus).

A transferência de elétrons também pode ocorrer em um regime não adiabático, isto é, sem envolver o ponto de cruzamento dos potenciais. Esse regime é de origem quântica e envolve o fenômeno de tunelamento das funções de onda que se comunicam a longas distâncias, podendo ou não envolver alguma contribuição térmica, como mostrado na Figura 5.3.

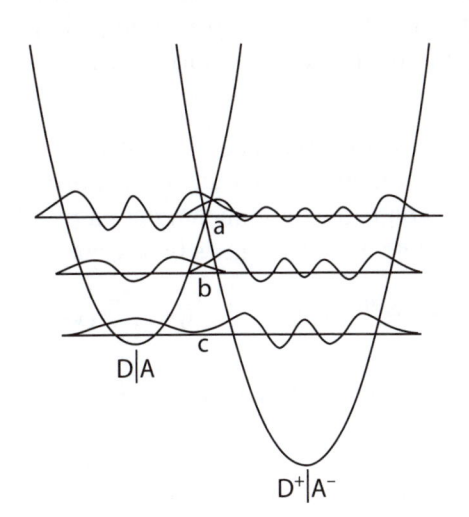

Figura 5.3
Transferência de elétrons em regime de tunelamento:
a) termicamente ativado, b) termicamente dependente;
c) tunelamento nuclear. Note a superposição das funções de onda.

O tunelamento pode ser explicado pela mecânica quântica tomando como modelo a *partícula na caixa*. Na linguagem quântica, uma partícula pode sair da caixa mesmo sem ter energia para passar por cima da barreira (parede), pois sua função de onda consegue extrapolar esses limites, abrindo uma espécie de túnel. Na linguagem molecular, as interações entre as funções de onda dos centros reativos se propagam através das ligações, permitindo que eles se comuniquem, mesmo a longas distâncias.

Nesse caso, a constante de velocidade de transferência eletrônica depende, em grande parte, da integral de comunicação eletrônica, H_{AB}, e também da variação de energia livre da reação (ΔG^{o}) e da energia de reorganização (λ), segundo a equação:

$$k_{et} = \sqrt{\frac{4\pi^3}{h^2 \lambda k_B T}} H_{AB}{}^2 e^{-(G^o+\lambda)^2/4\lambda k_B T}$$

$$H_{AB} = H_{AB(r_0)} e^{-0,5\beta(r-r_0)}$$

Essa equação unifica a teoria clássica, de Marcus, com a teoria quântica, e tem sido aplicada com sucesso na previsão de velocidades de transferência de elétrons em sistemas biológicos. Deve ser observado que o fator de acoplamento, H_{AB}, decai exponencialmente com a distância $(r-r_0)$ em relação a um valor referencial r_0 tomado para um regime adiabático. O parâmetro β é de natureza empírica, sendo considerado próximo de 1, para a maioria dos sistemas estudados.

Os estudos de cinética de transferência de elétrons entre citocromo-C e complexos metálicos, por exemplo, nos estados de oxidação III e V, em solução exemplificam bem a problemática da passagem do elétron nos sistemas biológicos.

$$Fe^{II}(cit\text{-}C) + complexo^{III} \rightarrow Fe^{III}(cit\text{-}C) + complexo^{II} \quad (k_{12})$$

$$Fe^{III}(cit\text{-}C) + complexo^{II} \rightarrow Fe^{II}(cit\text{-}C) + complexo^{III} \quad (k_{21})$$

O citocromo-C é uma metaloenzima pequena com pouco mais de cem aminoácidos, cujo sítio ativo é um complexo de ferroporfirina tendo como ligantes axiais um grupo imidazol (de histidina) em grupo tioéter (de metionina). O sítio ativo fica parcialmente exposto no meio de uma cavidade hidrofílica, positivamente carregada, como mostrado na Figura 5.4.

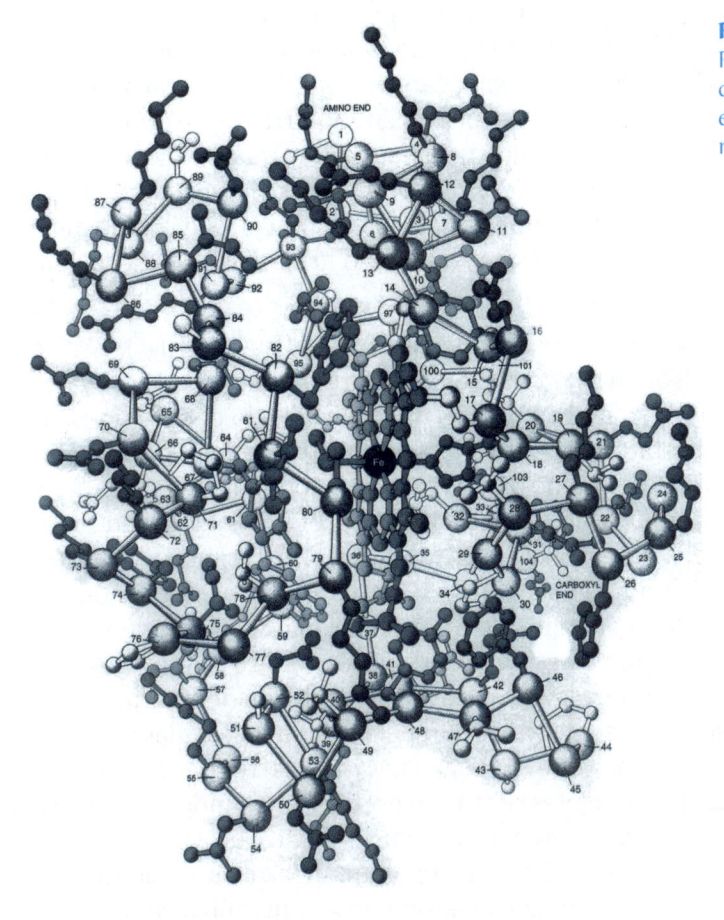

Figura 5.4
Representação estrutural do citocromo-C, mostrando a cavidade exposta, com o grupo heme na região central.

Para a série de complexos $[Ru^{III/II}(NH_3)_6]^{3+/2+}$, $[Co^{III/II}(phen)_3]^{3+/2+}$ (phen = fenantrolina), $[Fe^{III/II}(C_5H_5)_2]^{+/0}$ (ferroceno) e $[Fe^{III/II}(CN)_5L]^{n-/n-1}$ (L = diversos ligantes), as constantes de velocidade de transferência de elétrons com citocromo-C foram medidas em condições semelhantes. Utilizando-se os valores de k_{22} previamente conhecidos para esses reagentes e os potenciais redox para o cálculo da constante de equilíbrio K_{12}, foram calculadas as constantes k_{11} para o citocromo-C, com base na Teoria de Marcus. Esses valores variaram ao longo da série de complexos, na seguinte ordem: 16, 710, 1000 e 10^6 s^{-1}, respectivamente.

Se o citocromo-C se comportasse como uma molécula pequena e esférica, os valores de k_{11} deveriam ser relativamente constantes em toda a série, o que, na realidade, não acontece. Observando-se a estrutura do citocromo-C é possível detectar uma assimetria na distribuição de cargas elétricas na cadeia proteica. A região mais próxima da cavidade exposta tem uma predominância de cargas positivas, e isso facilita a aproximação de complexos negativamente carregados, como os pentacianidoferratos, $[Fe(CN)_5L]^{n-}$. Nesses casos, a maior velocidade de transferência de elétrons é indicativa de um acoplamento H_{AB} mais forte, em virtude de uma diminuição na distância, sugerindo uma maior aproximação em relação ao grupo heme pela cavidade exposta da enzima.

Os complexos catiônicos como $[Ru^{III/II}(NH_3)_6]^{3+/2+}$ e $[Co^{III/II}(phen)_3]^{3+/2+}$ devem se aproximar mais das regiões negativamente carregadas na superfície do citocromo-C, as quais estão mais afastadas da abertura onde o heme está exposto. Pelo modelo semiclássico, pode-se deduzir que a transferência de elétrons no citocromo-C envolvendo reagentes com cargas positivas ocorre a distâncias maiores, diminuindo o valor de H_{AB}. Com isso, as constantes de velocidade k_{11} medidas para o citocromo-C, com esses complexos, têm valores menores ($16 \ s^{-1}$ e $710 \ s^{-1}$). O ferroceno, por ser neutro, apresenta uma velocidade intermediária ($1.000 \ s^{-1}$), sem ser atraído pela região da cavidade exposta, negativamente carregada. Cálculos teóricos mais detalhados podem ser feitos para H_{AB} utilizando-se funções matemáticas, conhecidas como funções de Green. Dessa forma, é possível avaliar os caminhos mais eficientes de transferência de elétrons, que são os que envolvem o menor percurso através das ligações químicas e ligações de hidrogênio, desde o centro doador até o centro receptor de elétrons.

Mecanismo de esfera interna

Outra forma de promover a passagem de elétrons entre dois reagentes é por meio da formação de ligações entre eles. Esse mecanismo foi denominado por Taube como transferência eletrônica de esfera interna, pensando nas esferas de coordenação dos centros metálicos. A passagem do elétron é dirigida pela diferença de potencial entre os reagentes, sendo precedida pela formação de ligações entre eles. Portanto, ela irá depender de sua inércia relativa em relação ao processo de substituição. Pelo menos um dos reagentes deve ser suficientemente lábil para formar ligações antes da passagem do elétron via esfera externa.

No mecanismo de esfera interna, os ligantes podem atuar como pontes, conduzindo elétrons entre dois centros, desde que tenham ligações insaturadas ou anéis aromáticos. A condução de elétrons se dá através dos orbitais de simetria π vazios, e a ponte pode permanecer inalterada após a reação. Se a ponte for pouco condutora, como é o caso dos compostos saturados, a propagação dos elétrons seguirá um regime de tunelamento, como já descrito anteriormente.

Entretanto, outra possibilidade é a transferência de elétrons diretamente para a espécie coordenada ao metal. Nesse caso, o próprio átomo ligante faz o papel de ponte, com seus orbitais doadores ou receptores de elétrons. Quando a espécie ligada sofre transformações químicas induzidas pelo metal, Taube introduziu a denominação de mecanismo químico, para indicar que a ponte é transformada ao longo do processo. Esse mecanismo está presente na maioria dos processos oxidativos envolvendo o oxigênio, e nos processos redutivos, como na fixação do nitrogênio molecular, conforme será discutido mais adiante.

Cadeia respiratória

A cadeia de transporte de elétrons se passa ao longo das membranas internas das mitocôndrias (Figura 5.5), onde está alojado um grande número de metaloenzimas redox, como os citocromos e as ferredoxinas. Essas enzimas atuam segundo um gradiente de potencial, que está associado ao bombeamento de prótons para o exterior, no espaço entre as membranas. O bombeamento de prótons irá acionar a ATP-sintase, uma verdadeira máquina molecular com formato de cogumelo, onde a cabeça gira, levando à produção de ATP a partir do ADP.

O processo de fosforilação oxidativa está ilustrado na Figura 5.6.

Figura 5.5
Imagem de uma mitocôndria obtida por meio de microscopia eletrônica de transmissão.

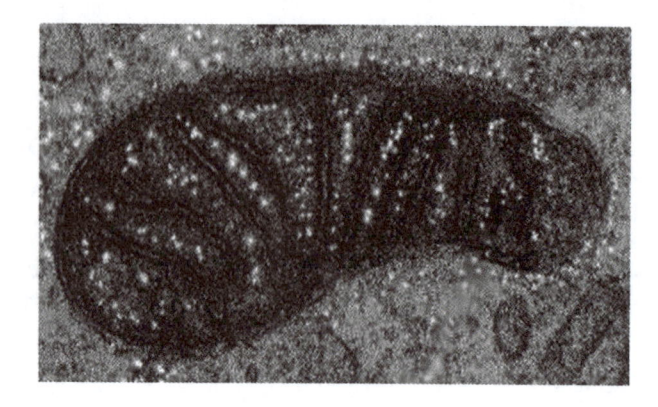

Figura 5.6
Esquema da cadeia de transporte de elétrons mitocondrial, começando pelo complexo I e terminando na ATP-sintase, seguindo a sequência dos potenciais redox, e destacando o bombeamento de íons H^+ (H_3O^+), para fora, gerando um gradiente de concentração. Isso impulsiona o retorno dos prótons através da ATP-sintase, promovendo a conversão de ADP e ATP.

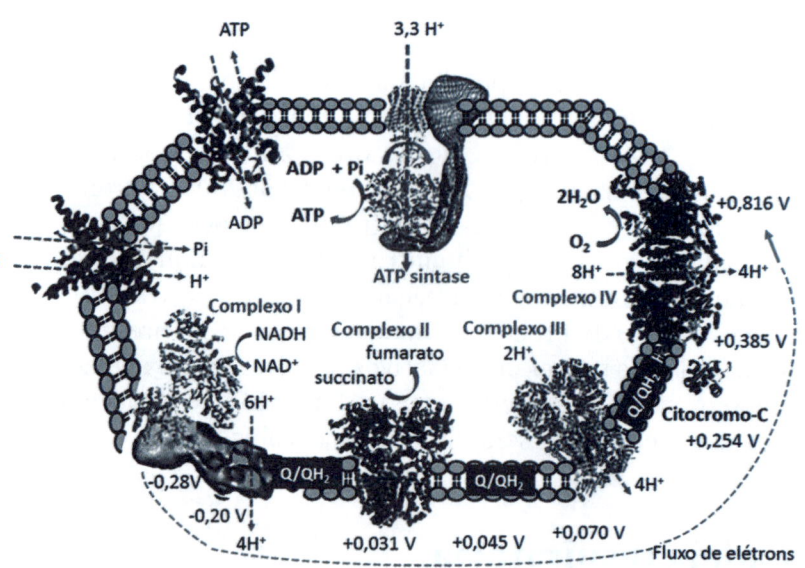

O complexo I, também conhecido como NADH-desidrogenase, é um sistema proteico de grandes dimensões, e nos mamíferos apresenta 46 subunidades e uma massa molecular de 1.000 kDa. Seu formato de bota deixa uma parte proteica voltada para o interior da mitocôndria, onde fica o receptor de NADH, bem próximo de uma flavina mononucleotídio, FMN (vide esquema), ambos com potenciais próximos, em torno de –0,28 V.

FMN

FMNH$_2$

Os elétrons são transferidos para a FMNH$_2$ e depois para uma ferredoxina [4Fe,4S] ancorada na membrana mitocondrial. A passagem do elétron pelo sistema I leva ao bombeamento de quatro prótons para o espaço externo entre as membranas mitocondriais, possivelmente impulsionado por mudanças conformacionais na cadeia proteica.

As ferredoxinas são parte de uma classe de proteínas conhecidas como ferro-enxofre, cujo núcleo pode conter tipicamente de um a quatro íons de ferro (Figura 5.7). Na ferredoxina [4Fe-4S] existe uma estrutura cubana, onde cada elétron fica deslocalizado, o que leva a um estado de

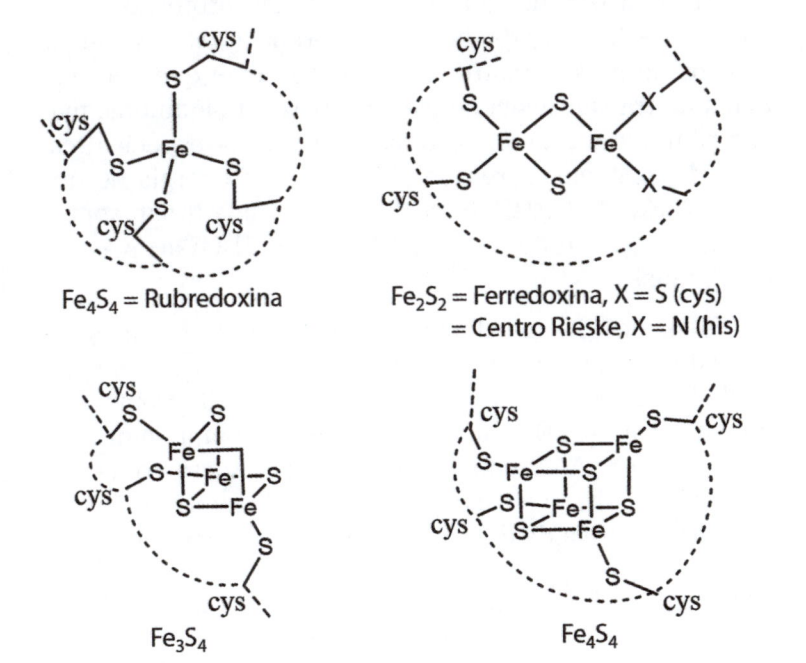

Fe$_4$S$_4$ = Rubredoxina

Fe$_2$S$_2$ = Ferredoxina, X = S (cys)
= Centro Rieske, X = N (his)

Fe$_3$S$_4$

Fe$_4$S$_4$

Figura 5.7
Proteínas do tipo ferro-
-enxofre.

oxidação médio de 2,5 para cada ferro na forma oxidada, e 2,25 na forma reduzida. O potencial redox associado é da ordem de –0,20 V. A ferredoxinas participam ainda de processos redox em potenciais mais altos, passando para um estado de oxidação médio de 2,75, com E^o da ordem de + 0,30 V. Esses casos são conhecidos como HIPIP (*high potential iron-sulfur protein*).

O receptor de elétrons da ferredoxina é a ubiquinona, uma pequena molécula lipossolúvel que apresenta um grupo quinona ligado a uma cadeia de polisopreno. No processo, ela é reduzida à hidroquinona correspondente. A ubiquinona se aloja na membrana mitocondrial e serve de mediador de elétrons entre as proteínas redox ancoradas. Seu potencial redox típico é de 0,045 V, e envolve dois elétrons, além de dois prótons.

O sistema II, conhecido como succinato-Q oxidorredutase é na realidade um segundo ponto de entrada na cadeia de transporte de elétrons. Esse sistema participa tanto do ciclo de Krebs (ácido cítrico) como da cadeia de transporte de elétrons, oxidando o succinato a fumarato e reduzindo a ubiquinona.

$$\text{succinato} + Q \rightarrow \text{Fumarato} + QH_2$$

Ele consiste de quatro subunidades proteicas e um cofator de flavina-adenina dinucleotídio (FAD), além de centros de ferro-enxofre, e um grupo heme que não participa da transferência de elétrons para a ubiquinona, mas contribui para a diminuição da produção de espécies reativas de oxigênio. A reação liberta menos energia do que na oxidação do NADH, e, por isso, o sistema II não contribui para o gradiente de concentração de H_3O^+ através das membranas.

O sistema III é um dímero que engloba 11 proteínas por unidade, além de um centro [2Fe-2S] denominado complexo de Rieske, e três citocromos, sendo dois citocromos-B e um citocromo-C. Ele catalisa a oxidação de uma hidroquinona e a redução de duas moléculas de citocromo. O mecanismo envolvido é bastante complexo, e contribui para a passagem efetiva de dois íons H_3O^+ pela membrana.

$$QH_2 + 2 \text{ cit}(Fe^{III}) + 2H_3O^+ \text{ (interno)} \rightarrow Q + 2\text{cit}(Fe^{II}) + 4H_3O^+\text{(externo)}$$

Os citocromos apresentam um centro ferroporfirínico, ou heme, que pode ser representado genericamente como na Figura 5.8.

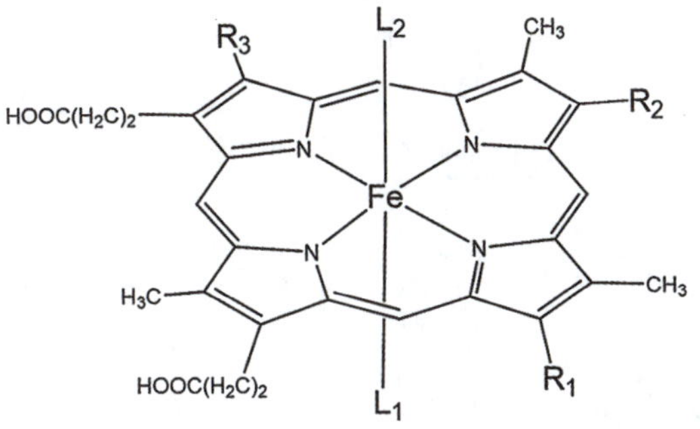

Figura 5.8
Representação da estrutura do grupo heme em vários tipos de citocromos.

Citocromo-A R_1 = vinil, R_2 = $C_{17}H_{34}OH$, R_3 = formil, L_1 = L_2 = histidina
Citocromo-B R_1 = R_2 = vinil, R_3 = CH_3, L_1 = L_2 = livre ou histidina
Citocromo-C R_1 = R_2 = $CH(CH_3)$—S—CH_2—$C(O)NH$, R_3 = CH_3, L_1 = his, L_2 = met
Citocromo-P_{450} R = R_1 = R_2 = vinil, R_3 = CH_3, L_1 = cys, L_2 = H_2O ou livre

O citocromo-B apresenta um grupo heme, com as posições axiais livres ou ocupadas por um imidazol (histidina). O potencial redox situa-se em torno de 0,070 V. O citocromo-C apresenta um potencial redox de 0,254 V, sendo mais elevado que o citocromo-B, refletindo uma mudança no sítio ativo contendo o grupo heme. Nele, o íon de ferro tem as posições axiais ocupadas por um resíduo imidazólico de histidina, e um grupo tioéter de metionina. O citocromo-C é uma proteína pequena, com cerca de 104 aminoácidos (Figura 5.4), e foi extensamente estudado sob o ponto de vista estrutural, como forma de traçar a evolução química dos organismos onde se encontra. Enquanto todas as espécies que participam da transferência de elétrons estão na membrana, o citocromo-C, por ser uma proteína pequena solúvel em água, atua solta, fora do interior da membrana.

O sistema IV é conhecido como citocromo-C-oxidase, e representa o último complexo proteico da cadeia de transporte de elétrons (Figura 5.9). Sua estrutura é bastante complexa, envolvendo 13 subunidades, com dois grupos heme associados ao citocromo-A e citocromo-A_3, um centro binuclear de cobre $\{Cu^{II}_2/Cu^{1,5}_2\}$ = Cu(A) e um centro mononuclear $Cu^{I/II}$ = Cu(B). Além disso, dois íons metálicos, Zn^{2+} e Mg^{2+}, participam de centros estruturais.

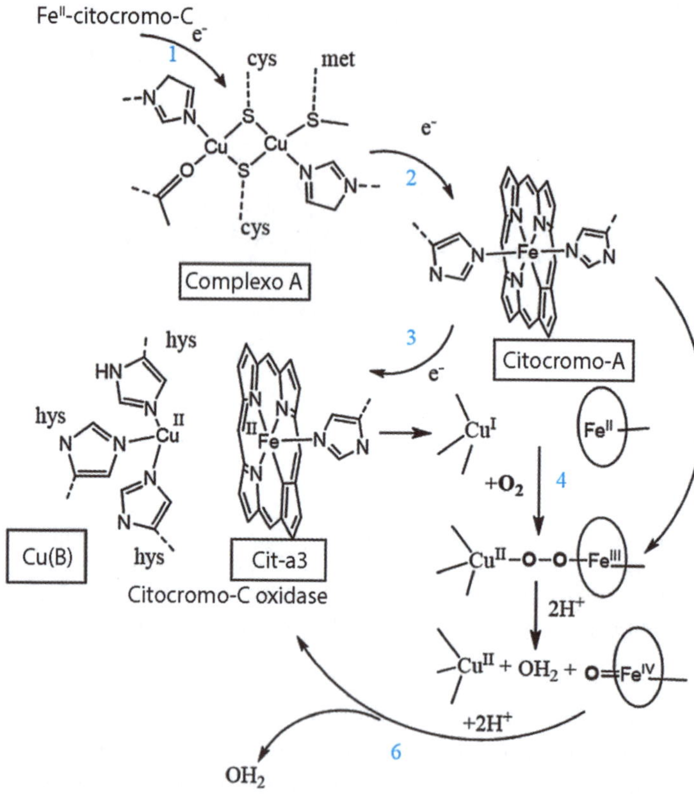

Figura 5.9
Transferência de elétrons
na citocromo-C-oxidase
(acompanhe as etapas de 1
a 6 pelo texto).

Na sequência 1 da Figura 5.9, a citocromo-C-oxidase recebe, em etapas sucessivas, quatro elétrons do citocromo-C que serão empregados na redução do O_2 até a água. Embora o potencial de redução do O_2 seja +1,229 V (condições-padrão), em pH 7 esse valor cai para 0,816 V. Na realidade, o sistema IV envolve 8 íons H_3O^+, sendo quatro utilizados para a formação da água e quatro transportados através da membrana. Portanto, o citocromo-C-oxidase também atua como bombeador de prótons. Seu papel mais importante é a ativação do oxigênio molecular para a redução por quatro elétrons, sem passar pela formação de H_2O_2. Esse desempenho é realmente notável, em termos de desempenho energético, e sua falha pode resultar na formação de espécies reativas de oxigênio, como o radical superóxido, $O_2^{\bullet-}$, os íons peróxidos, e os radicais $OH^\bullet$, bastante danosos ao organismo.

$$4cit\text{-}C(Fe^{II}) + cit\text{-}C\text{-}oxidase(ox) \rightarrow 4cit\text{-}C(Fe^{III}) + {} + cit\text{-}C\text{-}oxidase(red)$$

$$\text{cit-C-oxidase(red)} + O_2 + 8H_3O^+(\text{interno}) \rightarrow$$
$$\text{cit-C-oxidase(ox)} + 2H_2O + 4H_3O^+(\text{externo})$$

A transferência de elétrons do citocromo-C tem início no complexo binuclear de cobre(II) (sítio A), que por sua vez reduz o citocromo-A (etapa 2) e se propaga até o complexo binuclear de cobre(II) (sítio B) com o citocromo-$a_3(Fe^{III})$, convertendo-os em Cu^I e Fe^{II} (2 elétrons, etapa 3). Nesse complexo binuclear existe uma vacância de 0,5 nm entre os íons de Cu(I) e Fe(II). A molécula de O_2 se insere nesse sítio, formando um complexo de Fe(II)-O_2-Cu(I) que se transforma rapidamente na forma peróxido, Fe(III)-O_2^{2-}-Cu(II) (etapa 4). A protonação desse complexo conduz a $Fe^{IV}=O$ e Cu^{II}-OH_2. A espécie com o grupo ferril, $Fe^{IV} = O$, sofre nova redução, recebendo elétrons do citocromo-A (etapa 5), além de prótons, formando Fe^{II} e H_2O (etapa 6). Uma possível fonte de íons H_3O^+ pode estar associada a grupos –OH de tirosinas próximas dos sítios ativos.

O citocromo-C-oxidase é um dos principais alvos dos íons cianeto, CN^-, que reagem com o grupo heme, formando um complexo estável, e bloqueando a ligação e ativação do oxigênio molecular. Dessa forma, o íon cianeto cessa o funcionamento da cadeia respiratória. Nos procedimentos emergenciais se induz a formação de meta-hemoglobina, por meio de injeção de nitrito de amila, logo nos primeiros minutos da intoxicação. A forma férrica da hemoglobina tem maior afinidade pelo CN^- e, em virtude de sua maior concentração no sangue, ela atua como captador desse veneno, diminuindo sua ação sobre a citocromo-C-oxidase. Também se administram compostos de enxofre, como o íon tiossulfato, para estimular a conversão enzimática do CN^- em SCN^-, que é bem menos tóxico. O HCN é um dos principais produtos formados na combustão de fibras e plásticos acrílicos durante os incêndios e, juntamente com o CO, contribui para o aumento do índice de fatalidade dessas ocorrências.

ATP-sintase

Essa enzima é um complexo proteico volumoso, que lembra o formato de um cogumelo. Ela contém 16 subunidades, com uma massa próxima de 600 kDa. Existe uma parte que fica incorporada na membrana, formando um anel com as várias subunidades, deixando livre um canal para os íons H_3O^+. A parte externa forma a cabeça do cogumelo e sofre mudanças de conformação, impulsionadas pelo fluxo de íons H_3O^+, gerando um movimento rotatório. Nela se processa a fosforilação do ADP, utilizando a diferença de concentração de íons H_3O^+ no espaço interno e externo da membrana:

$$ADP + Pi + 4H_3O^+(\text{externo}) \rightleftharpoons ATP + H_2O + 4H_3O^+ \\ (\text{interno})$$

Foram feitas estimativas entre três e quatro íons H_3O^+ para sintetizar um ATP, com um valor provável de 3,3.

Bloqueio da cadeia respiratória

Além do cianeto, que atua bloqueando a enzima citocromo-C oxidase, as oligomicinas e outros ionóforos conseguem inibir a ATP-sintase interferindo no fluxo de H_3O^+ através dos canais internos na enzima. Outros agentes químicos, como a rotenona, bloqueiam o sítio que promove a transferência de elétrons entre o sistema I e a ubiquinona, interrompendo a cadeia respiratória.

Oxidorredutases e espécies reativas de oxigênio

As oxidorredutases são enzimas que catalisam reações de oxidação ou redução, e podem estar envolvidas no transporte de elétrons, como as proteínas ferro-enxofre e os citocromos.

Um grupo especial de oxidorredutases utiliza o oxigênio molecular para promover a desidrogenação do substrato (oxidases) ou a água para realizar a hidrogenação do substrato (redutases). Elas são as oxigenases, peroxidases e dismutases (catalase e superóxido dismutase), e estão relacionadas com as espécies reativas do oxigênio:

$$O_2 \xrightarrow{e-} O_2^{\bullet -} \xrightarrow{e-} H_2O_2 \xrightarrow{2e-} OH^{\bullet}$$

A formação de radicais livres e peróxido de hidrogênio ocorre naturalmente nos sistemas biológicos, associada a um mau funcionamento do sistema redox mitocondrial ou pela ação de diversas atividades enzimáticas e de íons com atividade redox, como Fe(II) e cobre(II). Para diminuir os efeitos das espécies reativas de oxigênio, as células possuem diversos sistemas antioxidantes, como as vitaminas C e E, além de enzimas, como a superóxido-dismutase, a catalase e as peroxidases.

O radical superóxido, $O_2^{\bullet-}$, é formado pela adição de um elétron a uma molécula de oxigênio. O elétron adicionado acaba se acoplando a um dos elétrons desemparelhados do O_2 que estão em orbitais antiligantes. Com isso, é gerado um estado radicalar, de alta energia. Assim, o ânion superóxido é bastante reativo, e, quando formado, pode provocar reações redox indesejáveis no organismo, como a formação de H_2O_2 na presença de agentes redutores, como ácido ascórbico. Isso também é facilitado pela presença de outro grupo heme próximo. No caso da hemoglobina e da mioglobina, a formação de H_2O_2 é impedida pelo efeito de proteção exercido pela cadeia proteica, bloqueando a aproximação de outras espécies doadoras de elétrons.

$$O_2 + e^- \rightarrow O_2^{\bullet-} \text{ (radical superóxido)}$$

$$O_2^{\bullet-} + e^- + 2H_3O^+ \rightarrow H_2O_2 + 2H_2O$$
$$\text{(peróxido de hidrogênio)}$$

Normalmente, o organismo se protege por meio de enzimas como a **superóxido-dismutase** (SOD), que realizam a reação de dismutação de dois íons superóxidos, formando H_2O_2 e oxigênio molecular. Nesse processo, um íon superóxido transfere um elétron para outro íon superóxido, atuando como redutor e oxidante ao mesmo tempo:

$$O_2^{\bullet-} + O_2^{\bullet-} + 2H_3O^+ \xrightarrow{SOD} H_2O_2 + O_2 + H_2O$$
$$\text{(enzima = superóxido dismutase)}$$

A superóxido dismutase pode ser encontrada na forma dimérica, com massa molecular de 32,5 kDa, ou mais comumente na forma tetramérica, apresentando íons de cobre e zinco nos sítios ativos, embora a ocorrência de ferro, manganês e níquel também seja bastante frequente (Figura 5.10).

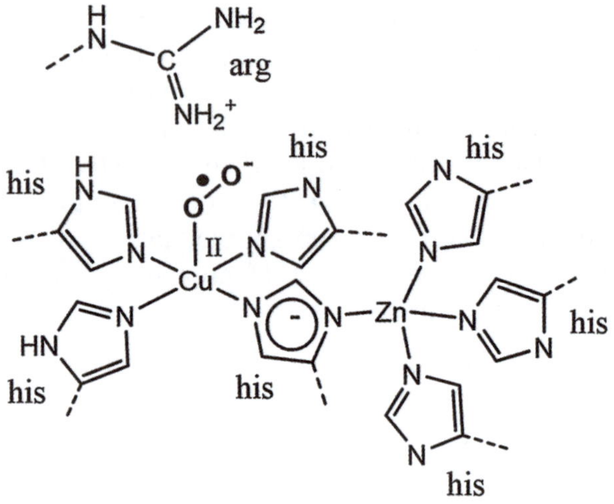

Figura 5.10
Sítio ativo da superóxido-dismutase.

O mecanismo envolve a entrada de um radical superóxido no sítio de cobre(II),

$$Cu^{II}(H_2O) + O_2^{\bullet-} \rightarrow Cu^{II}(O_2^{\bullet-}),$$

seguido da transferência de elétrons de esfera externa com outro radical superóxido,

$$Cu^{II}(O_2^{\bullet-)+}O_2^{\bullet-} \rightarrow Cu^{I}(O_2^{\bullet-}) + O_2.$$

Depois, o complexo $Cu^{I}(O_2^{\bullet-})$ reage com H_3O^+, sofrendo uma redução interna do radical superóxido até a forma peróxido,

$$Cu^{I}(O_2^{\bullet-}) + H_3O^+ \rightarrow Cu^{II}(HO_2^-)$$

$$Cu^{II}(HO_2^-) + H_3O^+ \rightarrow Cu^{II}(H_2O) + H_2O_2$$

No organismo, o radical superóxido pode reagir com o NO gerado no processo reativo, e que pode se decompor, formando novas espécies radicalares. A reação de formação de peroxinitrito é mais rápida que a de dismutação, possibilitando uma rota de propagação dos efeitos do radical superóxido.

$$O_2^{\bullet-} + NO \rightarrow ONOO^-$$

Catalase

O peróxido de hidrogênio é uma espécie que pode capturar um elétron com facilidade, para formar um produto altamente reativo, na forma do radical hidroxil, $OH^\bullet$. Esse radical não deve ser confundido com o íon hidróxido, OH^-, que não apresenta elétrons desemparelhados.

$$H_2O_2 + e^- \rightarrow OH^- + OH^\bullet$$

O radical hidroxil é um dos mais reativos que se conhece, e ataca praticamente todas as moléculas que encontra ao seu redor.

Esse tipo de reação pode ser visualizado pela efervescência gerada pelo desprendimento de oxigênio, quando se trata de um ferimento com água oxigenada.

A catalase é responsável pela dismutação do peróxido de hidrogênio, H_2O_2.

$$2H_2O_2 \rightarrow 2H_2O + O_2$$

O tipo mais comum apresenta uma estrutura tetrâmera com unidades polipeptídicas de 60 kDa de massa molecular. Cada uma apresenta um grupo heme no sítio ativo, embora algumas catalases apresentem um centro binuclear de manganês no lugar do heme.

O peróxido de hidrogênio é um produto formado no metabolismo celular envolvendo oxigênio molecular, e está associado a patologias decorrentes do estresse oxidativo, incluindo o processo de envelhecimento. Por ser tóxico para as células, ele deve ser degradado rapidamente no organismo. A catalase é o agente mais eficiente conhecido para essa finalidade. Entretanto, alguns mecanismos do sistema imunológico utilizam peróxido de hidrogênio como agente antibacteriano.

O mecanismo de ação da catalase envolve, pelo menos, duas etapas essenciais,

$$H_2O_2 + Fe^{III}(heme) \rightarrow H_2O + O = Fe^{IV}(heme)$$

$$H_2O_2 + O = Fe^{IV}(heme) \rightarrow H_2O + Fe^{III}(heme) + O_2$$

como representado na Figura 5.11.

Figura 5.11
Mecanismo de ação
da catalase.

$$HOOH \quad H_2O$$

$$O_2 + H_2O \quad HOOH$$

No sítio ativo, o peróxido de hidrogênio coordena-se com o íon de Fe^{III} e sua interação com os resíduos de histidina e arginina da cadeia proteica próxima facilita o deslocamento dos átomos de hidrogênio no processo da transferência de elétrons, formando H_2O e o grupo $Fe^{IV} = O$. Este reage com outra molécula de H_2O_2, formando O_2, que se desprende do sítio de Fe^{III}, além da água.

A constante de velocidade observada para a catalase é uma das mais altas conhecidas, $4 \times 10^7 \ s^{-1}$, aproximando-se da constante de velocidade difusional ($10^9 \ s^{-1}$). A constante de Michaelis-Menten, K_M, é relativamente alta, ou 1,1 mol L^{-1}, indicando que a enzima não se satura com facilidade. Os parâmetros cinéticos explicam o alto desempenho da catalase na captação e na desintoxicação celular do H_2O_2. Ligantes como cianeto (CN^-) coordenam-se fortemente ao grupo heme, inibindo a ação enzimática da catalase. Aplicações da catalase são frequentes na indústria, para remoção do peróxido de hidrogênio, e em produtos cosméticos para aumentar a oxigenação celular das camadas superiores da epiderme.

Curiosamente, o sistema catalase/H_2O_2 é usado como forma de defesa pelo besouro bombardeiro (Figura 5.12).

Figura 5.12
O besouro bombardeiro tem uma bolsa onde acumula peróxido de hidrogênio e hidroquinona. Quando ameaçado, essa mistura é injetada em um compartimento que contém catalase e peroxidase. As reações de decomposição do H_2O_2 e de oxidação da hidroquinona produzem calor e O_2, criando uma forte pressão interna que expele a mistura para fora, sob a forma de rajadas de líquidos quentes, que assustam os oponentes desprevenidos.

Peroxidases e oxigenases

Existem enzimas que utilizam o peróxido de hidrogênio para promover a oxidação de substratos orgânicos. Essas enzimas são conhecidas como **peroxidases** e também apresentam o grupo heme (Fe) em sua constituição. Um exemplo importante é a **glutationa peroxidase**, que converte os grupos SH da glutationa à forma dissulfeto, -S-S- correspondente, consumindo rapidamente o H_2O_2 existente.

As oxigenases transferem ou inserem grupos oxo em um substrato, geralmente partindo do O_2.

substrato + $O_2 \rightleftharpoons$ substrato-óxido (ou hidróxido).

As enzimas que atuam no processo reverso, ou seja, de remoção de grupos oxo de substratos, são conhecidas como desoxigenases.

Citocromo P450

Um dos exemplos mais importantes de oxigenases é o citocromo P450. Essa enzima tem uma massa molecular da ordem de 40 kDa e ocorre associada a outras espécies, como o citocromo-B_5 e uma flavoproteína na membrana do retículo endoplasmático. Estas servem como injetores de elétrons provenientes do NADH.

O citocromo-P_{450} é uma oxigenase que apresenta um grupo heme ligado axialmente a uma cisteína e a uma molécula de água. No estado ativo, o sítio ocupado pela água permanece livre para a entrada do oxigênio molecular, proporcionando a ativação do centro catalítico para promover a hidroxilação de substratos RH:

$$RH + O_2 + 2H^+ + 2e^- \rightarrow ROH + H_2O$$

A enzima tem um papel essencial na transformação de substâncias hidrofóbicas tóxicas (como o benzeno), em substâncias hidrofílicas (como o fenol), pelo fígado, permitindo que elas sejam eliminadas. O nome citocromo-P_{450} provém do fato de que a banda Soret característica ocorre próxima de 450 nm quando o ferro heme é reduzido com **ditionito de sódio** e depois complexado com CO, gerando uma forma mais estável quimicamente, para ser monitorada.

Seu mecanismo de ação está ilustrado na Figura 5.13. O substrato se insere na cavidade próxima do sítio ativo da enzima, acomodando-se, por meio de interações hidrofóbicas. No ciclo catalítico, inicialmente o Fe^{III} é reduzido a Fe^{II}, e a substituição no sítio lábil pelo O_2 ocorre rapidamente, formando $Fe^{II}-O_2/Fe^{III}-O_2^{\bullet-}$. Ao receber um elétron de fonte externa, é gerado um intermediário peróxido, $Fe^{III}-O_2^{2-}$, que sofre nova transferência eletrônica de dois elétrons via esfera interna, formando $Fe^V = O$ e H_2O. A espécie $Fe^V = O$ também tem sido descrita como um radical cátion $\{P^{\bullet+}Fe^{IV} = O\}$ envolvendo a deslocalização de uma carga positiva sobre o anel porfirínico. Na etapa final, um átomo de hidrogênio do substrato é transferido para o grupo ferrila, e o grupo OH é reincorporado pelo radical $R^{\bullet}$, formando ROH, e regenerando o centro de Fe^{III} inicial.

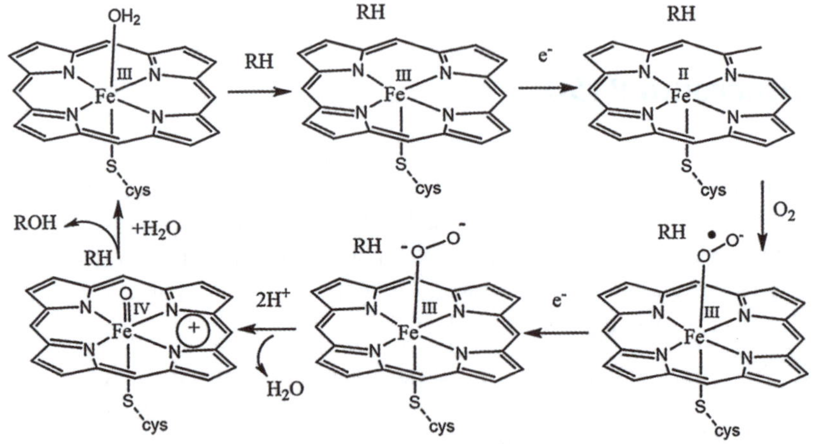

Figura 5.13
Mecanismo de ação do citocromo P450.

Oxidases não hêmicas

A tirosinase e a catecolase são duas enzimas semelhantes que apresentam centros de cobre, identificados como de tipo III. Estes possuem dois íons de cobre, ligados a três histidinas, em geometria trigonal, e apresentam intensa coloração azul quando na forma oxidada, envolvendo uma transição de transferência de carga excitada por luz entre o O_2^{2-} e o Cu^{II}, isto é, $O_2^{2-} \rightarrow Cu^{II}$.

A ativação do oxigênio pela **tirosinase** e **catecolase** é semelhante ao que acontece com a proteína transportadora, hemocianina, porém é irreversível:

$$2Cu^I + O_2 \rightarrow Cu^{II}\text{-}O_2^{2-}\text{-}Cu^{II}.$$

Um dos ligantes histidina pode ser deslocado pela tirosina usada como substrato. A tirosinase catalisa a oxidação da tirosina a dopa, orto-di(hidroxi)fenilalanina, que é precursor da dopamina (neurotransmissor) e da adrenalina. A catecolase oxida a dopa até a forma quinona, que segue uma sequência de eventos para gerar a melanina, um pigmento complexo, de cor escura, responsável pelo escurecimento de polpas de frutas como maçã e banana, e de batata exposta ao ar. A melanina também é responsável pelo bronzeamento da pele (Figura 5.14).

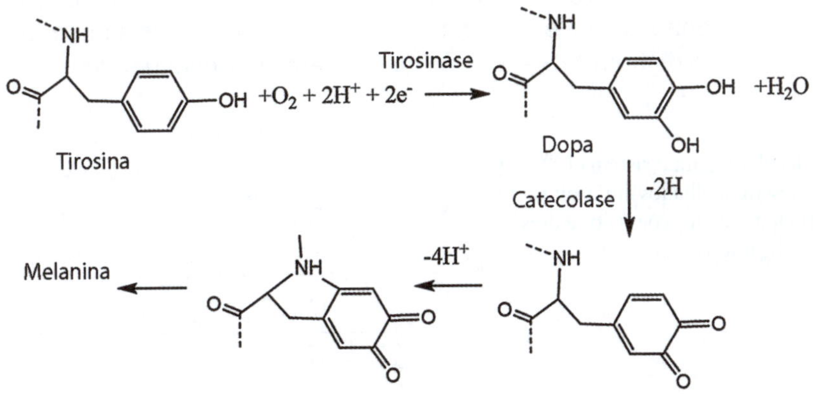

Figura 5.14
Cadeia de reação envolvendo tirosinase e catecolase.

Enzimas não hêmicas com grupo ferril ($Fe^{IV}=O$) no estado ativado também são conhecidas, apesar de serem pouco frequentes. Exemplos típicos podem ser observados em dioxigenases dependentes de α-cetoácidos (Figura 5.15), em hidroxilases dependentes de tetra-hidrobiopterinas, e na isopenicilina-N-sintase. O esquema apresentado para essas duas últimas classes é muito parecido com a dos α-cetoácidos:

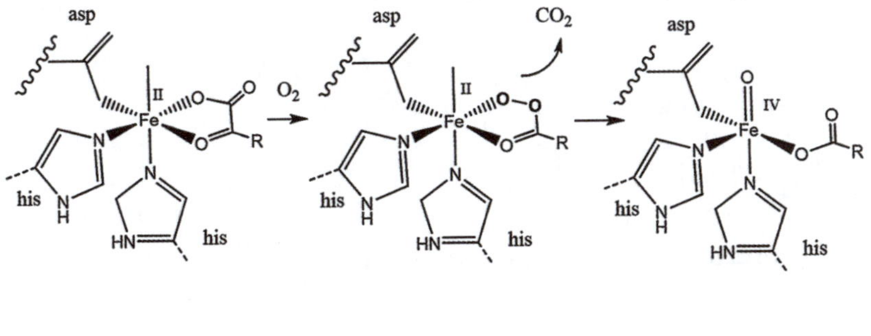

Figura 5.15
Esquema de transformações envolvendo dioxigenases dependentes de α-cetoácidos.

O sítio ativo apresenta um íon de Fe(II) ligado a histidinas e aspartato (ou glutamato). A coordenação de um α-cetoácido na presença de O_2 acaba levando a sua oxidação, com saída de CO_2, gerando um grupo peroxiácido coordenado. Esse grupo sofre clivagem redox rapidamente, transferindo o oxigênio para o centro de Fe^{IV} e formando o grupo ferril ($Fe^{IV} = O$). A espécie ativa, com o grupo $Fe^{IV} = O$, promove a oxidação de substratos orgânicos, inserindo um oxigênio na cadeia, como já descrito para outras oxidases. A estrutura eletrônica do grupo $Fe^{IV} = O$ pode ser explicada pelo diagrama de orbitais moleculares da Figura 5.16. Nessa ligação, o Fe^{IV} apresenta quatro elétrons desemparelhados, sendo dois localizados nos orbitais $d_{z^2-y^2}$ e d_{yz}, ao passo que dois elétrons ficam distribuídos pelos orbitais de simetria π^* formados com o oxigênio. O sistema corresponde a um quinteto de spin ($2S + 1 = 5$), com caráter paramagnético.

Figura 5.16
Diagrama de orbitais moleculares para o sistema $Fe^{IV} = O$, mostrando dois elétrons desemparelhados em orbitais do íon de ferro que não participam de ligações (nb) e dois elétrons que envolvidos na ligação Fe-O.

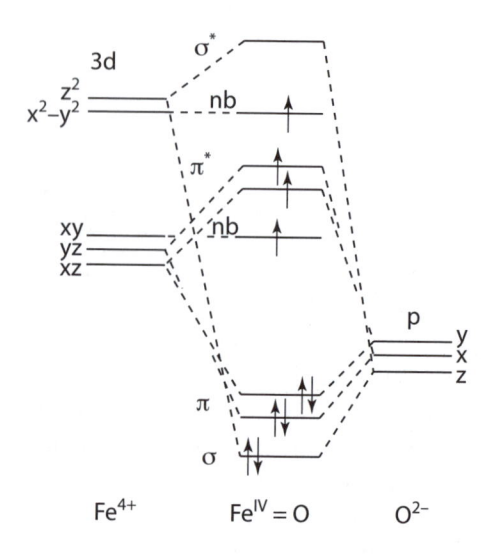

Xantina-oxidase

A enzima xantina-oxidase é uma oxidase/deoxigenase que contém o cofator molibdopterina:

Ela atua transferindo um átomo de oxigênio para o substrato:

Existe uma forma variante em que o molibdênio é substituído por tungstênio.

A xantina-oxidase (XO) desempenha um papel importante no organismo, promovendo a degradação (catabolismo) de purinas. Ela também catalisa a oxidação da hipoxantina formando xantina, e depois ainda pode catalisar oxidação da xantina até ácido úrico.

Hipoxantina   **Xantina**   **Ácido úrico**

Esse processo gera dois problemas: a produção de espécies reativas de oxigênio (ROS) e o acúmulo de ácido úrico no sangue, gerando hiperuricemia, que pode causar problemas nas articulações, e, nos casos mais graves, afetar os rins e o fígado. Por isso existem medicamentos específicos, como o alopurinol, que possui uma estrutura semelhante à da hipoxantina, mas consegue inibir a enzima xantina-oxidase.

CAPÍTULO 6

FIXAÇÃO DO NITROGÊNIO MOLECULAR E METAGÊNESE

As plantas necessitam de nitrogênio, pois este é parte de sua constituição; entretanto, mais de 99% do nitrogênio da biosfera encontra-se na forma de N_2, cujo aproveitamento direto não é possível na maioria dos casos. A principal razão é a grande estabilidade química da molécula de N_2, com sua ligação tripla que necessita de 949 kJ mol^{-1} para ser rompida.

Por isso, a fixação do nitrogênio envolve sua conversão em espécies como NH_3, NO, NO_2 e NO_3^-. A via biogênica de fixação contribui com 60% do suprimento de nitrogênio fixado. A via não biogênica contribui com 10% e se processa principalmente por meio das descargas elétricas na troposfera e pela ação dos raios cósmicos na estratosfera (vide Capítulo 1):

$$N_2 \rightarrow 2N^{\bullet}$$

$$N^{\bullet} + O_2 \rightarrow NO + O^{\bullet} \rightarrow NO_x$$

Os 30% restantes resultam da contribuição humana, principalmente por meio do processo Haber-Bosch e da extração de recursos naturais (minerais, petróleo).

Em geral, as plantas obtêm o nitrogênio a partir de nitrato ou íon amônio existente no solo e nas águas ou fornecido pelos fertilizantes agrícolas. A fixação do nitrogênio molecular é realizada por algumas bactérias denominadas diazotróficas, que vivem livres como a *Azotobacter* ou as cianobactérias (*Anabaena*), ou em um processo de associação simbiótica com raízes de plantas. Essa última classe de bactérias é conhecida como *rhizobia*, e é encontrada em leguminosas, concentrada em pequenos nódulos nas raízes (vide Capítulo 1, Figura 1.6). Diversas plantas não leguminosas também apresentam associação simbiótica com bactérias fixadoras de nitrogênio. A exploração de bactérias diazotróficas na agricultura é um campo muito importante de pesquisa, pela economia proporcionada com os fertilizantes nitrogenados. Nesse campo, trabalhos pioneiros foram desenvolvidos pela cientista Johanna Döbereiner, na Embrapa (Figura 6.1).

Figura 6.1
Johanna Döbereiner nasceu na Checoslováquia em 1924. Formou-se em Agronomia pela Universidade de Munique, em 1950, ano em que se mudou com a família para o Brasil. Foi contratada pelo Instituto de Ecologia e Experimentação Agrícola, atual Embrapa, no Rio de Janeiro. Descobriu diversas bactérias diazotróficas em nosso país, dedicando-se ao estudo da fixação do nitrogênio em culturas de cereais e de cana-de-açúcar. Por sua intensa atividade e enorme projeção científica, recebeu inúmeros prêmios e títulos de Doutor Honoris Causa, no país e no exterior. Johanna faleceu em 2000.
Fonte: Arquivo Embrapa.

No processo Haber-Bosch, a reação

$$N_2 + 3H_2 \rightleftharpoons 2NH_3$$

se processa a uma temperatura de 500 °C, pressão de 200 bar a 450 bar, na presença de catalisadores formados por uma mistura de Fe, Al_2O_3, K_2O e outros componentes. Seu rendimento situa-se em torno de 17%, e a produção anual está na faixa de 10^8 toneladas.

Nitrogenase

O processo biogênico envolve a reação

$$N_2 + 10H^+ + 8e^- \rightarrow 2NH_4^+ + H_2,$$

na qual os elétrons são fornecidos por transportadores como as ferredoxinas, e ocorre em condições normais de temperatura e pressão, sendo catalisado pela enzima nitrogenase. A energia é fornecida pela hidrólise de 16 mol de ATP para cada mol de N_2. Curiosamente, além da amônia, também é produzido um mol de H_2, cujo papel ainda está sendo estudado.

A nitrogenase foi isolada pela primeira vez em 1960. Atualmente são conhecidos três tipos de enzimas nitrogenase: uma que contém molibdênio e ferro; um segundo tipo que contém vanádio e ferro, e um terceiro tipo que contém predominantemente ferro, com pequenas quantidades de molibdênio e vanádio. Essas enzimas só funcionam em meio estritamente anaeróbico (sem oxigênio).

A nitrogenase mais comum, designada Fe-Mo, consiste de duas unidades proteicas: uma com unidades Fe_4S_4 típicas das ferredoxinas que atuam como injetores de elétrons para a outra, que é uma unidade maior com massa molecular em torno de 220 kDa, onde se situam dois centros receptores P e dois centros catalíticos M (Figura 6.2). Os centros receptores consistem de estruturas cubanas duplas, Fe_8S_7, que conduzem os elétrons para os centros M, de composição Fe_7MoS_9, responsáveis pela ativação final e redução do N_2. Os centros M são presos à matriz proteica apenas por uma cisteína coordenada ao íon de ferro e uma histidina coordenada ao íon de molibdênio. O íon de ferro se situa em um ambiente semelhante ao das ferredoxinas, ao passo que o molibdênio está envolvido por grupos carboxílicos do íon homocitrato, além do S e da histidina. Na falta de molibdênio ou em condições de baixa temperatura, a enzima incorpora vanádio em seu lugar, por ser mais eficiente nessa situação. O átomo no centro do sítio ativo da enzima ainda não é bem conhecido, e as evidências sugerem tratar-se de um nitrogênio.

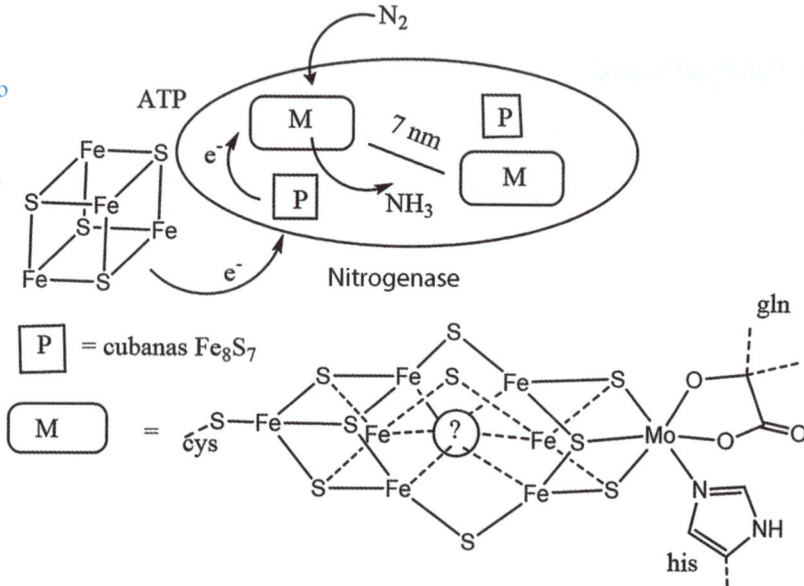

Figura 6.2
Esquema de funcionamento da nitrogenase, começando com a transferência de elétrons da ferredoxina para o centro reacional, conforme descrito no texto.

O mecanismo de fixação é bastante complexo e ainda pouco conhecido. Ele deve envolver a ativação dos centros metálicos para a coordenação do nitrogênio molecular, seguido de uma série de etapas de transferência de elétrons e de prótons, até a formação de amônia, sob a forma do íon NH_4^+. Sabe-se que o processo é acoplado ao ciclo metabólico, que fornece ATP como principal fonte de energia, tendo como fonte de elétrons o sistema NADPH/ferredoxina.

$$N_2 + 8H^+ + 8e^- + 16MgATP \rightarrow 2\ NH_3 + H_2 + {} + 16MgADP + 16\ Pi$$

A amônia produzida pela nitrogenase pode sofrer um processo de nitrificação, até gerar o íon nitrato, bem como depois passar por processos de desnitrificação para formar nitrito, NO, N_2O e N_2.

Nitratorredutase

A redução do nitrato a nitrito é feita pela enzima **nitratorredutase**:

$$NO_3^- + 2e^- + 2H^+ \rightarrow NO_2^- + H_2O$$

Essa espécie enzima tem um cofactor molibdopterina, já descrito para a xantina oxidase no capítulo anterior. Ele reage com nitrato, formando nitrito e uma espécie de molibdênio(VI), que é regenerada com FADH.

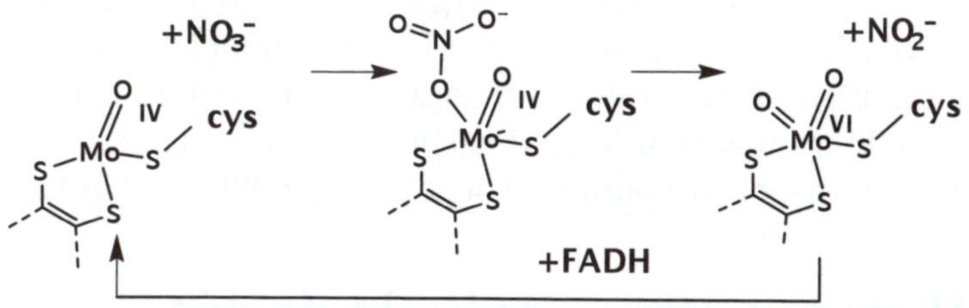

Nitritorredutase

A conversão do nitrito a NO é feita pela **nitritorredutase**, que é uma enzima formada por três subunidades idênticas, contendo sítios catalíticos de cobre, tipo II, contendo histidina e/ou tirosina em geometria tetragonal, responsável pela ativação do nitrito até NO^+, e um centro de cobre tipo I, envolvido na transferência de elétrons, reduzindo o NO^+ até NO. As etapas envolvidas estão ilustradas na Figura 6.3.

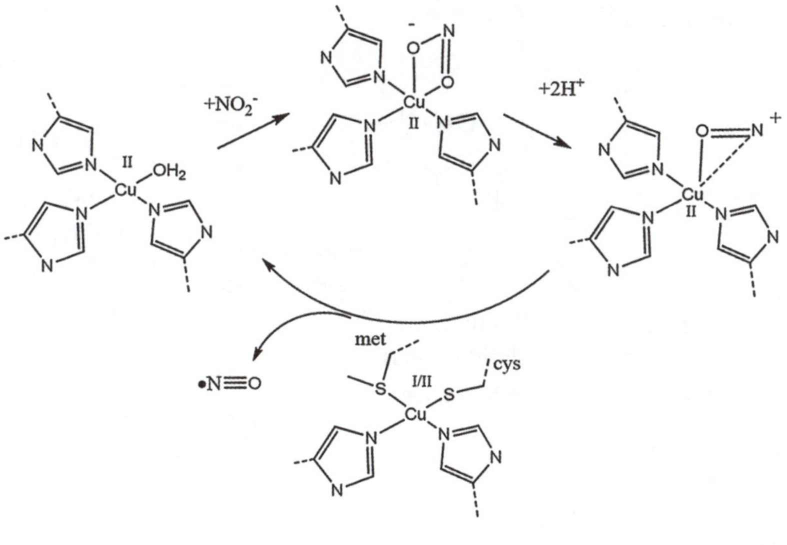

Figura 6.3
Mecanismo de redução do nitrito pela nitritorredutase.

Em concentrações elevadas, o NO é tóxico, por ligar-se a centros de cobre e ferro em enzimas. Sua afinidade pela hemoglobina é 10^4 vezes superior ao O_2. Além disso, o NO reage indiretamente com aminas por meio do ácido nitroso, formando nitrosoaminas cancerígenas.

$$R_2NH + HNO_2 \rightarrow R_2N\text{-}NO + H_2O$$

O NO também é usado pelos vermes e insetos luminescentes (vagalume), para induzir a emissão de luz por meio da oxidação do luciferil-AMP pelo oxigênio molecular, formando o peroxoluciferil-AMP, que elimina um CO_2 gerando a oxiluciferina no estado excitado. Essa indução é baseada na síntese do NO, que irá bloquear a cadeia mitocondrial dos citocromos coordenando-se aos íons de Fe(II), deixando o O_2 disponível para provocar a reação luminescente.

Metanogênese e redução do gás carbônico

Assim como a fixação biológica do nitrogênio molecular, a conversão do CO_2 em metano é um processo biológico realizado pelas bactérias metanogênicas existentes no solo e ambientes aquáticos. Essas bactérias são responsáveis pela formação do gás de pântano, e pelos processos envolvidos no tratamento da compostagem para geração de biocombustível.

A metanogênese envolve uma sequência bastante complexa de transformações que está descrita de forma simplificada na Figura 6.4.

Figura 6.4
Esquema das transformações que acontecem na metanogênese, conforme indicado pelas etapas 1 a 7.

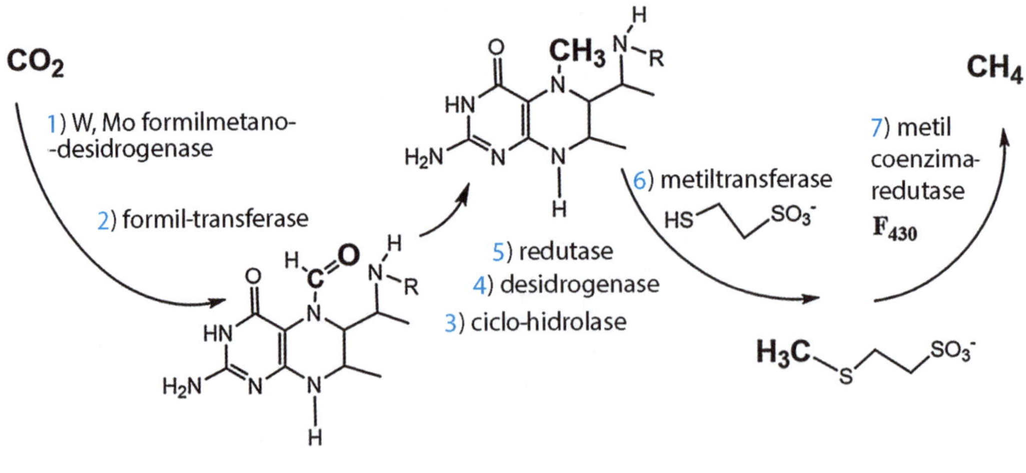

O CO_2 é uma molécula bastante estável, e representa o estágio final dos processos de oxidação aeróbica. Por isso, a reversão é um processo difícil, com alto custo energético.

Entretanto, as bactérias metanogênicas realizam a reação

$$CO_2 + 8H^+ + 8e^- \rightarrow CH_4 + 2H_2O,$$

envolvendo oito elétrons em quatro etapas de dois elétrons, com a participação de uma grande variedade de enzimas e coenzimas (Figura 6.4).

Os potenciais eletroquímicos associados à conversão do CO_2 em HCO_2H, CO, $HCHO$, CH_3OH e CH_4 estão coletados na Tabela 6.1.

Tabela 6.1 – Potenciais redox para redução do CO_2	
Reação	**Potencial redox**
$CO_2 + e^- \rightarrow CO_2^{\bullet-}$	$-1,9$
$CO_2 + 2H^+ + 2e^- \rightarrow HCO_2H$	$-0,61$
$CO_2 + 2H^+ + 2e^- \rightarrow CO + H_2O$	$-0,53$
$CO_2 + 4H^+ + 4e^- \rightarrow HCHO + H_2O$	$-0,48$
$CO_2 + 6H^+ + 6e^- \rightarrow CH_3OH + H_2O$	$-0,38$
$CO_2 + 8H^+ + 8e^- \rightarrow CH_4 + 2H_2O$	$-0,24$

A etapa de redução monoeletrônica exige um potencial bastante negativo para gerar o íon radical de $CO_2^{\bullet-}$. De fato, os processos bieletrônicos envolvem potenciais mais acessíveis para serem realizados pelas enzimas redox.

Uma enzima em particular tem papel essencial na última etapa de geração do gás metano, CH_4. Essa enzima apresenta 2 mol de uma unidade prostética composta por um complexo porfinoide (derivado de porfirina) de níquel(I), cuja estrutura está representada na Figura 6.5. Essa unidade é conhecida como cofator F_{430}, em virtude de apresentar uma banda de absorção característica em 430 nm. Existem evidências de que esse complexo pode formar um

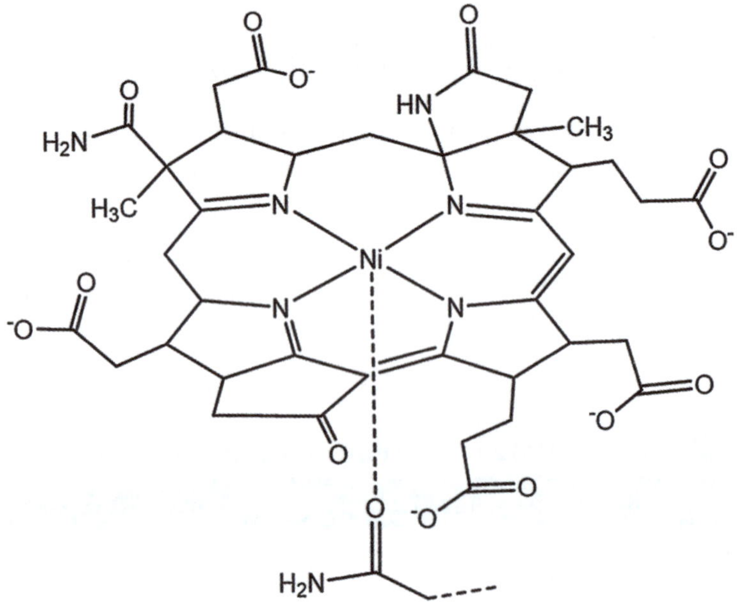

Figura 6.5
Centro do ativo do
complexo F430.

hidreto de Ni(III), como se envolvesse uma etapa de adição oxidativa do H_2 ao Ni(I). Tal hidreto teria um papel importante na conversão do grupo CH_3 ao CH_4.

Uma ferro-hidrogenase não hêmica

Existem três tipos de hidrogenases conhecidos na natureza: a) as que apresentam centros Ni-Fe; b) centros Fe-Fe; e c) apenas um centro com Fe distinto do heme. Essa última foi descoberta mais recentemente, e se expressa apenas na deficiência de níquel, nos sistemas metanogênicos. Essa enzima é considerada redox-inativa, e promove a clivagem heterolítica do H_2 na presença de um substrato específico, conhecido como meteniltetra-hidrometanopterina, cumprindo uma das etapas do ciclo de conversão do CO_2 em CH_4. A estrutura do sítio ativo está mostrada a seguir.

Essa estrutura difere bastante das já conhecidas para as enzimas de ferro, incorporando dois ligantes CO. Isso tem estimulado muitas pesquisas envolvendo complexos--modelo. Os cálculos teóricos indicam um estado de oxidação II para o ferro, porém o mecanismo de clivagem do H_2 ainda não é conhecido.

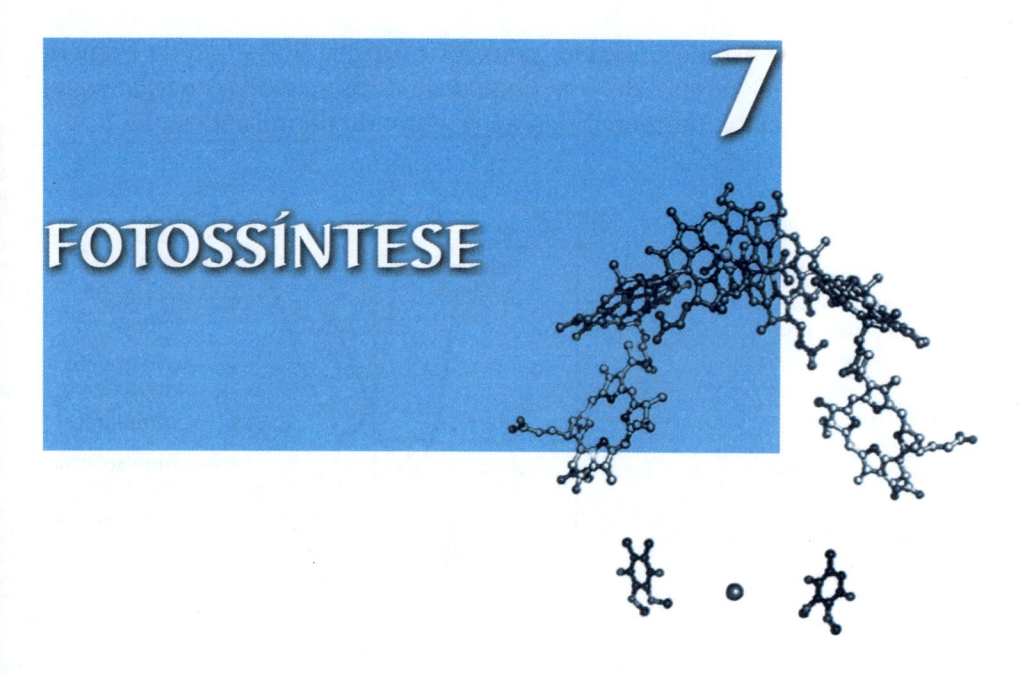

FOTOSSÍNTESE

7

O Sol é a fonte de energia que sustenta a vida em nosso planeta. O processo responsável pela conversão da energia luminosa em energia química é a fotossíntese, por meio da qual as plantas realizam a inversão do ciclo metabólico nos animais, transformando gás carbônico e água em glucose e oxigênio.

$$CO_2 + H_2O \xrightarrow{h\nu} \{CH_2O\} + O_2$$

O CO_2 é reduzido, recebendo quatro elétrons para formar a glucose $C_6H_{12}O_6$ ou $\{CH_2O\}_6$. O agente redutor é a água, que é oxidada a O_2.

Estados excitados e transferência de energia

Para compreender esse processo, é interessante lembrar que a luz se propaga como ondas eletromagnéticas oscilantes, capazes de interagir com os elétrons dos átomos e as moléculas em seu percurso, dando origem a fenômenos de absorção, reflexão, refração e luminescência. A absorção é um processo seletivo, que leva à excitação molecular por meio da absorção do fóton (Figura 7.1). A molécula, inicialmente no estado fundamental, passa subitamente para o estado excitado (transição vertical, Princípio de Franck--Condon)[4] do qual pode decair, dissipando a energia como calor, ou reemitindo a luz, gerando fluorescência.

Figura 7.1

Processos fotofísicos após a excitação de um estado fundamental singleto (1), com a relaxação térmica ao longo dos níveis vibracionais (2) até o primeiro nível vibracional excitado, seguido de (3) cruzamento intersistema envolvendo outro estado excitado de diferente spin, ou (4) emissão fluorescente, e (5) emissão fosforescente do outro estado. Nos dois estados excitados, equilibrados termicamente, podem ocorrer transformações fotoquímicas.

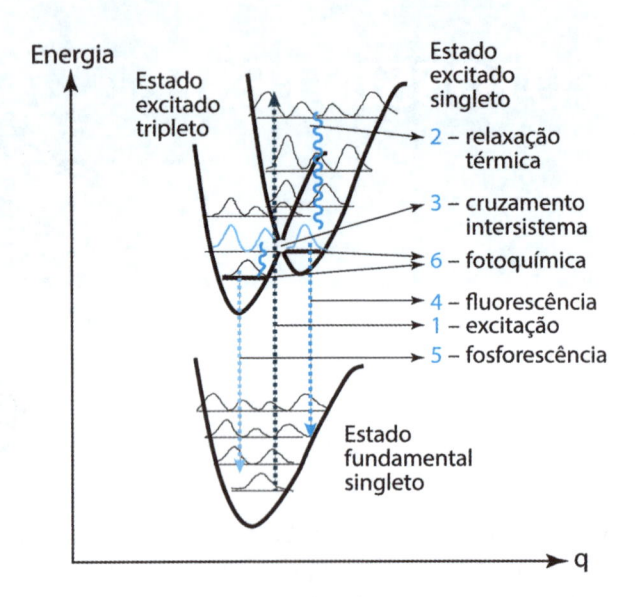

O estado de spin é um requisito importante na absorção da luz. A passagem de um estado eletrônico para outro depende de como o fóton perturba as funções de onda, por meio do seu campo elétrico oscilante. Para isso, é necessário que os dois estados tenham simetrias compatíveis, por exemplo, σ-σ ou π-π, e que seus momentos de dipolo estejam alinhados com o vetor campo elétrico da radiação. Além disso, é essencial que os spins eletrônicos permaneçam inalterados. A fluorescência é um processo de emissão entre estados de mesmo spin, e ocorre em intervalos de tempo bastante reduzidos, inferiores a microssegundos ($< 10^{-6}$ s).

Quando dois estados apresentam spins distintos, a comunicação entre eles é pouco eficiente, e o vetor campo elétrico da radiação excitante não consegue efetuar o acoplamento. A transição eletrônica se torna proibida. Contudo, dois estados excitados de diferentes spins podem se encontrar no ponto de cruzamento das curvas de potencial, como mostrado na Figura 7.1. Nesse ponto, sob influência de um efeito conhecido como spin órbita, que é mais efetivo para átomos pesados, o cruzamento intersistema pode levar

---

[4] Para mais detalhes, veja o volume 4 desta coleção.

à transposição entre estados de diferentes spins. O estado com spin distinto levará mais tempo para decair para o estado fundamental, produzindo o fenômeno de fosforescência. Ao contrário da fluorescência, a fosforescência persiste mesmo após a interrupção do processo de excitação.

Outro ponto importante a ser destacado é que as propriedades químicas mudam radicalmente no estado excitado. De fato, os potenciais redox, E^0, assimilam a energia de excitação (E_{opt}) aumentando, simultaneamente, o caráter oxidante e redutor da espécie no estado excitado (A^*), de acordo com as seguintes expressões:

$$E^0(A^+/A^*) = E(A^+/A) - E_{opt}$$

$$E^0(A^*/A^-) = E^0(A^*/A^-) + E_{opt}$$

Da mesma forma que na transferência de elétrons, os estados excitados dos agentes, representados por A e B na Figura 7.1, podem trocar energias, a curta e longa distâncias, por meio de dois mecanismos conhecidos como Dexter e Föster, respectivamente. O mecanismo de Föster corresponde a uma dupla excitação de A e B, tal que a energia emitida por A é concomitantemente absorvida por B, como ilustrado na Figura 7.2. A eficiência desse processo depende da superposição do espectro de emissão de A com o espectro de absorção de B, de modo que a energia liberada possa ser captada de forma sincronizada. Esse mecanismo pode operar a distâncias atômicas relativamente grandes, pois depende essencialmente só das características espectroscópicas dos agentes. Já o mecanismo de Dexter se assemelha a um processo de dupla transferência de elétrons, e segue os princípios já descritos anteriormente para os processos redox, sendo, por isso, mais efetivo a curta distância.

Cadeia de transporte de elétrons na fotossíntese

A fotossíntese se passa no interior das organelas clorofiladas, conhecidas como cloroplastos, existentes em células vegetais, como ilustrado na Figura 7.3. No cloroplasto existe um complexo arranjo de membranas sanfonadas, ou tilacoidais, no qual diversas enzimas e metaloenzimas se

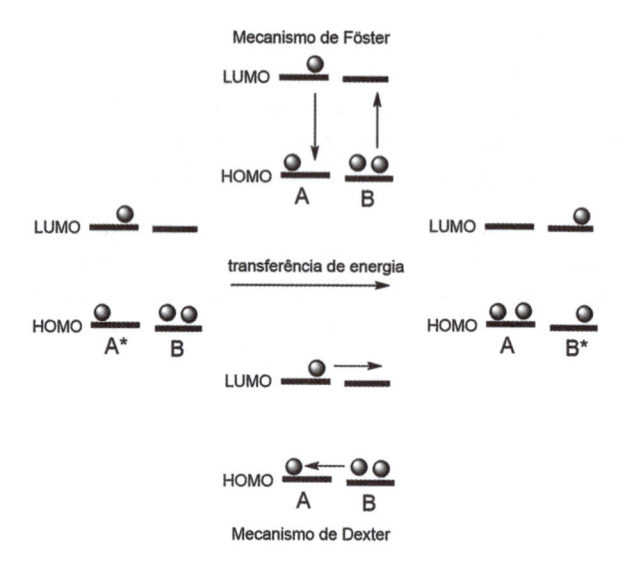

alojam, formando uma cadeia transportadora de elétrons, cujo fluxo é bombeado por meio de dois fotossistemas intercalados, PSI e PSII. Uma visão pictórica, que resume todo o quadro da fotossíntese, pode ser vista na Figura 7.3.

A primeira etapa do processo fotossintético envolve a captação da luz solar. Para isso, os fotossistemas contam com uma coleção de moléculas captadoras, como a clorofila, que é a mais importante, além de carotenoides, antocianinas e xantofilas, que praticamente cobrem todo o espectro de emissão da luz solar. A clorofila apresenta magnésio em um anel macrocíclico que lembra a porfirina, porém com diferenças importantes na conjugação eletrônica, que influenciam seu comportamento fotofísico.

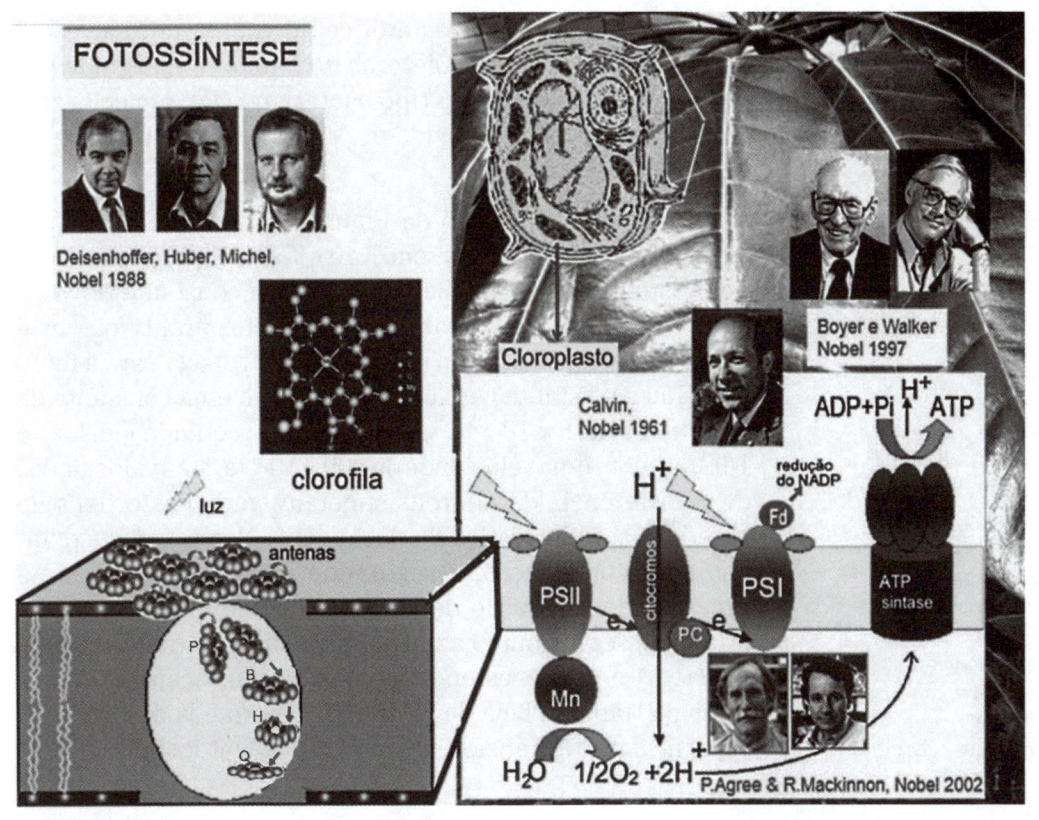

Figura 7.3
Visão pictórica da fotossíntese, partindo da célula vegetal e da organela fotossintética, cloroplasto, com suas membranas internas sanfonadas (tilacoidais). Sobre as membranas externas, pigmentos absorvedores de luz encaminham a energia para o sistema fotossintético PSII, no qual existe um arranjo especial para propagação do elétron, até a transferência para a cadeia transportadora na membrana. Esse sistema acopla a decomposição da água por uma enzima de manganês. O bombeamento de prótons pela cadeia de transporte de elétrons faz mover a ATP-sintase. A excitação do sistema fotossintético PSI produz NADP, a ser usado na síntese dos açúcares. Os pesquisadores laureados com o Prêmio Nobel estão indicados na Figura, ao lado de suas descobertas.

PSII: sistema fotossintético II

O processo de captação da luz e transferência de energia ocorre com eficiência extremamente alta, sugerindo a existência de processos quânticos que direcionam a energia luminosa para um centro de coleta dentro do sistema fotossintético (PSII e PSI). A estrutura do sistema fotossintético II foi elucidada por Deisenhoffer, Huber e Michel (Prêmio Nobel de Química, de 1988), e envolve uma estrutura simétrica em que os componentes são praticamente duplicados, porém somente um caminho é seguido pelos elétrons. O sistema fotossintético apresenta um par especial de clorofilas azuis, coletoras de fótons (P), seguido por uma clorofila púrpura, do tipo bacteriano (B), uma clorofila feofitina amarela desprovida de Mg (L) e uma quinona (Q) de coloração preta.

Como pode ser visto na Figura 7.4, a excitação do par especial de clorofila eleva em 1,40 eV seu conteúdo energético. Este transfere um elétron com uma constante de velocidade de 3×10^{-12} s^{-1} para a clorofila púrpura, B, que está bastante próxima (0,5 nm). A cadeia se propaga para a feofitina (Pheo) distante cerca de 0,5 nm, com uma constante de velocidade de 1×10^{-12} s^{-1}, e depois para a quinona, distante 1,02 nm, com uma velocidade de 200×10^{-12} s^{-1}. As velocidades de transferência de elétrons superam em várias ordens de grandeza as velocidades de decaimento dos estados excitados ou recombinação, assegurando uma alta eficiência no processo de separação de cargas no sistema fotossintético. Isso pode ser atribuído a um acoplamento eletrônico favorável (H_{AB}) e pequenas energias de reorganização (λ) envolvidas na transferência de elétrons, conforme já discutido no capítulo sobre a transferência eletrônica mitocondrial.

Figura 7.4
Processos de transporte de elétrons no sistema fotossintético PSII, mostrando o gradiente de energia e a alta eficiência da transferência de elétrons, em relação ao decaimento ou recombinação para regenerar o estado fundamental (linhas tracejadas).

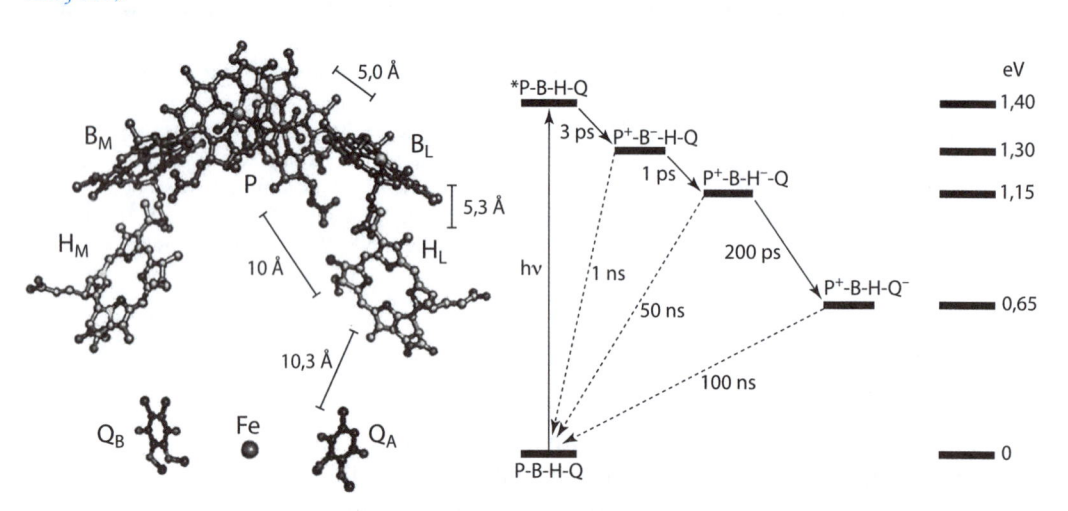

O elétron que emerge do sistema fotossintético II através da ubiquinona Q2 é transferido para uma proteína ferro-enxofre (Rieske), e depois para os citocromos-b,c chegando até a plastocianina, que é uma enzima de cobre ($Cu^{II/I}$) transportadora de elétrons. Esse esquema está ilustrado na Figura 7.5 ao longo da cadeia energética. Na plastocianina o cobre está ligado a duas histidinas, uma cisteína e uma metionina, em arranjo tetraédrico. Ao longo desse processo, os prótons são bombeados pela ubiquinona para o interior da membrana fotossintética. O mecanismo de transporte através da membrana foi esclarecido por Agree e Mackinnon, que receberam o Prêmio Nobel em 2002.

A plastocianina transfere elétrons para outro sistema fotossintético, PSI, que tem máximo de absorção em 700 nm. Nesse sistema, ocorre outra sequência de transferência de elétrons, bombeada inicialmente pela luz, chegando até a redução do $NADP^+$ formando NADPH, catalisada por uma ferredoxina [2Fe,2S].

$$PSI + h\nu \rightarrow e^-$$

$$NADP^+ + 2e^- + 2H^+(in) \rightarrow NADPH + H^+(ext)$$

Figura 7.5
Esquema em Z de transferência de elétrons envolvido na fotossíntese, conforme indicado pelas etapas de 1 a 6.

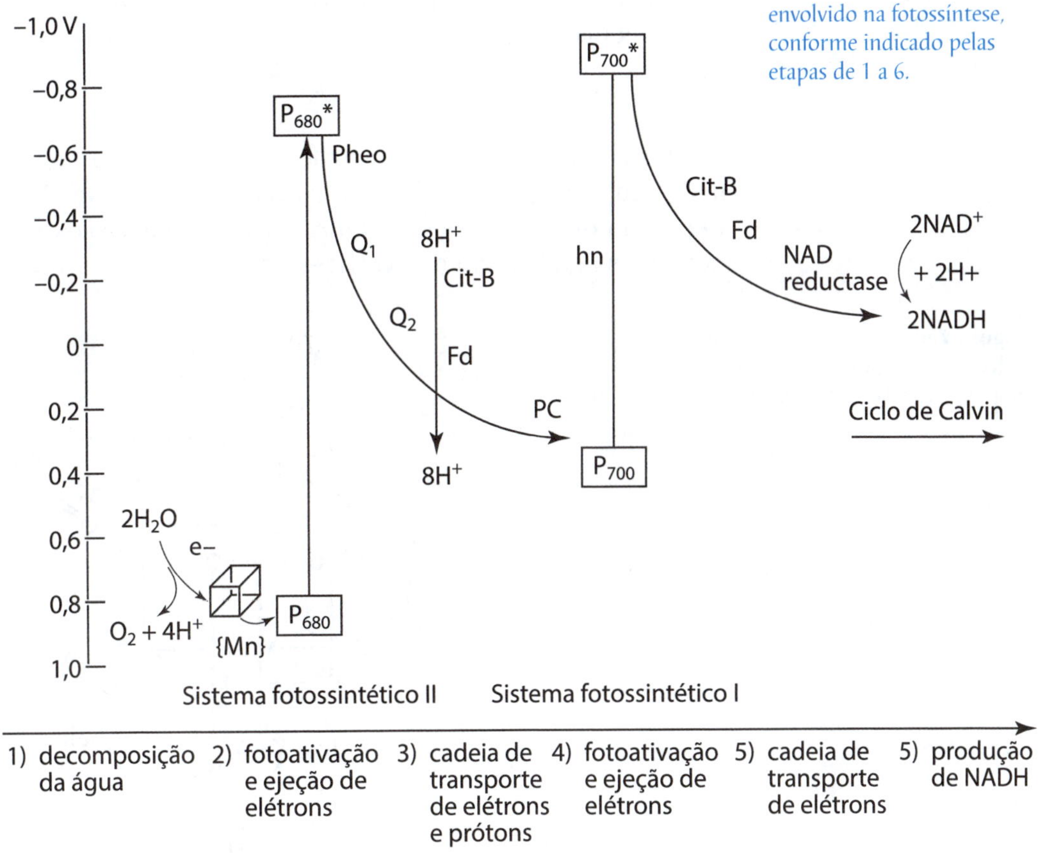

| 1) decomposição da água | 2) fotoativação e ejeção de elétrons | 3) cadeia de transporte de elétrons e prótons | 4) fotoativação e ejeção de elétrons | 5) cadeia de transporte de elétrons | 5) produção de NADH |

Assim como já foi descrito para o processo respiratório mitocondrial, o fluxo de prótons faz mover a enzima ATP-sintase, ativando a síntese do ATP. Essa importante e inusitada máquina conversora de energia foi esclarecida por Boyer e Walker, contemplados com o Prêmio Nobel de 1997.

O NADPH produzido pela cadeia fotossintética vai alimentar o ciclo de produção de açúcares, elucidado por Calvin (Prêmio Nobel de 1961), que ocorre sem participação da luz, utilizando apenas a energia do ATP.

$$2(NADPH + H^+) + CO_2 \rightarrow \{CH_2O\} + 2NADP^+ + H_2O$$

A decomposição da água

Acoplado ao sistema fotossintético II está uma enzima muito importante, que catalisa a oxidação da água até o oxigênio molecular:

$$2H_2O \rightarrow O_2 + 4H^+ + 4e^-$$

Essa enzima contém cinco íons metálicos no centro ativo, em arranjo de cubana com três $Mn^{3+/4+}$ e um Ca^{2+}, junto com quatro íons O^{2-} (Figura 7.6), e um complexo de manganês ligado a um dos vértices do cubo.

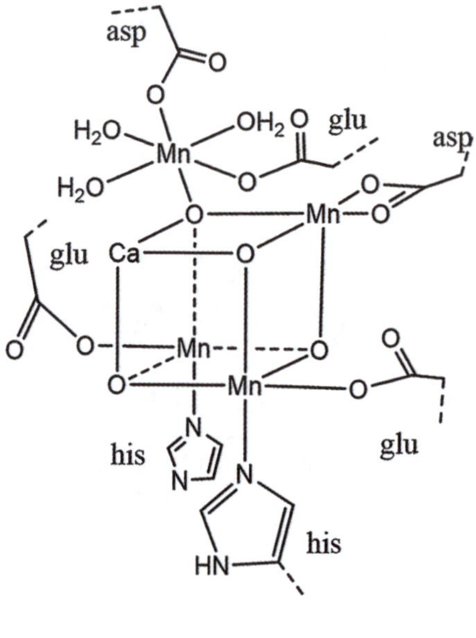

Figura 7.6
Estrutura do centro ativo da enzima de manganês, responsável pela decomposição da água e produção de O_2.

Durante o processo, os quatro centros de manganês passam pelos estados de oxidação III e IV, acompanhando a adição sequencial de quatro elétrons, para oxidar duas moléculas de água. O mecanismo proposto está resumido no esquema:

Nesse esquema, uma tirosina (tyr) atua como receptor de elétrons do manganês(III), e o complexo $\{Mn^{III}(H_2O_2)\,Mn^{III}\}$ refere-se, na realidade, à estrutura cubana, na qual existem outros íons de manganês$^{III/IV}$ que serão envolvidos na transferência de elétrons até a formação do O_2.

A fotossíntese, englobando a decomposição da água, cadeia de transferência de elétrons e ciclo de Calvin, pode ser representada pela seguinte equação

$$6CO_2 + 6H_2O + h\nu(2878 \text{ kJ}) \rightarrow C_6H_{12}O_6 + 6O_2$$

Essa equação coloca a fotossíntese como o processo mais importante, associado à vida em nosso planeta, propiciando a síntese de carboidratos, e produzindo o oxigênio atmosférico necessário para a sobrevivência das espécies.

8

QUÍMICA BIOMIMÉTICA E SUPRAMOLECULAR

Os sistemas biológicos apresentam diversas características que os diferenciam drasticamente dos sistemas químicos ou artificiais. Uma delas é a aparente complexidade para a realização de tarefas simples, como a decomposição da água ou a oxidação de um álcool. Entretanto, se observarmos com atenção, tudo ocorre com maestria; cada etapa tem um encadeamento perfeito, ditando sequências que compõem um ciclo, que, por sua vez, faz parte de outro ciclo, e assim por diante. O resultado disso pode ser resumido em uma simples palavra: vida!

Ao contrário dos sistemas químicos, nos quais as transformações se processam por meio de colisões moleculares e do regime estatístico, os sistemas biológicos primam pela organização e pela otimização dos eventos em termos da sequência espaço-tempo-energia. Esse nível de perfeição é reflexo de bilhões de anos de evolução química, centrado em um pequeno número de elementos e compostos, conforme já foi discutido no primeiro capítulo.

A transposição da Química tradicional para a Química dos sistemas organizados é, portanto, um desafio importante a ser considerado para galgar um novo patamar na ciência e tecnologia moderna, que seja mais eficiente, racional e sustentável. Vencer as limitações estatísticas e caóticas dos processos colisionais é algo que pode ser alcançado pela organização molecular. De fato, a maioria das transformações químicas envolve colisões moleculares, nas quais a eficiência estatística ou probabilidade de as colisões serem produtivas é extremamente baixa. Colisões entre três ou mais corpos são consideradas eventos pouco prováveis na Química. Entretanto, é possível arranjar esses corpos em estruturas previamente organizadas, para que todos possam interagir entre si ou com o substrato, atuando de forma cooperativa, como ilustrado na Figura 8.1.

Figura 8.1
As moléculas podem atuar de forma cooperativa, por meio da associação, realizando ações que cada uma não executaria individualmente. Esse processo pode conduzir a uma química que vai além da molécula: a Química Supramolecular.

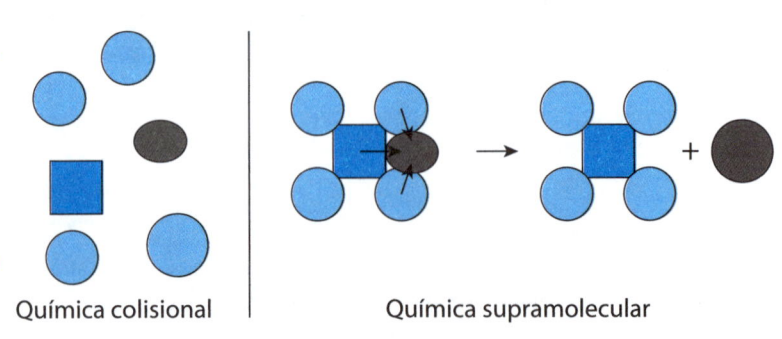

Química colisional | Química supramolecular

Mais do que isso, é possível dimensionar as estruturas, introduzindo características que permitem efetuar o reconhecimento do substrato, e orquestrar as transformações na dimensão do espaço-tempo-energia. Ao contrário dos sistemas poliméricos e das macromoléculas, a Química Supramolecular é voltada para a união de espécies, como se fossem blocos de montagem, porém com um propósito bem definido, centrado nos efeitos cooperativos e na organização. Por isso se diz que a química envolvida está além da molécula. Esse é o significado da Química Supramolecular. Ela está refletida no Prêmio Nobel concedido a Jean-Marie Lehn em 1987, e pode ser o passaporte para uma Química mais evoluída, inspirada, em grande parte, nos sistemas biológicos. Porém, extrapolando a Química Biológica, a Química Supramolecular pode ir além dos limites impostos pela natureza, ao fazer uso de novos elementos estratégicos, considerados não essenciais para a vida, como os metais nobres e os lantanídios.

A Química Supramolecular pode avançar em uma série de desafios importantes, que ainda estabelecem uma barreira no desenvolvimento da Química moderna, conforme representado na Figura 8.2. Se quisermos reproduzir uma propriedade biológica, esses desafios terão de ser vencidos. Portanto, na mimetização dos sistemas biológicos, também chamada de Química Biomimética, pode-se fazer um bom uso dos conceitos e estratégias da Química Supramolecular.

Processos organizados

1. Reconhecimento molecular

2. Sinalização de comunicação molecular

3. Controle dos fenômenos no domínio espaço-tempo--energia planejamento vetorial

4. Automontagem, auto-organização

5. Transporte, armazenagem e transferência de informações

6. Conversão eficiente de energia

Processos estatísticos/colisionais

7. Catálise em condições brandas e controle alostérico do processo

QUÍMICA MOLECULAR   QUÍMICA SUPRAMOLECULAR

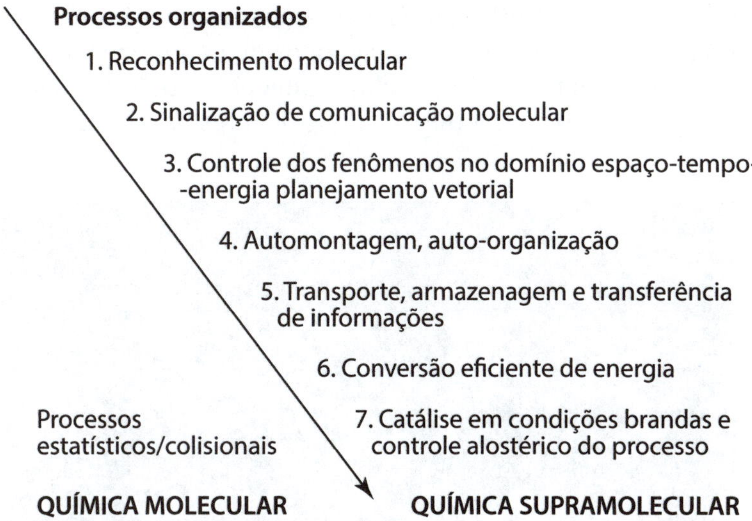

Figura 8.2
Enquanto a Química convencional é baseada em processos colisionais, estatísticos, a Química Supramolecular parte da organização prévia, buscando galgar os degraus de 1 a 7, na montagem de sistemas mais inteligentes e eficientes.

Reconhecimento molecular

O reconhecimento molecular é um ponto essencial a ser perseguido. Ele é determinado pela natureza das interações químicas envolvidas, incluindo a afinidade entre as espécies e sua interação com o meio. Também depende de fatores geométricos ou estruturais e da flexibilidade conformacional envolvida. Esse aspecto é bastante versátil na Química de coordenação.

Um íon metálico, ao interagir com os ligantes, promove espontaneamente sua organização na esfera de coordenação, gerando o complexo. Nesse evento, estão incluídos a afinidade metal-ligante, a natureza das ligações, os aspectos estereoquímicos, além dos fatores termodinâmicos (constante de equilíbrio, potenciais redox), e cinéticos (labilidade-inércia). Um complexo metálico pode exercer, com maior facilidade, o reconhecimento dos ligantes, sinalizando, por exemplo, por meio das mudanças das propriedades espectroscópicas (cor) e eletroquímicas (potenciais redox). A flexibilidade conformacional está implícita no processo de coordenação, como ilustrado na interação do ânion etilenodiaminotetra-acetato(4-) com um íon metálico em solução (Figura 8.3). A coordenação espontânea de um grupo funcional leva à aproximação do outro, favorecendo a formação de anéis quelatos, até envolver completamente o íon metálico. Assim, a formação de complexos pode oferecer uma rota efetiva para lidar com os desafios listados na Figura 8.2. Segundo Lehn, a Química de coordenação é essencialmente uma Química Supramolecular, pois está além da Química do íon metálico ou dos ligantes, isoladamente.

Figura 8.3
A Química de coordenação proporciona uma forma natural de organização conduzida pelo íon metálico atuando sobre os ligantes. Na ilustração, o ligante etilenodiaminatetra--acetato se liga a um íon metálico e depois o envolve completamente, gerando uma estrutura organizada.

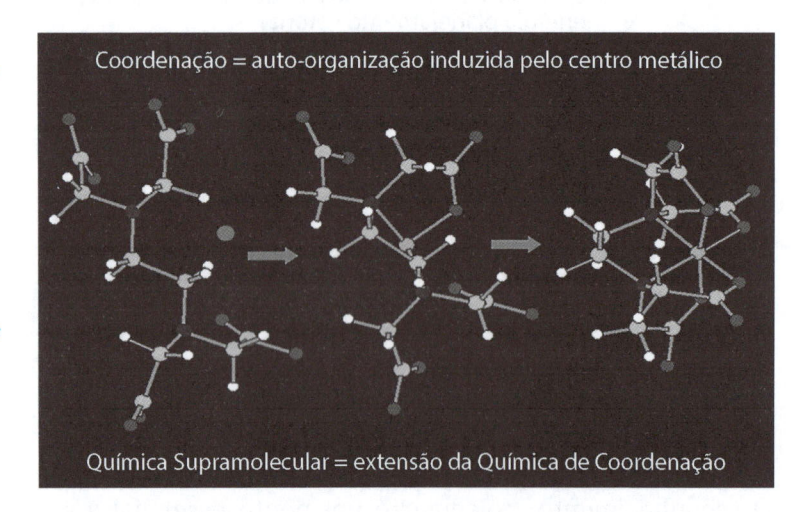

Coordenação = auto-organização induzida pelo centro metálico

Química Supramolecular = extensão da Química de Coordenação

A formação de complexos é favorecida com o aumento do número de anéis quelatos, e isso é maximizado com a formação de anéis macrocíclicos, nos quais o íon metálico fica aprisionado dentro da cavidade do ligante, conforme exemplificado no esquema:

$$Cu^{2+} + L \; \overset{K}{\rightleftharpoons} \; CuL^{2+} \qquad K = \frac{[CuL^{2+}]}{[Cu^{2+}][L]}$$

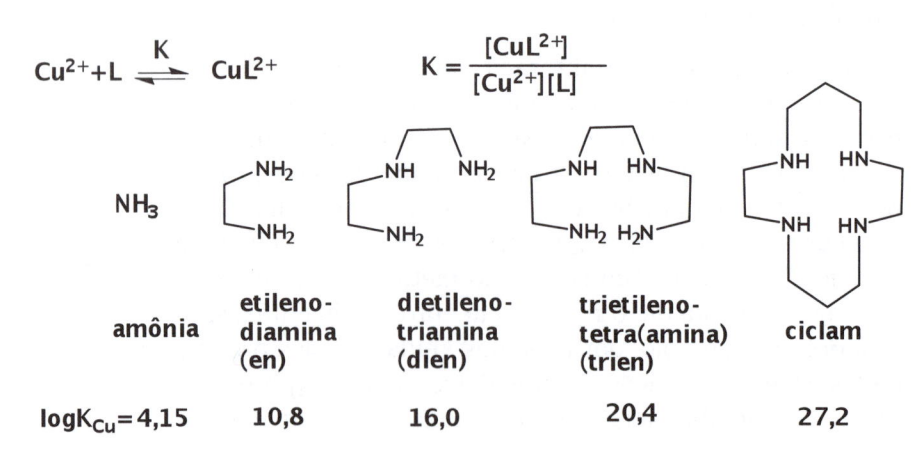

amônia	etileno-diamina (en)	dietileno-triamina (dien)	trietileno-tetra(amina) (trien)	ciclam
$logK_{Cu} = 4,15$	10,8	16,0	20,4	27,2

Dessa forma, muitos eventos biológicos envolvendo íons metálicos têm a participação de ligantes macrocíclicos, como já descrito nos capítulos anteriores. A exploração desse fato tem permitido o desenvolvimento de ligantes do tipo gaiola, capazes de aprisionar seletivamente não apenas íons metálicos, como também pequenas moléculas.

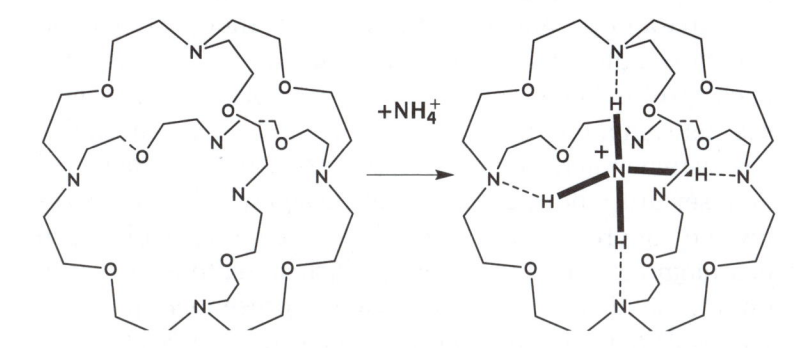

Por meio de sínteses *template* (ou com moldes), podem ser geradas cavidades específicas para reconhecimento molecular. Por exemplo, a porfirina tetramérica, ilustrada na Figura 8.4, foi sintetizada na presença da tetrapiridilporfirina, que serviu de molde central, direcionando o posicionamento dos demais anéis porfirínicos, por meio da coordenação com o íon de zinco, central. Dessa forma, ao se remover a tetrapiridilporfirina central, fica uma estrutura pré-moldada, capaz de reconhecer essa espécie, apresentando uma constante de estabilidade bastante alta, em torno de $K = 10^{10} \, mol^{-1} \, L$. Qualquer outra estrutura com geometria diferente da tetrapiridilporfirina será excluída pela molécula hospedeira.

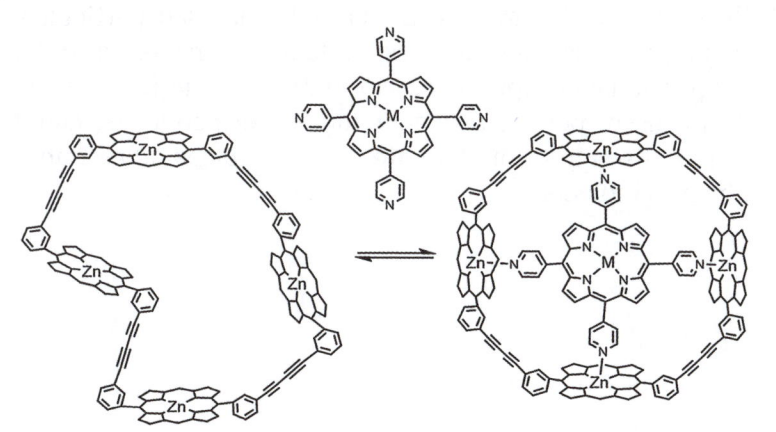

Figura 8.4
Reconhecimento molecular por meio de moldes.

Sistemas inorgânicos biomiméticos

A simulação de uma molécula ou sistema biológico começa geralmente pela reprodução da parte estrutural ou eletrônica do sítio ativo, na expectativa de que o comportamento básico, ou químico, possa ser reproduzido. Essa abordagem permite compreender melhor as características do sítio ativo, separado do ambiente proteico, gerando sistemas ou complexos-modelo. Esses complexos permitem estudos mais aprofundados, sob condições controladas, com recursos instrumentais que nem sempre podem ser aplicados aos sistemas naturais. Os complexos-modelo também podem ser utilizados para obter informações importantes sobre o comportamento espectral, cinético e termodinâmico das biomoléculas, focalizando principalmente a interação do íon metálico com grupos ligantes presentes nos sistemas biológicos, incluindo espécies como CO, CN^-, O_2, NO, aminoácidos e bases nucleicas.

Compostos ionóforos-modelo

Os íons de sódio e potássio geralmente não formam complexos fortes ou estáveis com a maioria dos ligantes conhecidos, em meio aquoso. Essa interação é favorecida em ambientes confinados, como poros ou canais, ou quando associada a espécies conhecidas como ionóforos, nas quais esses íons se alojam após perder moléculas de água de solvatação, gerando efeitos entrópicos mais favoráveis. Modelos de ionóforos têm sido desenvolvidos com moléculas do tipo éter coroa (*crown ether*), criptandos e calixarenos, ilustrados na Figura 8.5. Essas moléculas são particularmente interessantes, pois respondem aos íons de Na^+ e K^+, proporcionando aplicações em eletrodos seletivos a íons. Além disso, podem hospedar moléculas pequenas, como NH_3, em seu interior, gerando padrões típicos de reconhecimento molecular.

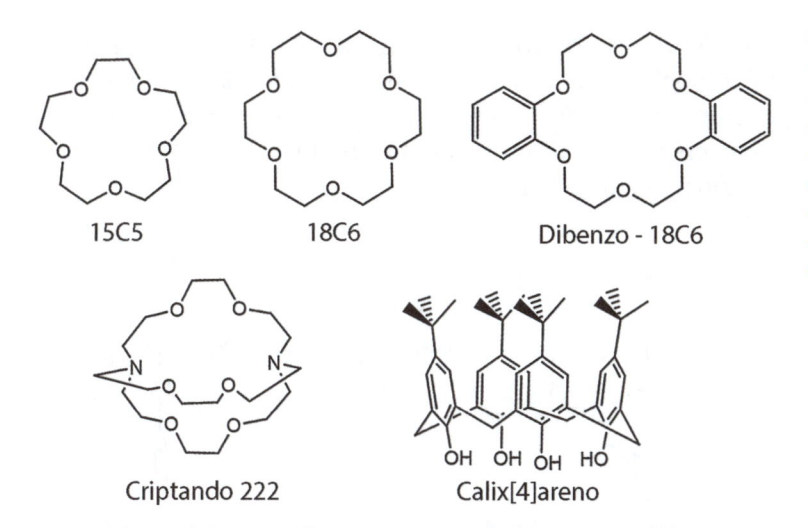

Figura 8.5
Compostos ionóforos
modelos: 15C5 = éter coroa
de quinze átomos e cinco
oxigênios, 18C6 (dezoito
átomos e seis oxigênios),
derivado dibenzo-18C6,
criptando-222 e calixareno
com quatro anéis fenólicos.

Complexos-modelo do heme

O grupo heme ocupa um lugar de destaque na Biologia, porém, sua química nem sempre é acessível, limitando-se a poucos ligantes conhecidos. Isso, em parte, é decorrente da baixa solubilidade das porfirinas em meio aquoso ou solventes polares e da necessidade de estabilização ou proteção dos sítios axiais. Nos sistemas biológicos, essa estabilização é proporcionada pela cadeia proteica que envolve e acomoda o grupo heme, evitando processos de agregação e polimerização. Assim, os complexos-modelo tornam-se úteis para compreender aspectos da Química de coordenação do grupo heme, como a afinidade do íon de ferro por ligantes, como os aminoácidos, bem como para entender as mudanças nos potenciais redox, em função dos ligantes L.

Diversos aspectos da química do heme podem ser reproduzidos por compostos macrocíclicos de ferro, com ligantes tetraimínicos cíclicos (TIM), bis-dimetilglioximatos, e até por complexos mais simples, como o íon pentacianidoferrato(II)/(III) (Figura 8.6).

Esses complexos de ferro têm em comum a configuração $3d^6$ de campo forte, ou spin baixo, com caráter diamagnético. Todos apresentam afinidade preferencial por ligantes insaturados como imidazol, piridina e pirazina, em virtude da disponibilidade dos orbitais d_π cheios, capazes de atuar em ligações retrodoadoras, com os orbitais p_π^* vazios dos ligantes. Da mesma forma, todos apresentam grande afinidade

Figura 8.6
O heme e alguns de seus
complexos-modelo.

por CO e CN⁻ reproduzindo um padrão típico do sistema ferro-porfirínico ou heme. Como exemplo, dados de interação de íons de Fe(II) spin baixo com aminoácidos são disponíveis para a série dos pentacianidoferratos (Tabela 8.1) obtidos por Alzir A. Batista.

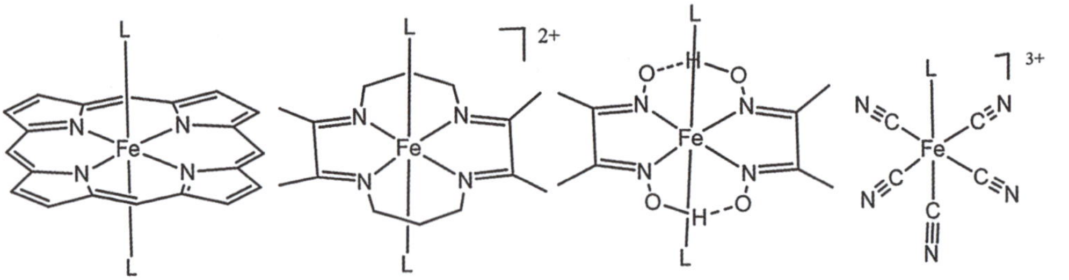

Ferro-porfirina ou heme

Ferro-tetraimina ou TIM

bis(dimetilglioximato) ferro(II), ou Fe(dmgh₂)

Complexo de pentacianidoferrato (II)

Tabela 8.1 – Constantes de estabilidade e potenciais redox de complexos de $[Fe(CN)_5L]^{n-}$ com aminoácidos e grupos correlatos

L, Aminoácido	Grupo ligante	E^0 / V	K^{II} /mol⁻¹ L	K^{III}/mol⁻¹L
H_2O	H_2O	0,370	1	1
NH_3	NH_3	0,340	$2,1 \times 10^4$	$6,8 \times 10^4$
Imidazol	imidazol	0,340	$1,8 \times 10^5$	$5,8 \times 10^5$
Dimetil sulfóxido	$(CH_3)_2S = O$	0,850	$4,9 \times 10^6$	$3,7 \times 10^{-2}$
Leucina⁻	-NH₂	0,330	$1,1 \times 10^3$	$5,3 \times 10^3$
Valina⁻	-NH₂	0,330	$1,2 \times 10^3$	$5,9 \times 10^3$
Metionina sulfona⁻	-NH₂	0,360	$2,1 \times 10^3$	$3,1 \times 10^3$
Arginina⁻	-NH₂	irrev	$5,3 \times 10^3$	
Glutamato²⁻	-NH₂	0,340	$5,3 \times 10^2$	$1,7 \times 10^3$
Cysteina²⁻	-NH₂	0,350	$2,7 \times 10^4$	$5,8 \times 10^4$
Fenilalanina⁻	-NH₂	0,350	$1,5 \times 10^3$	$3,3 \times 10^3$
Serina⁻	-NH₂	0,355	$2,1 \times 10^3$	$3,8 \times 10^3$
Tirosina²⁻	-NH₂	0,345	$8,2 \times 10^2$	$2,2 \times 10^3$
Triptofano²⁻	-NH₂	0,345	$1,8 \times 10^3$	$4,8 \times 10^3$
Lisina⁻	e-NH₂	0,330	$2,4 \times 10^4$	$1,1 \times 10^5$
β-alanina⁻	-NH₂	0,340	$1,4 \times 10^4$	$4,5 \times 10^4$
Glicina⁻	-NH₂	0,360	$1,1 \times 10^4$	$1,6 \times 10^4$
Histidina	-imidazol	0,355	$5,9 \times 10^5$	$1,1 \times 10^6$
Metionina	-S-CH₃	0,575	$1,2 \times 10^6$	$4,1 \times 10^2$
Metionina sulfóxido	-S(= O)CH₃	0,870	$2,1 \times 10^6$	$7,1 \times 10^{-3}$

A interação do NO com o grupo heme é um aspecto fundamental em sistemas biológicos, e grande parte do conhecimento da química envolvida tem sido obtida no estudo dos complexos-modelo, incluindo o íon nitroprussiato, $[Fe(CN)_5NO]^{2-}$, que é um importante agente liberador de NO utilizado na medicina. O ligante NO^+ no complexo de porfirina é suscetível ao ataque de bases como OH^-, gerando nitritos coordenados. Esse comportamento é igualmente observado no complexo de nitroprussiato, mostrando o caráter eletrofílico do ligante NO^+.

$$[Fe^{II}(CN)_5NO]^{2-} + 2OH^- \rightleftharpoons [Fe^{II}(CN)_5NO_2]^{4-} + H_2O$$

Complexos-modelo transportadores de oxigênio

A absorção do oxigênio por complexos metálicos é um fato bem conhecido, desde o relato do experimento de Fremy, em 1952, utilizando soluções amoniacais de Co(II), no qual ele observou a formação de compostos de coloração marrom, mais tarde caracterizados por Werner, como $[Co(NH_3)_5(O_2)Co(NH_3)_5]Cl_4$:

$$2\,[Co^{II}(NH_3)_6]^{2+} + O_2 \rightleftharpoons [(NH_3)_5Co^{III}(O_2^{2-})Co^{III}(NH_3)_5]^{4+} + 2NH_3$$

Esse complexo reage com oxidantes fortes, como Ce^{IV}, capazes de converter o íon peróxido em radical superóxido ($O_2^{\bullet-}$), formando produtos de coloração verde:

$$[(NH_3)_5Co^{III}(O_2^{2-})Co^{III}(NH_3)_5]^{4+} + Ce^{4+} \rightarrow$$
$$[(NH_3)_5Co^{III}(O_2^{\bullet-})Co^{III}(NH_3)_5]^{4+} + Ce^{3+}$$

O exemplo clássico de complexo com oxigênio molecular é dado pelo complexo de Vaska, $[Ir^{I}Cl(CO)(PPh_3)_2]$, no qual PPh_3 é o ligante trifenilfosfina. Esse complexo de Ir^{I} $(5d^8)$ tem estrutura planar, e reage reversivelmente com O_2 mediante um processo conhecido como adição oxidativa. Essa reação despertou muito interesse pela reversibilidade e tipo de mecanismo envolvido, estimulando muitas pesquisas na área de transporte de oxigênio, relevantes não apenas para o setor de saúde, como para processamento e purificação de gases, por exemplo, em ambientes confinados (submarino, missão espacial etc.).

Complexo de Vaska

Muitos complexos de cobalto e oxigênio molecular com ligantes polidentados ou macrocíclicos têm sido caracterizados, sendo um exemplo típico o [Co(bzacen)(py)O$_2$], mostrado no esquema:

O ligante bzacen é uma base de Schiff derivada da reação da benzoilacetilcetona com a etilenodiamina. Nesse exemplo, o oxigênio molecular coordena-se em disposição angular ao cobalto, como na hemoglobina, com um ângulo de 126°. As medidas espectroscópicas indicam a presença de Co(III) ligado a um radical superóxido (O$_2^{\bullet-}$).

Complexos de cobalto com poliaminas alifáticas ou cíclicas também interagem fortemente com o oxigênio molecular, sendo um caso bem caracterizado o derivado do ligante Me$_2$octaen:

$$H_3C-NH \left(\begin{array}{c} N \\ H \end{array} \right)_n HN-CH_3$$

Me$_2$octaen n=7

O complexo binuclear $[Co_2(Me_2octaen)]^{4+}$ reage com oxigênio molecular, reversivelmente, formando o complexo $[Co_2(Me_2octaen)(O_2)]^{4+}$ com uma constante de equilíbrio, $\log K(O_2) = 7,5$.

O complexo aquapentacianidoferrato(II), $[Fe(CN)_5H_2O]^{3-}$, apresenta uma configuração eletrônica do tipo d^6 spin baixo, ou t_{2g}^6, e um sítio lábil ocupado pela água, capaz de interagir com outros ligantes, incluindo O_2, da mesma forma que o grupo heme, na hemoglobina. Nesse sistema, o complexo $[Fe^{II}(CN)_5O_2]^{3-}$ não pode ser isolado em virtude da labilidade da ligação Fe-O_2. Na presença de traços de íons de Fe(II) a transferência de elétrons se processa irreversivelmente, gerando íons de Fe(III) e peróxido, de acordo com o seguinte mecanismo:

$$\begin{array}{c} NC \quad CN \\ NC-Fe^{II}-O_2 \\ NC \quad CN \end{array}^{3-} +Fe^{2+} \longrightarrow \begin{array}{c} NC \quad CN \\ NC-Fe^{II}-O_2-Fe^{2+} \\ NC \quad CN \end{array} \xrightarrow[H_2O]{2H^+} \begin{array}{c} NC \quad CN \\ NC-Fe^{III}-OH_2 \\ NC \quad CN \end{array}^{2-} +H_2O_2 +Fe^{3+}$$

Esse exemplo ilustra a reatividade do complexo $[Fe^{II}(O_2)Fe^{II}]$ em relação à transferência de elétrons, gerando íons de Fe^{III} e peróxido de hidrogênio.

Por isso, na hemoglobina, a cadeia proteica tem um papel importante na proteção do oxigênio coordenado, impedindo a entrada de outras espécies redox e a aproximação de dois grupos heme vizinhos, evitando, assim, a formação de uma ponte $[Fe^{II}(O_2)Fe^{II}]$. Dessa forma, ela inibe a ocorrência de reações de transferência de elétrons, que poderiam levar à oxidação do Fe(II) a Fe(III) e à formação de espécies reativas de oxigênio como o H_2O_2, bem como dos outros radicais danosos ao organismo.

O composto modelo mais próximo da hemoglobina foi desenvolvido por Collman e é conhecido como porfirina *picket fence*, ou com cerca protetora. Nele, o núcleo porfirínico é rodeado por uma cerca protetora, como ilustrado na Figura 8.7, e o oxigênio se liga ao íon de Fe^{II} com uma disposição angular, de modo semelhante ao da hemoglobina. A cerca protetora impede a aproximação de outro íon metálico e a oxidação do íon de Fe(II), estabilizando a ligação Fe-O_2.

Figura 8.7
Complexo *picket fence*, ou com cerca de proteção, de Collman, para captura de oxigênio molecular.

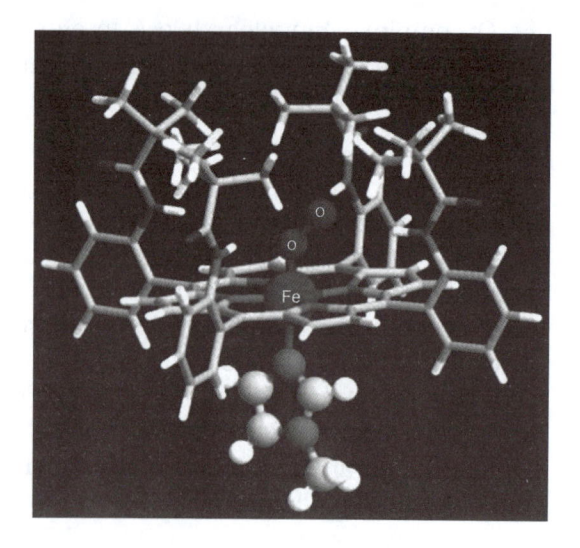

Complexos-modelo do citocromo P450

A química do citocromo P450 está relacionada com a ativação do núcleo heme pelo oxigênio molecular e por outras espécies doadoras de oxigênio. O envolvimento de estados elevados de oxidação como Fe^{IV} nas espécies ativas torna esse centro extremamente reativo, capaz de degradar o próprio anel porfirínico. Compostos-modelo do citocromo P450 têm sido pesquisados por numerosos grupos, inspirados no sistema natural ou voltados para o desenvolvimento de catalisadores redox mais eficientes na oxidação de substratos orgânicos, para fins industriais. Entre esses grupos, a contribuição de Yassuko Iamamoto foi muito relevante para o desenvolvimento da área no Brasil, explorando o uso de substituintes mais eletronegativos, como os clorados e fluorados, como forma de aumentar a estabilidade do centro porfirínico em processos oxidativos. Um exemplo típico de complexo-modelo de citocromo P450 está indicado no esquema. Além da introdução dos grupos Cl no anel porfirínico, os substituintes –CF_3 proporcionam um ambiente hidrofóbico e de proteção ao redor do centro catalítico, evitando processos radicalares. Esse sistema mostrou ser um excelente catalisador de epoxidação de ciclo-hexeno, utilizando iodosil benzeno como agente doador de oxigênio.

Complexos-modelo para decomposição da água (*water splitting*)

A água é o sistema escolhido pela natureza para fornecer elétrons no processo da fotossíntese, por meio da reação:

$$2H_2O \rightarrow O_2 + 4H^+ + 4e^- \quad E = 1,23 \text{ V}$$

Apesar de parecer uma reação simples, ela constitui um dos maiores desafios existentes atualmente para viabilizar os processos de conversão química de energia, principalmente acoplada à energia solar. A oxidação da água é difícil sob o ponto de vista eletroquímico, pois as barreiras termodinâmicas para a transferência de 1 ou 2 elétrons são muito altas.

$$H_2O \rightarrow HO^\bullet + H^+ + e^- \quad E = 2,848 \text{ V}$$

$$2H_2O \rightarrow H_2O_2 + 2H^+ + 2e^- \quad E = 1,776 \text{ V}$$

A transferência de quatro elétrons, apesar de envolver menor barreira energética, exige catalisadores especiais, em grande parte inspirados na enzima fotossintética de manganês, já descrita anteriormente. Um número elevado de complexos-modelo tem sido descrito na literatura. Entre os compostos de manganês, o complexo-modelo que tem desempenho mais destacado foi descrito pelo grupo de E. Karlsson em 2011, como mostrado esquema:

Esse complexo é bastante estável e, na presença de um oxidante, como $[Ru(bipy)_3]^{3+}$ (bipy = bipiridina), realiza a decomposição da água com um *turnover* de 25 (TOF = $0{,}027$ mol s^{-1}).

Compostos de rutênio têm sido bastante investigados como sistemas para decomposição eletroquímica ou foto-eletroquímica da água. A maioria, inicialmente, era basea-da em complexos binucleares com ligantes polipiridínicos. Mais recentemente essa capacidade foi ampliada para os complexos mononucleares, tendo um destaque especial o sistema mostrado no esquema, descrito pelo grupo de L. L. Duan em 2009.

Esse complexo apresenta um ligante dicarboxibipiridina (dcbpy) tetradentado e dois ligantes metilpiridina (picolina = pic) axiais, e é representado pela fórmula $[Ru(dcbipy)(pic)_2]^{2+}$. Sua estrutura peculiar, que facilita a coordenação da água no plano equatorial, gera um intermediário de número de coordenação 7. Na presença de Ce^{IV} como agente oxidante, o complexo catalisa a decomposição da água com um número de *turnover* igual a 120, e frequência (TOF) de $1,6\ s^{-1}$.

Complexos-modelo da vitamina B_{12}

Estudos importantes têm sido inspirados na química da vitamina B_{12}, na qual o sítio ativo é constituído pela corrina, um ligante macrocíclico semelhante à porfirina, porém com menor grau de deslocalização eletrônica, conforme ilustrado anteriormente, na Figura 3.8. Em 1964, foi descoberto que a coenzima da vitamina B_{12} continha um grupo adenosil (R) ligado ao íon cobalto por meio de uma ligação simples Co-C. Nessa mesma época, Schrauzer e colaboradores, pesquisando o complexo bis(dimetilglioximato)cobalto mostrado na Figura 8.8 (denominado "cobaloxima"), demonstraram que o íon cobalto, quando forma complexos planares com ligantes doadores de nitrogênio, possui propriedades similares às do cobalto-corrina encontrado na vitamina B_{12}. Essas cobaloximas proporcionam modelos da coenzima da vitamina B_{12}, podendo o íon cobalto ser facilmente oxidado ou reduzido para gerar os complexos com o metal nos estados de oxidação +1, +2 e +3. O complexo de Co(I) pode ser gerado pela ação do íon tetra-hidroborato, BH_4^-, e tem uma coloração azul intensa. Esse íon é um nucleófilo extremamente forte, e sua reatividade é cerca de 10^7 vezes maior que a do iodeto em reações de substituição do tipo SN_2. Um dos métodos de preparação de organocobaloximas baseia-se justamente na reação nucleofílica do complexo de Co(I) com haletos de alquila, como CH_3I. O produto formado apresenta uma ligação Co-CH_3, típica de compostos organometálicos. Essa ligação tem um caráter não inocente, oscilando entre $Co^{I}\text{-}CH_3^+$, $Co^{II}\text{-}CH_3^{\bullet}$, e $Co^{III}CH_3^-$. Os estudos que envolvem as alquilcobaloximas como compostos-modelo levaram à compreensão do papel catalítico da vitamina B_{12} em enzimas dependentes dessa coenzima.

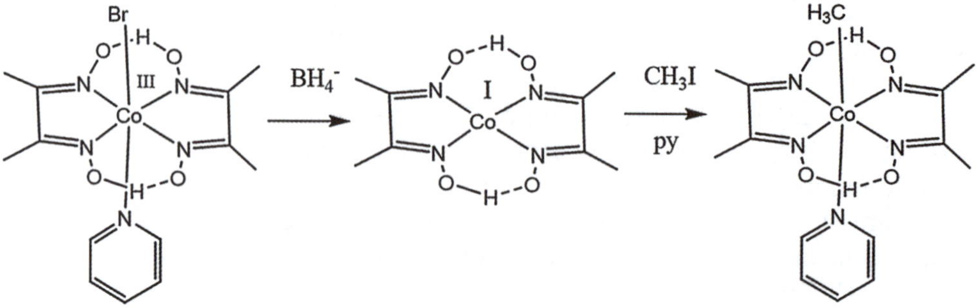

Bromo(piridina)cobaloxima(III)
d^6 spin-baixo

Cobaloxima(I)
d^8 spin-baixo

Metil(piridina)cobaloxima(III)
d^6 spin-baixo

Figura 8.8
Cobaloximas de cobalto proporcionam complexos-modelo da vitamina B_{12}.

Complexos-modelo de enzimas de cobre: tirosinase

As enzimas de cobre apresentam um comportamento bastante diversificado, principalmente em processos redox, e por isso o desenvolvimento de sistemas-modelo tem sido um foco de constante atenção para promover uma melhor compreensão dessas biomoléculas. Trabalhos nessa linha vêm sendo realizados por numerosos grupos de pesquisa, e, no Brasil, um destaque especial cabe a Ana Maria da Costa Ferreira, por seus trabalhos sistemáticos nessa linha. Um exemplo interessante está ilustrado no esquema apresentado a seguir.

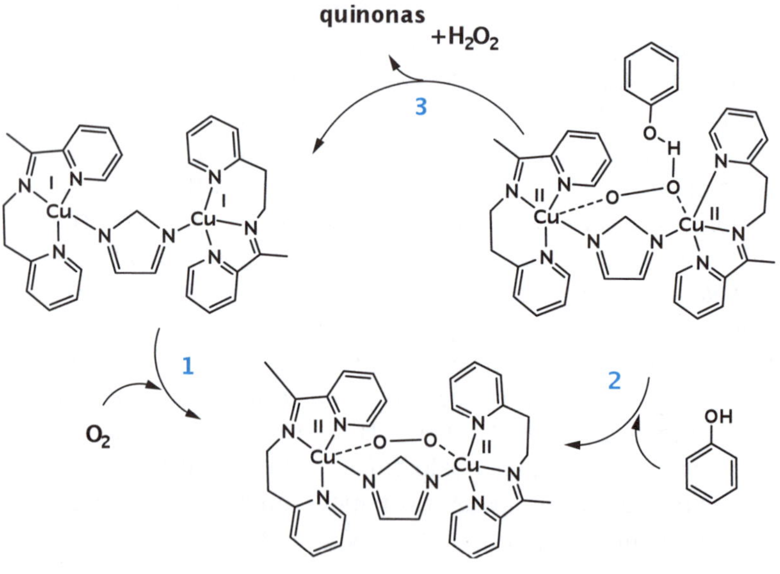

Esse exemplo ilustra um complexo-modelo de tirosinase, com um complexo binuclear de cobre, com os íons metálicos unidos por meio de uma ponte de imidazol. A forma ativa de cobre(I) é gerada no processo, pela ação da espécie fenólica, com absorção de uma molécula de oxigênio, que é convertida em peróxido. Essa espécie promove a oxidação dos grupos fenólicos a quinonas, regenerando as espécies cataliticamente ativas.

Complexos-modelo da fosfatase

As fosfatases atuam na desfosforilação de biomoléculas, como os nucleotídios e o DNA, e são bastante usadas em procedimentos de Biologia Molecular para remover os grupos fosfatos terminais do DNA, impedindo a ligação dessas extremidades com outras moléculas. Vários grupos de pesquisa vêm se dedicando ao estudo das fosfatases e de seus complexos-modelo, estimulados pela presença da estrutura binuclear que permite a ocorrência de interações entre os íons metálicos, do tipo Fe(III)-Fe(II). No Brasil, compostos-modelo, como o ilustrado no esquema, têm sido desenvolvidos pelo grupo de Ademir Neves, com resultados bastante interessantes em termos do comportamento químico e espectroscópico envolvido.

tyr — fosfatase

modelo de fosfatase

Complexos-modelo para a fixação do N_2

A mimetização dos complexos capazes de fixar o nitrogênio molecular ainda é um grande desafio na ciência. O nitrogênio molecular não forma complexos com os íons metálicos em solução, em virtude de sua baixa basicidade e enorme estabilidade proporcionada pela ligação tripla. Por isso, o N_2 é considerado um gás inerte na maioria dos procedimentos de laboratório. Sua ativação exige condições bastante drásticas, quando em fase gasosa, ou então ambientes extremamente redutores, quando em solução. A possibilidade de trabalhar diretamente com o nitrogênio molecular foi despertada pelos estudos de Allen e Senoff, e por Taube, demonstrando a afinidade de metais retrodoadores como Ru(II) pelo nitrogênio molecular.

$$[(NH_3)_5RuH_2O]^{2+} + N_2 \rightarrow [(NH_3)_5RuN_2]^{2+} + H_2O$$

Apesar de ser um ligante bem mais fraco, o N_2 tem alguma similaridade com o CO, interagindo com metais de configuração d^6 em estados de oxidação baixos, como Ru(II) e Os(II). Estes apresentam orbitais $d\pi$, preenchidos para efetuar ligações com os orbitais $p\pi^*$ vazios do N_2.

Complexos de titânio(II) mostraram-se capazes de reagir com N_2 e promover sua redução eletroquímica até hidrazina, N_2H_4, ou amônia, NH_3.

$$Ti(OR)_2 + N_2 \rightarrow [Ti(OR)_2N_2]$$

$$[Ti(OR)_2N_2] + 4H^+ + 4e^- \rightarrow [Ti(OR)_2] + N_2H_4$$

$$[Ti(OR)_2N_2] + 6H^+ + 6e^- \rightarrow [Ti(OR)_2] + 2NH_3$$

Complexos de molibdênio e tungstênio no estado de oxidação zero, com fosfinas (PR_3) e nitrogênio molecular, têm sido investigados sistematicamente no laboratório de J. Chatt, revelando a capacidade de decomposição em meio ácido, à temperatura ambiente, liberando NH_3.

$$[M(N_2)_2(PR_3)_4] + H^+ \rightarrow 2NH_3 + N_2 +$$
$$+ \text{ produtos de decomposição.}$$

$$(M = Mo, W, R = \text{alquil ou aril})$$

Um complexo particularmente interessante está ilustrado no esquema:

Estudos teóricos feitos para esse sistema mostraram a viabilidade das rotas de redução do N_2, assimilando prótons no nitrogênio terminal e recebendo os elétrons do metal, de forma sucessiva, como no esquema a seguir.

$$M-N \equiv N \xrightarrow{H+,\ e-} M = N = N - H \xrightarrow{H+,\ e-} M \equiv N - NH_2$$
$$\xrightarrow{H+,\ e-} M \equiv N + NH_3 \xrightarrow{3H+,\ 3e-} M + NH_3$$

Dessa forma, a redução total poderá conduzir à amônia, ou poderá parar em uma etapa intermediária, para gerar hidrazina.

Sistemas desse tipo ainda não competem com o Processo Haber, mas fornecem informações importantes que poderão ser aperfeiçoadas no futuro ou que irão auxiliar na compreensão do mecanismo da fixação biológica, pela nitrogenase.

Complexos-modelo para a redução do CO_2

Os aumentos crescentes da concentração de CO_2 na atmosfera têm sido apontados como responsáveis pelo aumento da temperatura do globo terrestre nos últimos anos, desencadeando mudanças climáticas que estão sendo observadas em todos os países. Esse fato tem estimulado as pesquisas de aproveitamento do CO_2 como reagente na geração de compostos mais valiosos, sob o ponto de vista químico ou energético.

Embora estejam ainda muito distante da atuação dos sistemas enzimáticos promovidos pelas bactérias metanogênicas, muitos esforços estão se concentrando na redução química, fotoquímica ou eletroquímica do CO_2.

O complexo binuclear de cobre(II), ilustrado na Figura 8.9, quando reduzido eletroquimicamente a Cu(I), incorpora duas moléculas de CO_2, seguido por transferência de elétrons, gerando o radical $CO_2^{\bullet-}$ coordenado a íons de Cu(II). Esses radicais sofrem dimerização, dando origem a íons oxalato como pontes em uma estrutura tetranuclear. A dissociação desse complexo produz oxalato, regenerando o complexo de partida.

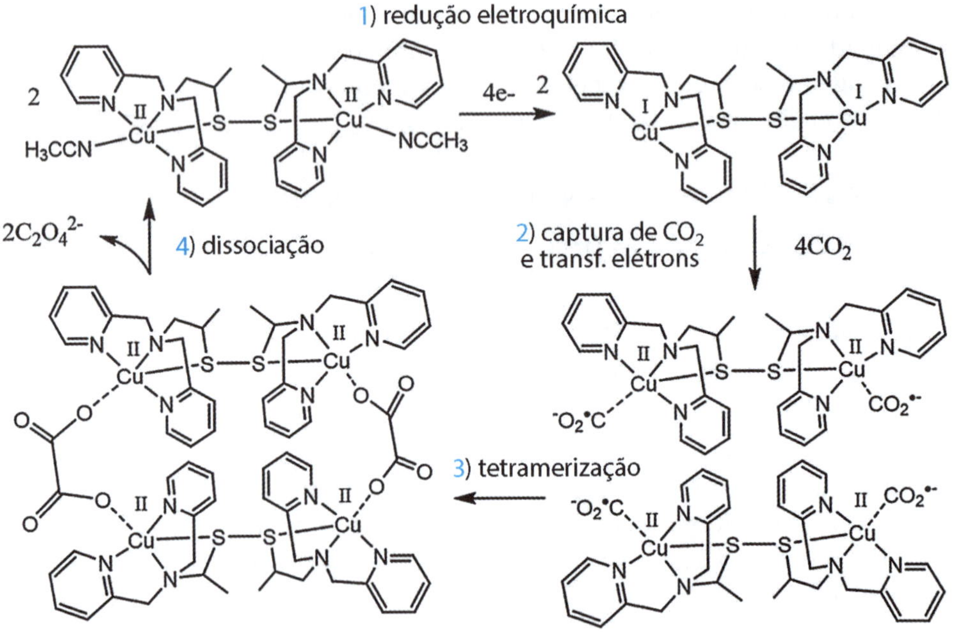

Figura 8.9
Complexo-modelo capaz de fazer a redução eletroquímica do CO_2, produzindo oxalato, de acordo com as etapas 1-4.

Outro complexo interessante investigado por C. G. C. M. Netto está ilustrado no esquema:

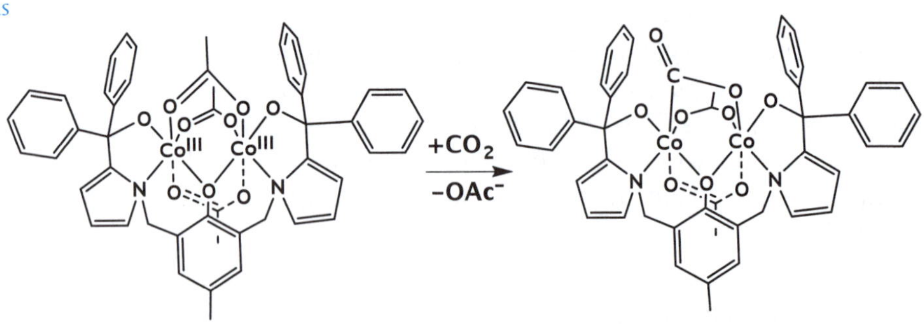

Esse complexo binuclear de cobalto contém o ligante conhecido como Trost-bis(Profenol), BPP, ou Co_2BPP, e interage diretamente com CO_2, substituindo o ligante acetato de ponte. O complexo de CO_2 sofre redução eletroquímica em $-0,5$ V, convertendo o CO_2 em ácido fórmico.

Sistemas supramoleculares

A exploração dos conceitos supramoleculares amplia enormemente a possibilidade de desenvolvimento de sistemas inicialmente inspirados na Biologia, embora voltados para outras aplicações. Uma estratégia interessante na Química Supramolecular é a combinação de unidades moleculares com propriedades complementares: a) capazes de realizar catálise, como as metaloporfirinas; b) atuar como cofatores na transferência de elétrons; c) absorver luz e ejetar/impulsionar elétrons ou fótons. Alguns exemplos de unidades moleculares complementares podem ser vistos na Figura 8.10.

Figura 8.10
Unidades moleculares para construção de sistemas supramoleculares, combinando suas características fotônicas (A), catalíticas (B), fotocatalíticas/eletrônicas (C) e redox (D).

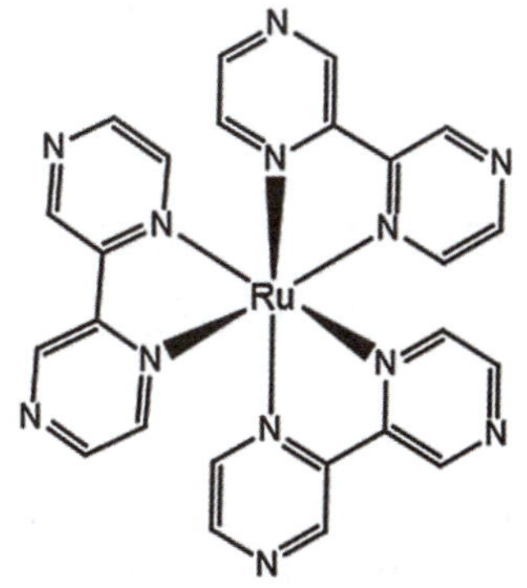

A) complexos poli-N-heterocíclicos de rutênio = bombas fotônicas

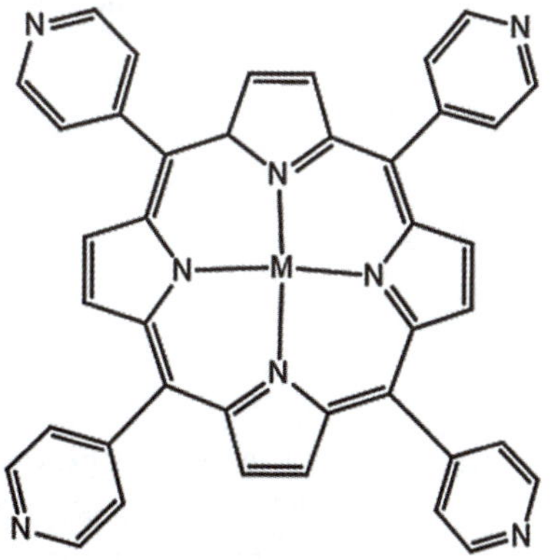

B) metal-tetrapiridilporfirinas (MTPyP) = centros catalíticos

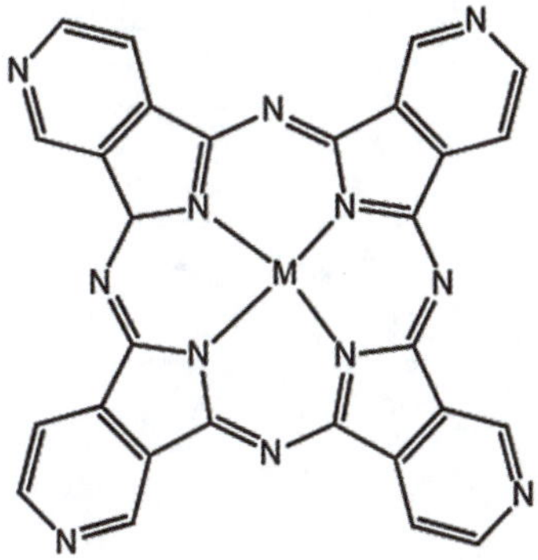

C) porfirazinas/ftalocianinas = fotocatalisadores

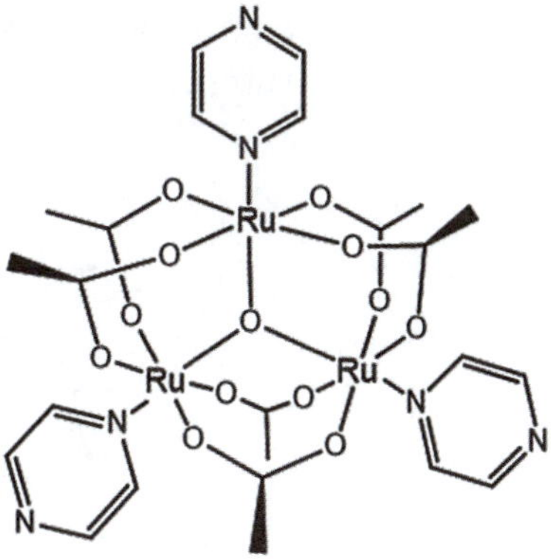

D) Clusters de rutênio = centros redox

A combinação de unidades porfirínicas (catálise) com complexos polipiridínicos de rutênio (fotoinjetores/fotorredox) permite efetuar a montagem de novas unidades moleculares, denominadas TRP (*tetraruthenated porphyrins*) capazes de usar luz ou elétrons para promover transformações químicas ou catalíticas, como no exemplo:

Essas unidades ou supermoléculas foram desenvolvidas por Koiti Araki, na Universidade de São Paulo, e têm dado origem a sensores analíticos para uma grande diversidade de aplicação na área química, de alimentos e ambiental.

Outro exemplo interessante é proporcionado pela combinação das porfirinas com os *clusters* triangulares de rutênio.

Esses *clusters* de rutênio apresentam uma unidade central Ru_3O triangular, na qual os íons de rutênio apresentam estados oxidação II, III e IV acessíveis, em uma faixa de potencial de -2 a $+2V$. Dessa forma, podem, em princípio, transferir ou armazenar até nove elétrons por unidade, sendo mais comum cinco elétrons, em virtude da limitação da faixa eletroquímica da maioria dos solventes. A combinação dos *clusters* de rutênio com as porfirinas aumenta sua capacidade redox, atuando como cofatores na transferência de elétrons, a exemplo dos centros ferro-enxofre das ferredoxinas. Curiosamente, em um ambiente redutor, os sítios Ru^{II} tornam a metaloporfirina capaz de realizar a transferência de quatro elétrons na redução do oxigênio molecular, mimetizando a propriedade mais importante da enzima citocromo-c-oxidase. Essa mesma supermolécula, em um ambiente oxidante capaz de gerar íons de Ru^{IV}, adquire a capacidade de promover reações de oxidação semelhantes às realizadas pela enzima citocromo P450, com bastante eficiência.

É interessante notar que o complexo ativo na citocromo P450 envolve grupos extremamente reativos $(P^{\bullet+})Fe^{IV} = O$, capazes de decompor o próprio centro heme, razão pela qual a cadeia proteica é absolutamente necessária como forma de evitar a aproximação entre esses centros, como mostrado no esquema a seguir.

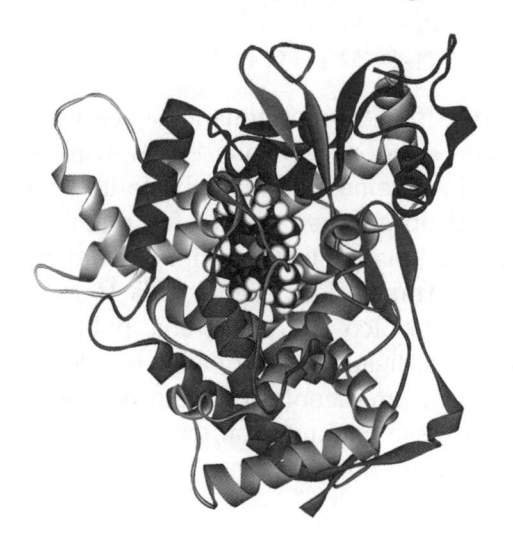

Estratégias supramoleculares vêm sendo desenvolvidas, como o engaiolamento do centro porfirínico em cavidades específicas, para tornar possível seu emprego em processos catalíticos. Nas supermoléculas de porfirinas, conforme exemplificado na Figura 8.11, os próprios complexos periféricos podem servir de proteção contra a autodegradação do centro porfirínico, viabilizando seu emprego direto como modelo biomimético da citocromo P450.

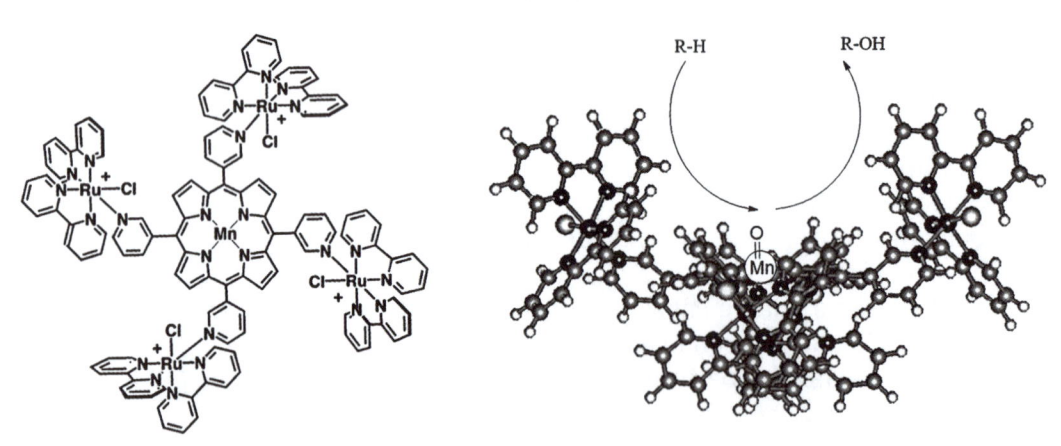

Figura 8.11
Porfirinas supramoleculares podem usar o efeito de proteção dos complexos laterais, gerando cavidades capazes de acomodar os substratos e realizar catálise oxidativa, sem o risco da autodegradação observado nos complexos sem esse tipo de proteção.

A combinação de complexos fotoativos com centros catalíticos ou redox tem permitido o desenvolvimento de sistemas biomiméticos em fotossíntese, com os mais variados níveis de sofisticação.

Fotossíntese artificial

A fotossíntese tem proporcionado lições importantes no aproveitamento da energia solar e tem inspirado o desenvolvimento de sistemas artificiais bastante promissores. O ponto central no aproveitamento fotoquímico da energia solar está relacionado com a excitação óptica e a separação das cargas transferidas na molécula. Geralmente se usa um centro porfirínico (P) ou rutênio-polipiridínico como bomba fotônica, ligado a um doador de elétrons, como o caroteno (C) e a um receptor de elétrons, como uma hidroquinona (Q). Esse conjunto, ou tríade fotoquímica Q-P-C, está exemplificado no esquema:

carotenoide (C)   **porfirina (P)**   **quinona (Q)**

A excitação da porfirina promove a transferência de um elétron para a quinona, e é seguido da captura de um elétron do caroteno, gerando uma tríade C^+-P-Q^-, em que as cargas estão separadas nos dois extremos. T. A. Moore colocou essa tríade na membrana de um lipossoma, junto de uma ATP-sintase, como mostrado na Figura 8.12. Na presença de uma quinona solúvel, Qs, na membrana, o elétron será transferido do terminal Q^- para Qs, formando uma quinona radical em paralelo com a captura de um próton na membrana externa. Essa quinona, ao encontrar o centro C^+ da tríade, é regenerado por transferência de elétron, liberando um próton que vai para o interior do lipossoma. A ativação de uma ATP-sintase pelo transporte de próton leva à produção de ATP em rendimentos comparáveis com os obtidos na fotossíntese natural.

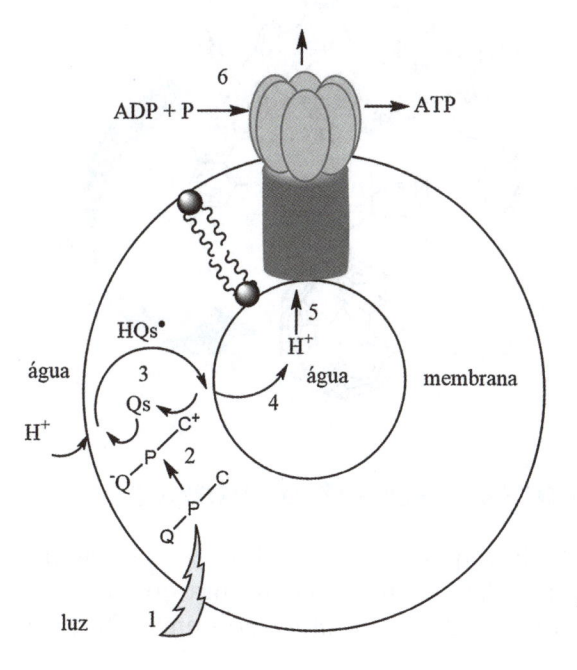

Figura 8.12

Sistema de fotossíntese artificial em lipossoma, que emprega a tríade quinona-porfirina-caroteno (Q-P-C) acoplada à síntese de ATP: 1) fotoexcitação; 2) separação de cargas; 3) transferência de elétron e próton para uma quinona solúvel, Qs, e regeneração da quinona por transferência de elétrons; 4) transferência de prótons para o interior da micela; 5) transporte de prótons; 6) ativação da ATP-sintase.

Outro sistema fotoquímico bastante interessante foi desenvolvido por Moore e colaboradores, utilizando uma estratégia supramolecular cuja montagem está ilustrada na Figura 8.13. Esse sistema faz uso de um par de porfirinas, como bomba fotônica, ligado a um sistema de antenas aromáticas que absorve desde 300 nm até 650 nm. A energia captada pelas antenas é transferida para a bomba fotônica, que, no estado excitado, transfere um elétron para o grupo fulereno ancorado no sistema, levando a uma separação de carga, com tempo de vida de 230 ps e eficiência quântica próxima de 1.

Figura 8.13
Bomba fotônica, com receptores (antenas) que captam luz e excitam as porfirinas de zinco. O acoplamento coordenativo da unidade receptora formada pelo fulereno permite captar os elétrons, promovendo eficiente separação de carga para uso em fotossíntese artificial.

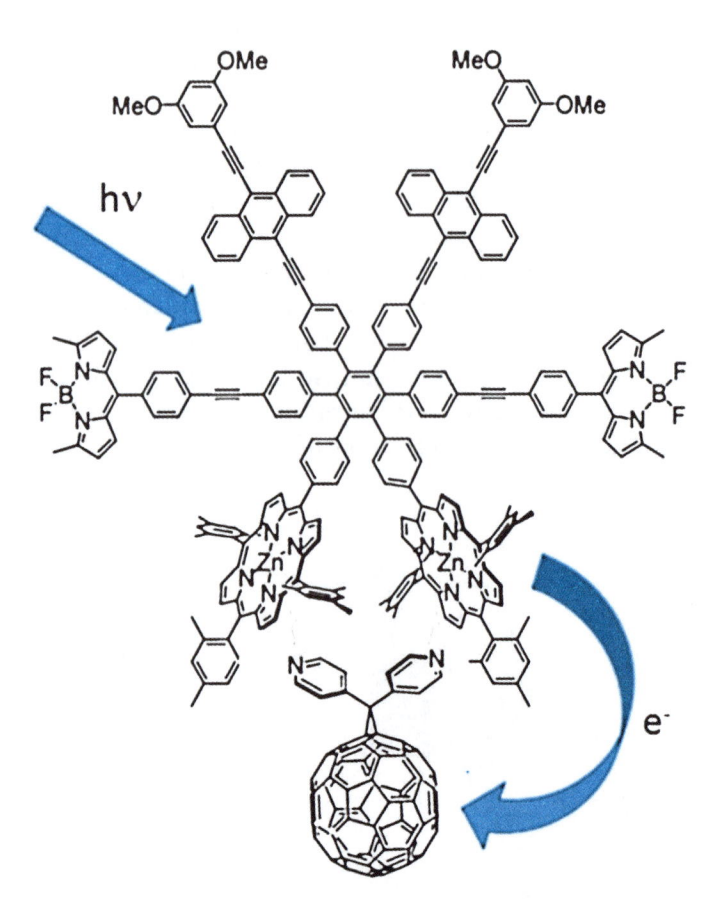

Células solares fotoeletroquímicas

As células fotoeletroquímicas permitem o aproveitamento da energia solar por meio da captura dos fotoelétrons ejetados após a excitação, utilizando uma interface semicondutora formada por nanocristalitos de TiO_2. Para isso, são projetadas moléculas sensibilizadoras capazes de serem excitadas e de injetarem elétrons na banda de condução vazia do TiO_2 para gerar uma fotocorrente. Após a fotoinjeção, o sensibilizador no estado oxidado é regenerado com o transporte de elétrons que vêm do outro eletrodo, por meio de mediadores redox, como o par I_3^-/I^-. A montagem dessas células está mostrada na Figura 8.14.

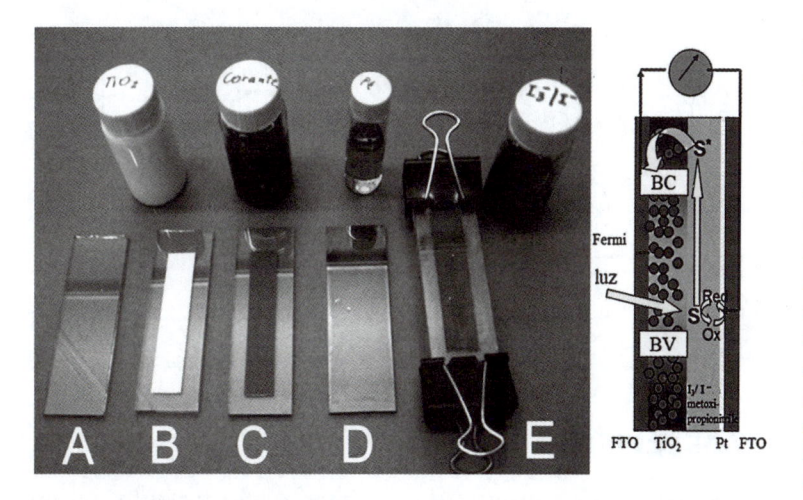

Figura 8.14
Montagem de uma célula fotoeletroquímica utilizando dois vidros condutores (A, D), seguido da deposição de uma camada de TiO_2 (nanocristalino) e da adsorção química de corantes fotoinjetores (B, C) e do fechamento após a adição do mediador redox (E). À direita, o corante excitado injeta elétrons na banda de condução (BC) do TiO_2, dando origem a uma fotocorrente. O corante é regenerado pelo mediador S, que circula entre os dois eletrodos.

Da mesma forma como na fotossíntese artificial, podem ser projetadas moléculas fotoinjetoras com maior capacidade de captação de luz (efeito antena), e que estejam energeticamente acopladas de tal forma que os elétrons migrem na direção do TiO_2. Em outras palavras, a transferência de elétrons deve ser dirigida vetorialmente, e para isso a posição dos níveis de energia de todas as espécies deve ser rigorosamente planejada. Um exemplo típico de sistema projetado para essa finalidade está ilustrado na Figura 8.15.

Nesse exemplo estudado no laboratório de Química Supramolecular e Nanotecnologia da USP, a espécie fotoinjetora é uma carboxi-tris(piridil)porfirina (CTPyP) ancorada sobre o TiO_2. Sua eficiência é relativamente baixa, por causa do perfil espectral, que absorve apenas uma fração do espectro da luz incidente. Utilizando complexos de rutênio com dimetilbipiridina (dmbpy) ligados à porfirina, é possível aumentar bastante a cobertura do espectro de absorção no visível. Tais complexos foram planejados para atuar como fotoinjetores secundários, apresentando uma disposição correta dos níveis de energia para viabilizar a transferência vetorial de elétrons no sentido do eletrodo. Com isso, obtém-se um aumento de sete vezes no rendimento da célula solar.

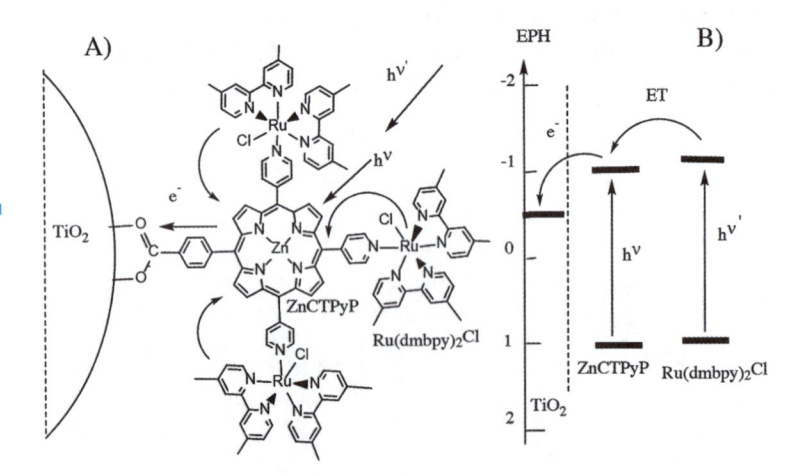

Alosterismo

Alosteria vem do grego *allos* = outro e *stereos* = forma ou estrutura. As enzimas alostéricas apresentam um comportamento duplo, distinto das enzimas normais, afastando-se do previsto pelo modelo Michaelis-Menten. Elas geralmente apresentam curvas sigmoides da velocidade da reação *versus* concentração de substrato, e dependem de substâncias ou metabólitos que regulam sua atividade. Essas substâncias também são chamadas de efetuadores (*effectors*) ou moduladores alostéricos, e podem exercer um efeito positivo, atuando como ativadores para aumentar a velocidade da reação, ou um efeito negativo, atuando como inibidores para reduzir a velocidade. A ação alostérica dos metabólitos permite que a enzima seja ativa, gerando mais produtos quando necessário, ou menos ativa, reduzindo sua atividade quando os produtos estiverem se acumulando. Esse processo está ilustrado didaticamente na Figura 8.16.

O controle alostérico das reações é um grande desafio na Química Supramolecular, por ser um passo importante na direção de sistemas mais inteligentes ou autorregulados.

Por exemplo, o ligante macrocíclico, com o grupo bis-
-etilenodiamina mostrado na Figura 8.17, apresenta uma
ampla cavidade central; contudo, na presença de íons de
Zn^{2+}, a formação de complexo torna essa cavidade menor e
mais adequada para alojar espécies planares, como a sulfa,
utilizada como medicamento. Nesse exemplo, o Zn^{2+} atua
como um efetuador, que controla a entrada e a saída do
medicamento alojado na cavidade macrocíclica.

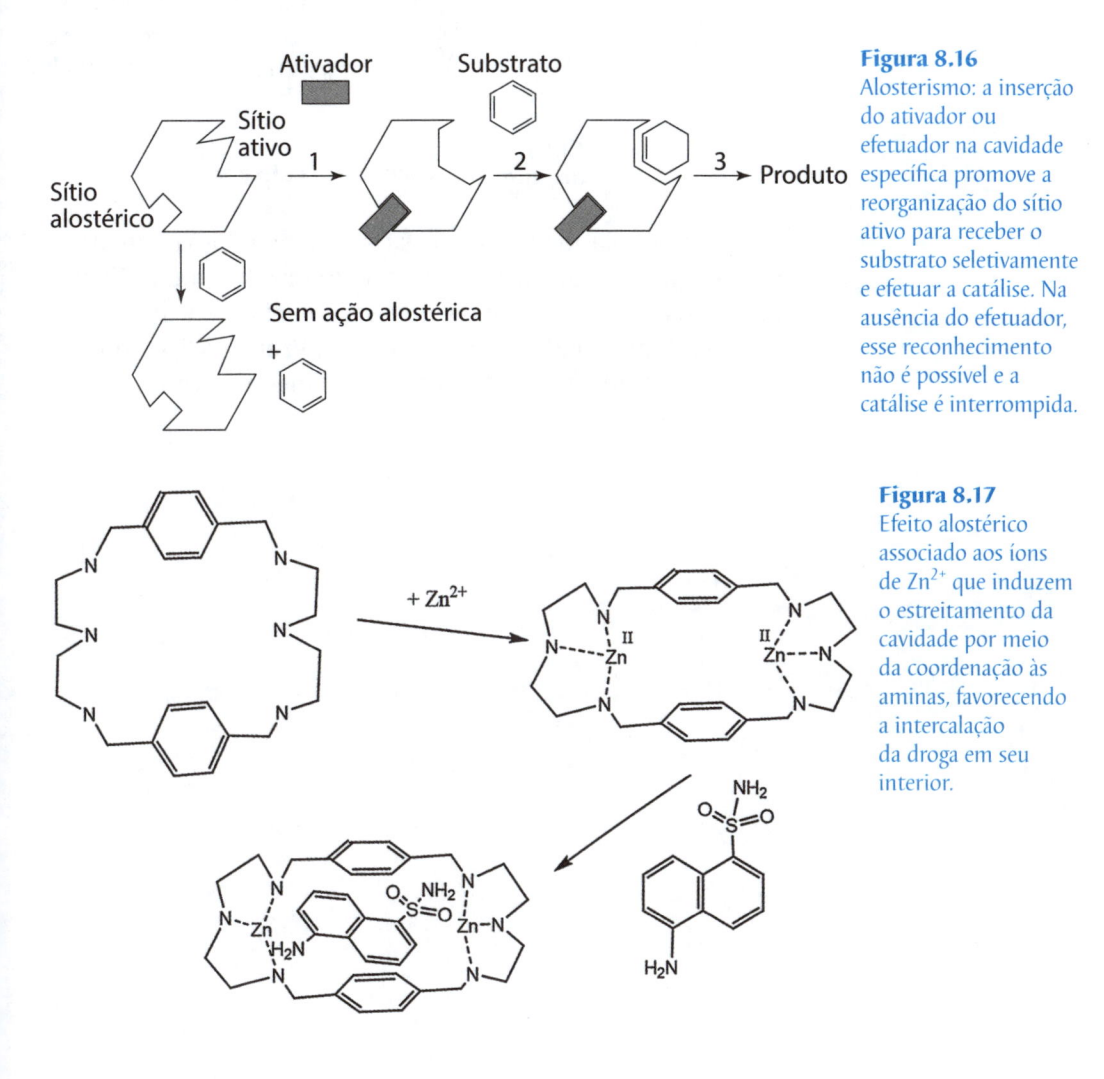

Figura 8.16
Alosterismo: a inserção
do ativador ou
efetuador na cavidade
específica promove a
reorganização do sítio
ativo para receber o
substrato seletivamente
e efetuar a catálise. Na
ausência do efetuador,
esse reconhecimento
não é possível e a
catálise é interrompida.

Figura 8.17
Efeito alostérico
associado aos íons
de Zn^{2+} que induzem
o estreitamento da
cavidade por meio
da coordenação às
aminas, favorecendo
a intercalação
da droga em seu
interior.

Outro exemplo de ação alostérica está mostrado no esquema a seguir.

Cu(I)
atuador

2

1

fullereno
=hóspede

receptor = calixareno

A molécula mostrada nesse esquema é capaz de atuar como uma pinça, aprisionando o fulereno (etapa 1) por meio dos anéis de calixareno, cujo fechamento/abertura pode ser controlado pela coordenação/remoção de íons de Cu(I) junto aos ligantes bipiridínicos internos (etapa 2).

9

SAÚDE, NUTRIÇÃO E BIOINORGÂNICA MEDICINAL

As vitaminas são constituintes dos alimentos e são normalmente ingeridas em doses mínimas, inferiores a 0,1 g para cada 1 kg de massa corpórea por dia. Elas são essenciais à manutenção da vida. Pelo fato de não serem sintetizadas pelo organismo humano, seu suprimento depende de fontes externas, principalmente das plantas.

As vitaminas diferenciam-se, em primeiro lugar, por sua solubilidade em água ou em fase orgânica. As vitaminas solúveis em água distribuem-se pelo organismo e dificilmente são armazenadas. Os principais exemplos são as do grupo B e a vitamina C; e têm como característica a presença de grupos polares (-OH) e carboxílicos, que interagem fortemente com a água. As vitaminas solúveis em fase orgânica são do tipo A, D, E, F e K, e tendem a se concentrar nos tecidos gordurosos do organismo, principalmente no fígado. Geralmente apresentam cadeias de hidrocarbonetos e anéis apolares, mais compatíveis com o meio hidrofóbico.

Os principais tipos de vitaminas podem ser vistos na Tabela 9.1.

A vitamina A, ou retinol, participa do mecanismo de visão, e é sintetizada no organismo a partir do -caroteno (provitamina A), existente na cenoura. A luz, quando atinge a retina, pode ativar dois tipos de células receptoras, com formato de cone ou de bastonete. Existem cerca de

3 milhões de células cônicas e 1 bilhão de bastonetes em nossa retina; as primeiras são sensíveis à luz mais intensa, e distinguem a cor, enquanto os bastonetes só atuam sob luz fraca e não captam diferenças de cor. É por isso que, no escuro, todos os gatos são pardos!

Tabela 9.1 – Vitaminas

Nome	Requisito diário	Doenças provocadas pela deficiência	Fontes
A – Retinol	5.000 unidades	Cegueira noturna	Fígado, frutas e vegetais
B_1 – Tiamina	1,5 mg	Beribéri	Sementes, pão de trigo integral, carne de porco
B_2 – Riboflavina	1,7 mg	Queilose de pele	Germe de trigo, levedura, carnes
B_3 – Niacina	2 mg	Pelagra	Carnes, levedura, legumes
B_5 – Ac. pantotênico	10 mg	Distúrbio neuromotor	Levedura, fígado, ovos
B_6 – Piridoxina	2 mg	Anemia, lesões na pele	Fígado, germe de trigo, castanhas
B_7 – Biotina	0,3 mg	Dermatite	Fígado, levedura, grãos
B_9 – Ac. fólico	0,4 mg	Anemia, problemas gastrointestinais	Verduras, fígado
B_{12} – Cobalamina	6 g	Anemia	Carnes
C – Ac. ascórbico	60 mg	Escorbuto	Frutas, vegetais
D – Calciferol	400 unidades	Raquitismo	Óleo de fígado de peixes
E – Tocoferol	30 unidades	Hemólise	Óleos vegetais
F – Ac. linoleico		Lesões, eczema	Gordura de porco, alimentos gordurosos
K – Filoquinona	~0,1 mg	Hemorragia	Verduras

A rodopsina é o pigmento fotossensível existente nas células receptoras, sendo formada de uma molécula de 11-*cis*-retinal, derivada da vitamina A, e de uma parte proteica, conhecida como opsina. A cenoura é particularmente rica em β-caroteno, que é convertido em vitamina A em nosso corpo, daí seu efeito benéfico para a visão. Quando a luz é absorvida pela 11-*cis*-retinal, a molécula passa para a forma *trans* e, com isso, ela acaba se movimentando da base proteica em que estava alojada. Esse movimento é captado pelas células dos nervos ópticos em contato com a retina, transformando-se em impulsos elétricos que chegam ao nosso cérebro, produzindo a sensação da visão.

β-caroteno

vitamina A

As vitaminas do grupo B (complexo B) atuam em conjunto, na mitocôndria, como coenzimas de reações associadas à produção de energia. Por serem solúveis em água, são facilmente eliminadas durante o preparo dos alimentos. A vitamina B_{12} é um caso muito especial, já comentado anteriormente, pela função organometálica exercida pelo centro Co(corrina) no rearranjo das ligações químicas, incluindo a síntese do heme.

A vitamina C tem ação antioxidante no organismo, e participa da síntese do interferon, que previne a entrada de vírus nas células.

vitamina C (ácido ascórbico)

A vitamina D é um suprimento importante para a calcificação e o crescimento, geralmente ministrado às crianças em fase de amamentação.

A vitamina E é um importante agente antioxidante constituído por tocoferóis, que têm características lipofílicas. As membranas celulares, particularmente ricas em ácidos insaturados, são beneficiadas pela ação protetora da vitamina E. Os radicais livres, como o íon superóxido, atacam principalmente as duplas ligações, produzindo novos radicais que acabam comprometendo a estrutura da membrana. Por isso, a presença de altas concentrações de radicais livres na região das membranas celulares leva a uma situação conhecida como estresse oxidativo. A vitamina E, presente na membrana celular, por ser facilmente oxidável em virtude de sua natureza fenólica, bloqueia a cadeia de propagação de radicais. Assim, essa vitamina ajuda a manter a integridade do sistema circulatório e do sistema nervoso central, além de melhorar o funcionamento dos rins, do fígado e dos pulmões.

α–tocoferol (vitamina E)

Aditivos químicos nos alimentos

Os alimentos não proporcionam apenas os nutrientes e os materiais energéticos para a manutenção da vida; seu consumo é acompanhado de sensações agradáveis, relacionados com seu aroma e sabor.

Assim como o mecanismo da visão se prende às transformações químicas provocada pela luz, a percepção do cheiro e do gosto das substâncias também tem bases moleculares.

O cheiro e o gosto estão associados a determinados tipos de resposta provocados pelas moléculas, quando interagem com as zonas sensoriais localizadas na cavidade oral. Essas zonas estão ligadas aos terminais nervosos que conduzem o estímulo até o cérebro. A interação responsável pelo cheiro parece ser fortemente dependente da geometria molecular.

O gosto pode ser enquadrado nos padrões convencionais: doce, salgado, azedo e amargo. Enquanto os gostos salgado, azedo e amargo podem ser associados a substâncias salinas, ácidas e alcalinas, respectivamente, o gosto adocicado pode ser constatado em substâncias bastante diferentes, que nada têm a ver com os açúcares. A sacarina, por exemplo, é cerca de 300 vezes mais doce que o açúcar de cana, e não tem qualquer valor nutritivo. Por isso, foi um adoçante artificial dos mais usados há até poucos anos, antes de ser considerada pouco recomendável, pelo fato de provocar câncer em cobaias, quando em altas doses.

O aspartame é um dipeptídio de ácido aspártico e do éster metílico da fenilalanina, 180 vezes mais doce que o açúcar. Em termos de calorias, se assemelha às proteínas, contudo, a quantidade usada, que é bem menor que a do açúcar convencional, proporciona uma redução significativa no número de calorias.

sacarina

aspartame

Alguns compostos, como o glutamato de sódio, intensificam o sabor das substâncias, atuando, possivelmente, em conjunto com elas no estímulo das zonas sensoriais. Já o sabor apimentado é transmitido pela capsaicina.

capsaicina

O aroma característico do alho está associado à alicina, que só pode ser detectado no instante em que o grão é cortado. A alicina é muito instável e se converte rapidamente no ajoeno, produto que tem atividade citotóxica e inibidora da agregação de plaquetas.

allicina **ajoeno**

Já o fator lacrimejante da cebola é a molécula de pro-panotial-S-óxido:

Os alimentos processados incorporam uma série de aditivos que ajudam a evitar ou retardam a degeneração, a oxidação ou a ação de microrganismos. Outros aditivos atuam sobre o sabor e o aroma dos alimentos, bem como sobre sua aparência, proporcionando cor, consistência e outras características organolépticas.

Os principais aditivos químicos usados na alimentação estão relacionados na Tabela 9.2.

Os conservantes evitam a ação dos microrganismos e a oxidação dos alimentos. Uma forma de preservar os alimentos é efetuando sua desidratação, visto que os microrganismos não se desenvolvem na ausência de água. A esterilização por meio de aquecimento, o congelamento de preferência sob vácuo e a irradiação são outras formas de preservar os alimentos. É interessante notar que os alimentos com alto teor de sal ou açúcar também estão protegidos da ação dos microrganismos. A alta concentração de sal ou açúcar gera uma situação hipertônica ao redor dos microrganismos, provocando um fluxo osmótico responsável por sua desidratação e destruição. Os conservantes químicos podem atuar no nível da membrana celular, nos mecanismos de reprodução genética ou na atividade enzimática celular dos microrganismos, interferindo, por exemplo, no ciclo de Krebs.

Os complexantes como o EDTA são usados para reagir com cátions metálicos, como Cu^{2+} e Fe^{3+}, presentes nos alimentos, e, dessa forma, inibir sua ação catalítica no processo de oxidação com o oxigênio do ar.

Tabela 9.2 – Aditivos químicos utilizados na alimentação	
Função	**Compostos**
Acidulantes	Ácido acético, ácido cítrico, ácido lático, ácido sórbico, ácido tartárico
Antioxidantes	Ácido ascórbico, t-butil-hidroxianisol, t-butil-hidroxitolueno, lecitina, SO_2.
Antiaglomerantes	Silicato de cálcio, citrato de ferro e amônio
Emulsificantes	Mono e diglicerídios de ácidos graxos
Umectantes	Poliálcoois: glicerol, propilenoglicol, sorbitol
Conservantes	Ácido benzoico, ácido propiônico, ácido sórbico e seus sais de sódio, sulfito de sódio
Intensificadores de sabor	Glutamato de sódio
Adoçantes	Aspartame, manitol, sacarina, sorbitol
Complexantes	Ácido cítrico, EDTA, pirofosfatos, tartaratos
Espessantes	Ágar-ágar, gelatinas
Aromáticos	Acetato de bornila (pinho, cânfora)
	Aldeído cinâmico (canela)
	Citral (limão)
	Etilvanilina (vanilina)
	Acetato de gerânio (gerânio)
	Mentol (menta)
	Antranilato de metila (uva)
	Óleo de laranja (laranja)
	Óleo de hortelã (hortelã)

Fonte:

Produtos naturais

Nossa flora, cada vez mais reduzida, ainda abriga uma imensa biblioteca de espécies, cada qual armazenando um conjunto inestimável de compostos químicos produzidos pela natureza. Se a Química responde pelos mecanismos da vida, então nos compostos químicos devem estar os segredos escondidos em cada espécie, e que justificam a biodiversidade existente em nosso mundo. Infelizmente, com a devastação sistemática das matas, muitas espécies já não mais existem, e, infelizmente, seu conteúdo químico sequer foi conhecido ou explorado.

Voltando para o primeiro capítulo, fica claro que as características da flora nas diferentes partes do planeta refletem um notável processo de adaptação ao longo do tempo, frente às condições climáticas e ambientais reinantes. Assim como tem sido possível traçar uma linha evolutiva, a partir da análise dos aminoácidos constituintes do citocromo-C, desde os organismos primitivos até o homem, muitos dos compostos químicos encontrados nas plantas também podem encerrar a história de sua evolução. O traçado desses produtos naturais, começando por suas origens, composição e sistemática estrutural, podem revelar uma nova visão da ecologia sob o ponto de vista micromolecular. Da mesma forma que os animais, as plantas também são sensíveis aos poluentes ambientais, ao estresse oxidativo e às mudanças das condições em seu *habitat* natural. A busca pela sinalização desses efeitos, que devem estar refletidos nos produtos químicos naturais, foi uma tarefa monumental perseguida por Otto Richard Gottlieb (Figura 9.1), um dos pais da fitoquímica brasileira.

Figura 9.1
Otto Richard Gottlieb nasceu na Checoslováquia em 1920. Realizou seus estudos no Brasil, diplomando-se em Química pela Escola Nacional de Química no Rio de Janeiro, em 1945. Percorreu uma longa trajetória como docente em várias instituições brasileiras. Obteve o grau de doutor/livre-docente em 1966 pela UFRJ, e de professor titular na USP em 1975. De 1967 a 1990, dirigiu um dos mais produtivos laboratórios de pesquisa em produtos naturais no país, como docente da Universidade de São Paulo. Cientista consagrado, formou mais de uma centena de mestres e doutores em Fitoquímica, consolidando essa importante área de pesquisa em nosso país. Após sua aposentadoria na USP, em 1990, continuou seus trabalhos na Fundação Instituto Oswaldo Cruz no Rio de Janeiro, permanecendo ativo até seu falecimento, em 2011.

Moléculas mensageiras em sistemas biológicos

Semioquímica

A Semioquímica diz respeito à comunicação química. Os feromônios, por exemplo, são moléculas semioquímicas usadas na comunicação entre membros da mesma espécie. As substâncias aleloquímicas, por outro lado, são usadas na comunicação entre diferentes espécies. Fungos, plantas, corais, insetos, peixes e mamíferos empregam alguma forma de atividade semioquímica.

Os feromônios dos lepidópteros (borboletas) são formados por um conjunto de moléculas lineares, com um grupo com oxigênio na posição terminal, e algumas ligações duplas na cadeia:

$n = 0$ a 4 R = CH$_2$OAc, CHO, CH$_2$OH

Algumas substâncias como citral, citronela e 2-heptanona têm sido identificadas como feromônios de alarme, emitidos por formigas trabalhadoras, ao serem molestadas.

heptanona-2

citronela

Os feromônios de uma variedade de moscas são derivados da estrutura espirocetal, com diferentes substituintes.

Da mesma forma, os animais são sensíveis aos diferentes cheiros transmitidos por substâncias químicas, servindo de atrativos ou repelentes, usados para as mais diversas finalidades.

Tranquilizantes e estimulantes

As drogas que afetam o cérebro ou o sistema nervoso atuam inibindo ou estimulando a ação de neurotransmissores, ou então bloqueando seus sítios receptores. Como exemplo temos os analgésicos, como a morfina, codeína e heroína. O organismo sintetiza peptídios conhecidos como encefalinas e endorfinas que atuam para diminuir a dor. Nosso limite de resistência à dor está relacionado com a quantidade desses neuropeptídios no sistema nervoso central. A heroína é capaz de se associar reversivelmente com os sítios receptores dos neuropeptídios, o que leva, da mesma forma, à supressão da dor. Entretanto, com o uso prolongado de heroína, o organismo deixa de produzir encefalinas e endorfinas, e se instala o quadro de dependência em relação à droga.

Os analgésicos como a cocaína, a novocaína e a xilocaína diminuem a dor atuando sobre os canais de Na^+ e K^+ dos neurônios:

cocaína   novocaína   xilocaína

A aspirina, ou ácido acetilsalicílico, é um analgésico mais fraco, com ação antipirética, isto é, capaz de reduzir a febre. Acredita-se que a aspirina tenha papel inibidor na síntese de prostaglandinas a partir da oxidação de ácidos graxos insaturados. As prostaglandinas são substâncias que provocam febre, dor e inflamação. Contudo, o uso da aspirina pode acarretar problemas de hemorragia, principalmente nas paredes do estômago. Um substituto para ela é o tylenol (p-acetaminofenol), que também atua como analgésico e antipirético.

ác. acetilsalicílico
aspirina

p‑acetaminofenol
tylenol

As drogas antidepressivas ou estimulantes aumentam a concentração de neurotransmissores como a norepinefrina e a serotonina no cérebro. Os principais tipos são derivados da feniletilamina e conhecidos como anfetaminas. Suas estruturas são semelhantes à da norepinefrina (p. 68), e produzem uma melhora no estado de humor ou suprimem o sono e o apetite. Pequenas mudanças estruturais levam à metanfetamina, considerada uma das drogas mais perigosas atualmente, por gerar forte dependência e distúrbios no sistema nervoso.

feniletilamina   **metanfetamina**

Os produtos naturais, cafeína e nicotina, têm efeitos estimulantes semelhantes, porém não causam dependência. As drogas depressivas atuam de maneira oposta; os sedativos provocam relaxamento e os hipnóticos provocam sono. Os depressivos mais comuns são os barbituratos, que jamais devem ser ingeridos com álcool, em virtude do efeito sinergético resultante ser, muitas vezes, fatal. Outros tipos são o diazepam (válium) e a clorpromazina, bem mais potente. A clorpromazina tem sido usada no tratamento de esquizofrenia, atuando sobre os sítios receptores de dopamina.

Os sais de lítio, principalmente o Li_2CO_3, têm sido usados por mais de 30 anos no tratamento de psicose maníaco-depressiva, e são ainda considerados os mais eficazes para esse propósito. Esse distúrbio é marcado por fases de depressão e excitação alternantes, gerando um comportamento conhecido como transtorno afetivo bipolar (TAB).

Ainda pouco se sabe sobre o mecanismo de ação do lítio, mas é possível que possa interferir na atividade dos íons de Na^+, K^+, Mg^{2+} ou Ca^{2+} por sua semelhança química. Entre essas hipóteses está a interferência na propagação dos impulsos elétricos nas células nervosas, por causa de sua ação antidepressiva. Os estudos têm mostrado que o uso do lítio diminui em dez vezes o risco de tentativas de suicídio dos pacientes.

A bradicinina é um polipeptídio formado por nove aminoácidos, que o organismo produz quando ferido ou atacado. Esse peptídio é um dos mais potentes transmissores de dor conhecidos. A morfina consegue inibir o efeito da bradicinina, interrompendo o impulso da dor, antes que este atinja o sistema nervoso central.

A ação terapêutica das drogas tem sido uma aliada importante na medicina moderna; entretanto, quando elas atuam no sistema nervoso, incluindo o cérebro e a rede de nervos, sempre existe o risco do uso abusivo deliberado. A questão do abuso, isto é, do uso de drogas sem necessidade, torna-se extremamente grave quando induz dependência. Além dos danos que acarretam no organismo, pelo uso descontrolado, as drogas têm um preço muito alto e trafegam pelo submundo do crime. A questão do abuso das drogas extrapola, então, para o plano social; a criminalidade cresce, e as doenças transmissíveis proliferam pela falta de assepsia.

Hormônios

Os hormônios são substâncias produzidas por glândulas específicas, como o hipotálamo, a pituitária, o timo, a tireoide, a paratireoide, a adrenal, o pâncreas e as gônadas, e que entram na circulação sanguínea, servindo como mensageiros na regulação de processos bioquímicos do organismo.

A *insulina* é um hormônio polipeptídico que atua no transporte da glucose e dos aminoácidos para dentro das células. Na falta de insulina, o nível de glucose do sangue se eleva, ao passo que as células, principalmente dos músculos, ficam privadas de sua fonte de energia.

O *colesterol* é o representante típico de uma classe de compostos tetracíclicos, conhecidos como esteroides.

colesterol   cortisona

Embora o colesterol seja considerado um vilão, na realidade é essencial para a vida. Além de contribuir para a manutenção da estrutura das membranas celulares, o colesterol é usado na síntese de sais biliares que auxiliam na quebra de gorduras, facilitando a digestão. Além disso, ele entra na produção de hormônios importantes como a cortisona, a progesterona e a testosterona. Um adulto apresenta cerca de 2 g de colesterol por quilo de massa corpórea, sendo produzido pelo fígado, ou fornecido pela dieta, localizando-se principalmente nas membranas, associado com lipídios, ou no sangue, em associação com lipoproteínas. Essas lipoproteínas são compostas de uma parte lipídica e outra parte proteica, e são classificadas em LDL (*low-density lipoproteins*) e HDL (*high-density lipoproteins*).

A LDL é frequentemente associada ao "mau colesterol". Cada partícula de LDL encerra cerca de 1.100 cadeias de ácido linoleico, e transporta, em média, 2.100 moléculas de colesterol pelo organismo. Além disso, incorpora pequenas quantidades de tocoferol (vitamina E), que as protege do ataque de radicais livres e espécies ativas de oxigênio. Quando essa proteção não é suficiente, as lipoproteínas ficam suscetíveis à peroxidação lipídica. Esse fato tem sido frequentemente associado ao problema da aterosclerose e das doenças do coração, em virtude da formação de depósitos de colesterol nas artérias. Ao mesmo tempo, sugere um possível mecanismo de atuação do tocoferol, na diminuição do risco de infarto, apresentada pelos indivíduos com hábito de ingestão suplementar de vitamina E.

O HDL transporta colesterol dos tecidos do corpo humano ao fígado – o chamado *transporte reverso do colesterol*. Isso diminui a quantidade de colesterol no sangue ou aquele presente em células, diminuindo os riscos do surgimento de doenças que a hipercolesterolemia provoca, como doenças coronarianas, opacidades córneas e xantomas planares. Por isso, o HDL é normalmente denominado "bom colesterol". As drogas utilizadas para baixar os níveis de colesterol no sangue são conhecidas como estatinas. Um exemplo típico é a atorvastatina. Ela inibe uma enzima localizada no tecido hepático, envolvida na síntese do colesterol.

atorvastatina

A *cortisona* tem ação anti-inflamatória, e é usada no tratamento da artrite. A *progesterona* e a *testosterona* constituem hormônios femininos e masculinos, respectivamente, e atuam na manutenção das características sexuais. Os *estrógenos*, como a estrona e o estradiol, são hormônios femininos com estruturas que lembram os esteroides, exceto pela presença de um anel aromático. Os estrógenos têm papel importante no desenvolvimento dos óvulos no ovário, enquanto a progesterona provoca mudanças nas paredes do útero, e impede nova ovulação após a fertilização. As pílulas anticoncepcionais contêm derivados sintéticos que simulam os estrógenos e a progesterona, controlando o ciclo menstrual e criando um estado de falsa fertilização, que impede a ovulação.

progesterona   testosterona   estrona

Os esteroides que imitam a testosterona provocam o desenvolvimento de características masculinas e aumentam a musculação, atuando como agentes anabolizantes. Seu emprego não tem sido recomendado em virtude dos efeitos colaterais, como acnes, calvície, atrofia testicular e mudanças no apetite sexual.

Moléculas que atuam no sistema cardiovascular

Os problemas cardiovasculares são de numerosos tipos; a aterosclerose e a hipertensão correm com maior frequência. A aterosclerose (ateroma = alteração nas artérias, esclerose = endurecimento) decorre da formação de depósitos (placas) de lipídios, principalmente colesterol, sobre as paredes internas das artérias. Esse processo reduz o fluxo sanguíneo para o coração e pode provocar angina (dor no peito), isquemia (falta de oxigenação), arritmia e infarto de miocárdio. O colesterol é transportado no sangue por dois tipos de proteínas, conhecidas como de baixa densidade e de alta densidade. Tem sido constatado que as proteínas transportadoras, de alta densidade, conseguem remover o colesterol das artérias, conduzindo-o até o fígado, onde é metabolizado. Algumas drogas, como a niacina (ácido nicotínico), atuam na redução do nível de colesterol, interferindo em sua síntese no fígado.

A hipertensão corresponde a um estado de alta pressão sanguínea, decorrente de vários fatores, como estado físico global, diabetes, consumo excessivo de sal ou álcool, obesidade, estresse e aterosclerose. O tratamento da hipertensão começa com a perda do excesso de peso e a restrição de íons Na^+ na dieta. O uso de diuréticos, para estimular a produção da urina e a eliminação dos sais, também é comum, porém pode provocar deficiência de K^+ e provocar arritmias.

As substâncias vasodilatadoras são usadas para aliviar a dor de angina, provocando a expansão das veias e diminuindo a oposição a ser vencida pelo coração. A angina é geralmente provocada pela falta de oxigênio no coração.

Monóxido de nitrogênio

A importância bioquímica do NO só começou a ser compreendida no final dos anos 1980. Essa molécula é sintetizada no organismo pela oxidação de um dos grupos NH_2 da arginina, catalisada por uma família de enzimas conhecidas como NO sintases (NOS).

arginina   citrulina

São conhecidas três instâncias de atuação envolvendo as NO sintases: a) **n**NOS, atua nos **n**eurônios onde se inicia a transdução de sinal; b) **i**NOS, atua nos macrófagos, onde o NO é liberado, como parte do sistema **i**mune, para combater infecções; c) **e**NOS, atua nas células **e**ndoteliais, controlando a tonicidade dos músculos vasculares e, portanto, a pressão sanguínea. O relaxamento dos músculos vasculares é utilizado em medicamentos contra a hipertensão e a angina pectoris, que utilizam compostos que liberam NO em condições fisiológicas, como nitrito de amila ($C_5H_{11}NO_2$), nitroglicerina e nitroprussiato de sódio, ou pentacianidonitrosilferrato(II) de sódio, $Na_2[Fe(CN)_5NO]$.

A produção de NO é induzida pela ação de substâncias sinalizadoras (neurotransmissores e hormônios) liberadas pelo sistema nervoso ou pelo sistema imune. Mensageiros químicos, incluindo hormônios, podem ser ligar a receptores na membrana das células endoteliais, provocando a abertura de canais que permitem a entrada de cálcio na célula (Figura 9.2). Isso ativa a NO-sintase (eNOS), liberando o NO que migra para os tecidos vizinhos.

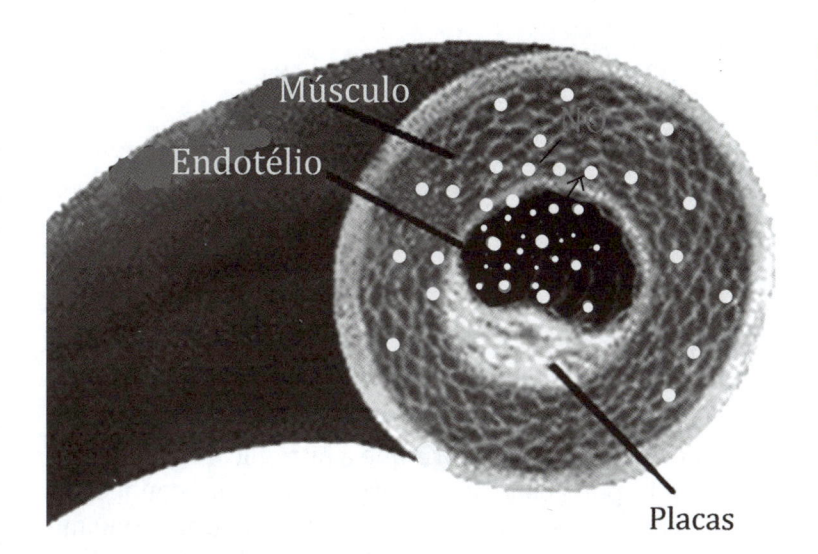

Figura 9.2
Liberação de NO no sistema endotelial provoca a expansão dos vasos sanguíneos.

Músculo

Endotélio

Placas

Um dos receptores importantes para o NO é a enzima guanilato-ciclase, que promove vasorrelaxamento, inibição da agregação de plaquetas e da transmissão sináptica. As evidências mostram que a atividade bioquímica do NO está ligada à coordenação ao grupo heme na enzima guanilato-ciclase. Na realidade, foi por meio da interação com o grupo heme na hemoglobina que o transmissor NO foi identificado pela primeira vez por Ignarro, conferindo-lhe o Prêmio Nobel de 1998, juntamente com Murad e Furchgott. Quando a guanilato-ciclase é ativada pelo NO, ela passa a produzir a guanosina monofosfato cíclica (cGMP) a partir da guanosina trifosfato (GTP).

Por sua vez, o aumento dos níveis de cGMP provoca a diminuição da quantidade de Ca^{2+} livre nas células do músculo. O cálcio se liga aos filamentos proteicos de miosina e actina, provocando a contração celular. Portanto, a contração muscular é afetada pela redução dos níveis de Ca^{2+}, levando ao relaxamento dos músculos e à dilatação dos vasos sanguíneos.

Uma classe de substâncias vasodilatadoras usadas na medicina apresenta grupos capazes de gerar NO. É o caso da nitroglicerina, $CH_2(ONO_2)CH(ONO_2)CH_2(ONO_2)$, do nitrato de amila, $CH_3CH(CH_3)CH_2CH_2ONO$, e do nitroprussiato de sódio, $Na_2[Fe(NO)(CN)_5]$. É interessante notar que a nitroglicerina foi descoberta em 1847 pelo químico italiano A. Sobrero, por meio da reação do glicerol com uma mistura de ácido nítrico e ácido sulfúrico:

Em virtude do forte poder explosivo, a nitroglicerina passou a ser usada em larga escala, com enormes riscos e muitos acidentes. O problema foi eliminado por Alfred Nobel (1833-1896), ao descobrir que a nitroglicerina podia ser estabilizada por absorção em argilas porosas, conhecidas como terras diatomáceas. Com isso, Nobel criou a dinamite, produto que o tornou rico e famoso. Além de explorar o potencial energético da nitroglicerina, acabou sendo um usuário desse composto no tratamento de seus problemas cardíacos.

Deve ser mencionado que a vasodilatação é um efeito passageiro, pois, à medida que o cGMP necessário para a ativação da miosina está sendo formado, ele passa a ser alvo de uma enzima fosfodiesterase específica que reverte o processo. O enorme sucesso da droga conhecida como Viagra (sildenafil), lançada pela Pfizer no final dos anos 1990, se deve à inativação da enzima fosfodiesterase, permitindo um prolongamento do efeito da vasodilatação, com reflexos positivos no desempenho sexual. Depois do Viagra, surgiram outros produtos semelhantes, como o Levitra e depois o Cialis (Tadafil). Embora essas substâncias tenham ação semelhante, o Cialis tem maior persistência no organismo, e seu tempo de meia-vida de 17 horas prolonga sua ação por 36 horas, comparado com 4 horas para o Viagra e Levitra. Contudo, em razão da ação inibidora da fosfofodiesterase, nenhum desses produtos deve ser usado com vasodilatador a base de NO, pelo risco de queda brusca da pressão arterial.

sildenafila ou Viagra   **tadalafila ou Cialis**

Betabloqueadores e bloqueadores de canais de cálcio

Outra classe de drogas usada em doenças cardíacas é a dos betabloqueadores e bloqueadores de canais de cálcio. Os músculos do coração apresentam receptores para epinefrina e norepinefrina. O estímulo nesses sítios denominados receptores beta provoca um aumento no batimento cardíaco, e o bloqueio correspondente pode ser usado para relaxar o coração, o que impede a ocorrência de infarto. Existem vários betabloqueadores no mercado, como o propanolol e o atenolol.

propanolol   **atenolol**

O propanolol é um fármaco betabloqueador anti-hipertensivo usado na prevenção e no tratamento do infarto de miocárdio, da angina e de arritmias cardíacas. O atenolol tem ação semelhante, porém foi desenvolvido como substituto para o propanolol, pelo fato de não cruzar a barreira hematoencefálica e não chegar ao cérebro, eliminando, dessa forma, efeitos colaterais como depressão e pesadelos.

As células dos músculos do coração também apresentam canais para transporte de cálcio. Em seu interior, o cálcio se liga aos filamentos proteicos de miosina e actina, provocando a contração celular. Com a saída do cálcio, a célula se expande, dilatando as artérias e aumentando o suprimento de sangue para o coração. Os bloqueadores de cálcio diminuem o efeito da contração celular, e, com isso, tornam menores as necessidades de oxigênio no coração. Alguns betabloqueadores existentes no mercado são o verapamil e o nifedipino.

verapamil

nifedipino

Bactericidas e antibióticos

As substâncias bactericidas ajudam no combate às bactérias, impedindo seu crescimento ou provocando sua destruição. As sulfas são os exemplos mais importantes, pela sua ação contra estreptococos, estafilococos, pneumococos, gonococos e meningococos. A sulfanilamida é um exemplo típico de sulfa. Sua estrutura é muito semelhante à do ácido p-aminobenzoico:

sulfanilamida

Ácido p-aminobenzoico

O ácido p-aminobenzoico é importante na síntese do ácido fólico. Em virtude da semelhança estrutural com esse ácido, a sulfanilamida interfere na síntese do ácido fólico, essencial para a sobrevivência da bactéria. Como o homem obtém o ácido fólico pela dieta normal, a deficiência em ácido p-aminobenzoico não tem maiores consequências para sua saúde, ao contrário das bactérias.

Quando as bactérias invadem o organismo, elas são combatidas pelos glóbulos brancos do sangue, porém, às vezes, o processo multiplicativo ocorre muito rapidamente e os mecanismos de defesa se tornam insuficientes. Nesse caso é recomendável o uso de antibióticos, que são substâncias que auxiliam no processo de defesa, combatendo os microrganismos invasores.

Os antibióticos, como a penicilina, são de origem microbiológica. Vários tipos de penicilina, conhecidos, por exemplo, como ampicilina e amoxicilina, são encontrados atualmente no mercado. As penicilinas atuam na formação das paredes celulares das bactérias, provocando sua morte.

penicilina   ampicilina   amoxicilina

As tetraciclinas são antibióticos que bloqueiam a produção de proteínas pelas bactérias, atuando no DNA.

tetraciclina

As cefalosporinas constituem outra classe de antibióticos, mais recentes, com uma ampla atividade antimicrobiana e menor toxicidade. O cefaclor, introduzido em 1988 no mercado, tem sido um dos mais utilizados.

ceflacor

Outra classe importante de antibióticos é conhecida como macrolídios, em razão da presença de um anel de lactona, sendo a eritromicina o representante-padrão, em uso clínico por mais de 40 anos. Esses antibióticos inibem a síntese proteica no nível dos ribossomos. Um dos derivados mais recentes é a azitromicina.

eritromicina

azitromicina

O uso de antibióticos pode provocar diarreia, destruindo as bactérias do intestino, e, em muitas pessoas, pode gerar forte incompatibilidade. Ao longo do tempo, as bactérias acabam desenvolvendo resistência aos antibióticos, por meio de alterações genéticas, de forma que conseguem inativar as moléculas do medicamento ou as impedem de atravessar a membrana celular.

Bioinorgânica medicinal: metalofármacos

Medicamentos que contêm íons metálicos são chamados de metalofármacos e apresentam uma gama variada de atividade e funções no organismo. Os mais simples visam à reposição dos elementos essenciais, e geralmente são considerados aditivos ou suplementos nutricionais. Grande parte dos metalofármacos não são baseados em elementos metálicos essenciais, e têm uma ação específica ou, muitas vezes, com mecanismo de ação desconhecido, no organismo. Alguns metalofármacos constituem complexos metálicos com características inertes, outros são reativos ou atuam gerando fragmentos com atividade biológica. Alguns metalofármacos incorporam atividade radioativa, tanto para terapia como para imageamento. Finalmente, vários metalofármacos têm sua atividade associada aos ligantes, que atuam na forma livre, após a dissociação do complexo, ou na forma coordenada, às vezes com atividade potencializada pelo íon metálico.

É importante considerar que a concentração dos elementos essenciais ao organismo é controlada por um mecanismo de homeostase, que preserva o bom funcionamento, regulando o transporte e eliminando os excessos. A homeostase dos elementos metálicos envolve uma imensa variedade de proteínas que os incorporam em sua estrutura e atividade, incluindo transporte. O desequilíbrio na homeostase pode resultar em patologias bastante sérias, incluindo doenças neurodegenerativas. Íons metálicos como cobre, zinco e ferro desempenham um papel importante nos processos neurodegenerativos, impactando a estrutura proteica e induzindo o estresse oxidativo, por meio da formação de espécies ativas de oxigênio.

Assim, a curva de resposta dos elementos essenciais nos seres vivos segue um padrão característico, que proporciona benefícios crescentes até atingir o patamar ótimo de concentração, controlado por mecanismos homeostáticos. Acima dessa concentração, quando os mecanismos de controle começam a falhar, os efeitos benéficos dão lugar a um quadro crescente de intoxicação que pode atingir níveis letais (Figura 9.3).

Um balanço representativo da necessidade e das doenças associadas a alguns elementos essenciais pode ser visto na Tabela 9.3.

Figura 9.3
Curva resposta
da quantidade
(concentração) de
elementos metálicos
essenciais ao organismo.
O estado saudável
é mantido por um
mecanismo de
homeostase que regula
as concentrações ótimas,
excretando o excesso,
quando possível.

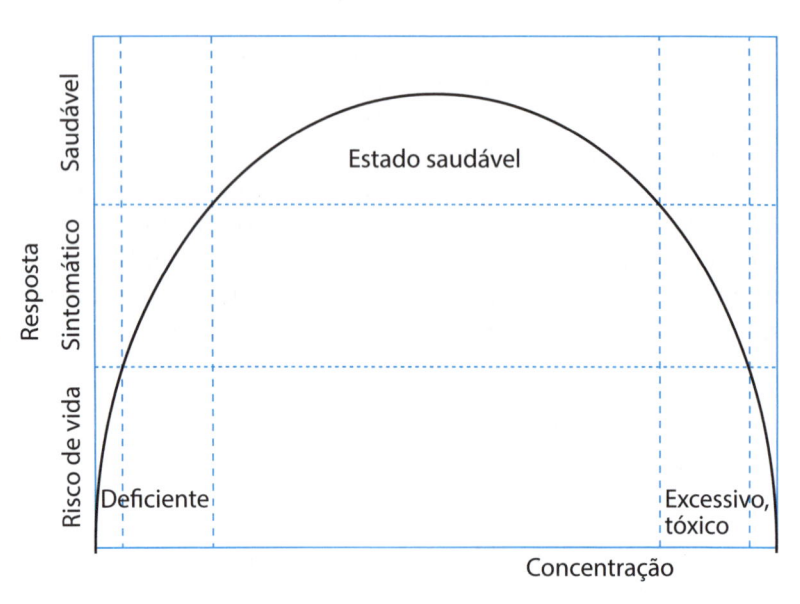

Tabela 9.3 – Elementos essenciais: necessidades e doenças associadas

Elemento	Ingestão diária (mg)	Acumulado (mg)*	Doença por deficiência	Distúrbios por excesso
Vanádio	2,5	30		
Crômio	0,06	< 6	Diabete	
Manganês	5	20	Anomalia esqueletal	Ataxia
Ferro	15	4.100	Anemia	Hemocromatose
Cobalto	0,03	1	Anemia	Policitemia
Níquel	0,45	<10		
Cobre	3,2	100	Anemia	Doença de Wilson
Zinco	12	2.300	Ananismo	
Molibdênio	0,35	9		
Selênio			Problemas no fígado	Tóxico
Silício			Anomalia esqueletal	Silicose

* Tomando como referência um indivíduo de 70 kg.

Quando a concentração dos elementos metálicos chega a níveis tóxicos, pode-se empregar o tratamento com agentes complexantes ou quelantes.

Uma droga complexante deve ter as seguintes propriedades:

1) Ser capaz de ligar o íon metálico e competir com os ligantes biológicos presentes, formando um produto que pode ser excretado como quelato solúvel.

2) Deve ser seletivo para o íon metálico, para evitar efeitos colaterais provocados pela remoção indesejável de outros metais, como Ca^{2+} e Zn^{2+}.

3) Deve ter baixa toxicidade e não ser metabolizado rapidamente pelo organismo.

4) Deve ser capaz de chegar e interagir com os centros que armazenam os íons metálicos.

5) Os produtos, quelatos, devem ser menos tóxicos que os íons metálicos livres.

EDTA: um complexante universal

Com essas características, o complexante mais utilizado na terapia de quelação é o EDTA (ácido etilenodiaminotetracético). Com sua estrutura, formada pela etilenodiamina e quatro grupos acetato, o EDTA é um forte agente complexante para íons metálicos classificados como duros, como Ca^{2+}, Mg^{2+} e terras raras, intermediários, como os íons de metais de transição, e moles, como Pb^{2+}, Cd^{2+} e Hg^{2+}. Por isso, o EDTA é considerado um complexante universal, ou de largo espectro.

ácido etilenodiaminatetraacético EDTA

Sob o ponto de vista histórico, o EDTA foi sintetizado na Alemanha, em 1930, por Munz, para sequestrar o cálcio em processos de aplicações de corantes na indústria têxtil. Em 1945, o crescimento da demanda por agentes complexantes para remoção de metais tóxicos, e as ameaças da guerra nuclear, com os produtos de fissão liberados no meio ambiente, levou à aplicação do EDTA na área médica. O interesse expandiu-se por todos os setores da Química, principalmente com os trabalhos de Schwarzenbach na complexação analítica.

Nas aplicações médicas, o EDTA é empregado na forma cálcica, $Na_2CaEDTA$. O complexo CaEDTA tem uma das menores constantes de estabilidade em relação aos outros metais de transição e metais pesados. Dessa forma, o cálcio pode ser facilmente trocado por eles. Ao mesmo tempo, sua presença impede que o EDTA retire o cálcio existe no organismo e provoque danos dessa natureza.

Uma aplicação recente do EDTA como antídoto para envenenamento por cianeto é baseada em um complexo de cobalto(II). Esse complexo tem grande afinidade pelo cianeto e, em meio aeróbico, converte-se em uma forma estável, não tóxica e facilmente excretável.

Complexantes diuréticos

Diuréticos são drogas que promovem a formação de urina, e um exemplo interessante é a acetazolamida:

acetazolamida

Essa droga é um bom complexante para Zn(II) e interfere na ação da enzima anidrase carbônica, removendo o metal de seu sítio ativo. A anidrase carbônica converte o CO_2 em bicarbonato. Quando esse processo para, o organismo tenta se equilibrar produzindo mais urina.

Droga de combate ao alcoolismo

O dissulfiram é uma droga capaz de inibir os sítios de molibdênio da enzima aldeído-oxidase, por via coordenativa, formando ligações Mo-S. Com isso, cessa o metabolismo do etanol, formando acetaldeído, que leva a sintomas desagradáveis, desencorajando continuar a ingestão da bebida.

dissulfiram

Ferro: hemocromatose

Entre as doenças genéticas hereditárias, a hemocromatose é uma das mais frequentes, chegando a atingir 1 entre 200 pessoas na população caucasiana. Ela é marcada pela predisposição para a absorção excessiva de ferro na alimentação, a qual pode ser acumular progressivamente no fígado, desencadeando um processo inflamatório que pode levar ao desenvolvimento de fibrose, e evoluir para cirrose. Além do fígado, o pâncreas e coração também podem ser afetados, gerando insuficiência cardíaca ou diabetes.

O tratamento recomendado faz uso da retirada frequente de sangue, visto que 70% do ferro está concentrado na hemoglobina. Com isso, os depósitos de ferritina passam a ser consumidos para gerar mais hemoglobina, e o processo pode ser controlado para manter o teor de ferro em níveis aceitáveis. O tratamento alternativo utiliza reagentes complexantes (quelantes), sendo a desferroxamina o mais empregado para essa finalidade.

desferrioxamina B

Outros derivados igualmente eficientes, como o deferasirox, já estão disponíveis no mercado, apresentando características menos tóxicas.

deferasirox

Cobre: doença de Wilson

A doença de Wilson é de natureza genética. Ela é provocada pelo acúmulo de cobre, principalmente no fígado e no cérebro; por isso, ela se manifesta por meio de distúrbios neurológicos e hepáticos, e atinge de um a quatro de cada 100.000 habitantes. Distúrbios psiquiátricos podem agravar o quadro neurológico, com depressão, ansiedade e psicose.

O cobre entra no organismo por meio do trato digestivo, onde é capturado por um transportador na membrana, que o conduz para o interior da célula, onde uma parte se liga a uma metalotioneína e outra parte é levada por uma proteína para ser transferida para a ceruloplasmina e assim entrar na circulação. Quando essa função deixa de ser eficiente, como na doença de Wilson, o cobre acaba se depositando nos tecidos do fígado. Assim, o fígado lança o cobre na corrente sanguínea sem estar ligado à ceruloplasmina, indo se depositar em outras partes, como os rins, olhos e cérebro. Isso leva a danos oxidativos, por meio da geração de espécies reativas de oxigênio por meio de reações de Fenton.

O tratamento médico envolve a remoção do cobre do organismo por meio de agentes quelantes ou a redução de sua absorção na dieta. Por exemplo, a penicilamina tem sido empregada para complexar o cobre e promover sua excreção pela urina. Depois de se ter sob controle os níveis de cobre, os agentes quelantes são substituídos por zinco, geralmente administrado sob a forma de acetato de zinco, para estimular a geração de metalotioneínas. No intestino, as metalotioneínas complexam o cobre e impedem sua absorção e seu transporte até o fígado. Quando esse tratamento falha e um quadro grave de distúrbio neurológico se manifesta, muitas vezes se recorre ao uso do dimercaptopropanol. Esse agente é injetado via intramuscular com certa frequência, apesar de provocar dores e desconforto. Ele já foi utilizado para neutralizar a ação do gás de guerra diclorovinil arsênio, ou lewisite, e por isso é conhecido pela sigla BAL (British anti-Lewisite). Sua ação complexante está mostrada no esquema:

dimercaptopropanol ou
Britishanti–Lewisite (BAL)

penicilamina

−2HCl

Lewisite

Substâncias anticancerígenas

O câncer é resultado do crescimento desordenado de células anormais, que podem se espalhar pelo organismo. O tratamento, por meio da quimioterapia, é uma das alternativas, ao lado da remoção cirúrgica e da radioterapia. Como todos os tratamentos, a quimioterapia é voltada para a destruição seletiva ou interrupção da multiplicação das células malignas.

Compostos como a ciclofosfamida têm ação anticancerígena, atuando como agentes alquilantes que atacam as bases nitrogenadas do DNA. A alquilação do DNA impede o processo de replicação, e as células que se dividem mais rapidamente acabam sendo as mais afetadas. Substâncias antimetabólitas como a 5-fluorouracil se assemelham às bases nucleicas do DNA, porém interferem em sua síntese e têm ação anticancerígena, sendo usadas no tratamento do câncer do seio.

ciclofosfamida

5–fluorouracil

O composto conhecido como metotrexato tem estrutura muito semelhante à do ácido fólico, que participa na síntese de ácidos nucleicos. Competindo com o ácido fólico, o metotrexato diminui o ritmo de crescimento celular, sendo uma droga eficiente no tratamento da leucemia

Cisplatina e análogos

O complexo *cis*-diamino-dicloro-platina(II), também conhecido como cisplatina, é uma das drogas mais utilizadas no tratamento de diversos tipos de câncer, sendo quase uma referência para a comparação da eficiência com novos medicamentos anticâncer. Um dos nomes comerciais é o platinol, empregado no tratamento de câncer em testículos, ovário, bexiga, pulmão e estômago. Apesar de ter alguns efeitos colaterais, como dores nas juntas, problemas de audição e fraqueza, a comprovação de sua eficácia levou à aprovação pela agência Food and Drug Administration (FDA), em 1978, acompanhada de terapias para combater esses efeitos.

A síntese da cisplatina foi descrita por Michel Peyrone em 1845, porém, sua natureza só foi elucidada por Alfred Werner em 1893, permanecendo, porém, sem qualquer destaque até 1960. Nesse ano, Barnett Rosemberg estava investigando a influência da corrente elétrica no crescimento de células bacterianas. Seus estudos mostraram que a divisão celular era inibida pelo uso de eletrodos de platina, sugerindo a ação de algum composto gerado a partir do eletrodo em contato com o meio de cultura. Este foi, depois, identificado como o complexo cisplatina. A ação antitumoral foi comprovada em testes com camundongos, em 1965, e entrou no mercado em 1977.

A ação da cisplatina tem sido atribuída à sua capacidade de se ligar ao DNA e interferir no mecanismo de reparo celular. Curiosamente, o isômero *trans* atua de forma distinta e não apresenta qualquer eficiência quimioterápica. No interior da célula, a cisplatina sofre a substituição de um ligante cloreto por H_2O, gerando $[Pt(NH_3)_2Cl(H_2O)]^+$. Esse complexo coordena-se ao DNA por meio do átomo N(7) da base guanina ou adenina. Com uma nova saída de cloreto, o complexo de platina se liga a uma segunda base nucleica. O produto cisplatina-DNA é reconhecido por uma proteína específica que se liga fortemente a ele, inserindo um grupo fenil na cavidade do DNA, comprometendo o estaqueamento das bases nucleicas.

Embora a cisplatina continue sendo usada, novas gerações de drogas vêm sendo desenvolvidas por pesquisadores como Nicholas P. Farrell, buscando reduzir os efeitos colaterais. Atualmente, estão no mercado, além da cisplatina, a carboplatina, que entrou em uso clínico em 1989, e a oxaliplatina, recentemente aprovada para uso clínico.

cisplatina   carboplatina   oxaliplatina

Complexos de rutênio anticancerígenos

A atividade bacteriostática e anticancerígena de complexos de rutênio já é conhecida desde os anos 1950, com

o trabalho de Dwyer. O complexo imidazólio de *trans*-
-tetracloro(dimetilsulfóxido)(imidazol)rutênio(II), deno-
-minado NAMI-A, foi o primeiro a entrar em testes clínicos. Outro derivado em fase de testes clínicos é o *trans*-
-tetraclorido(1H indazol)rutenato(III), ou (N)KP1339.

NAMI-A   (N)KP1019

Fármacos fotoquimioterápicos

A fotoquimioterapia é um procedimento médico que utiliza
a luz juntamente com um agente terapêutico fotossensitizador, capaz de gerar espécies reativas de oxigênio, como
o $^1O_2$, que irão atuar no organismo, principalmente na destruição de células. É conhecida pela sigla PDT (*photody-
namic therapy*) sendo usada no tratamento de câncer de
pele e outros tipos localizados de câncer, bem como no tratamento da degeneração macular que afeta visão. Aplicações antibacteriológicas também vêm sendo implementa-
das nos últimos anos. Comparado com outros tratamentos
alternativos, como cirurgia e radioterapia, a PDT tem efeitos colaterais mais brandos, por não envolver a necessidade da extirpação de órgãos.

O procedimento usado em PDT envolve duas etapas.
Primeiro, o fotossensitizador é injetado topicamente ou por
via intravenosa, e, depois de algumas horas ou dias, dependendo da droga utilizada, a área focalizada é irradiada com
luz de determinado comprimento de onda. A luz vermelha
é preferida, em virtude de seu maior poder de penetração
nos tecidos orgânicos. O sensitizador é excitado pela luz
até o estado tripleto. Nesse estado, ele é capaz de transferir

energia para o oxigênio, que se encontra no estado fundamental tripleto, $^3O_2$. Como resultado, o oxigênio passa para o estado excitado singleto, $^1O_2$, que é a espécie reativa gerada dentro das células tumorais. Dessa forma, ele reage com os substratos locais, gerando outras espécies reativas de oxigênio (ROS). O ataque dessas espécies aos componentes celulares leva à constrição dos vasos e à agregação de plaquetas, interrompendo a vascularização do tumor e promovendo sua destruição. Esse também é o mecanismo envolvido no tratamento da mácula ocular, que é uma região bastante vascularizada do olho. O agente porfirínico conhecido como Photofrin tem sido usado clinicamente desde 1995, e o agente "padeliporfina" está em fase de testes clínicos:

photofrin   padeliporfina

Porfirinas supramoleculares como a ZnTRP também apresentam forte atividade PDT, por meio da geração de $^1O_2$, quando excitadas. Essas porfirinas interagem com a cavidade principal do DNA, formando uma espécie associada bastante estável que pode ser monitorada espectroscopicamente. A ação do $^1O_2$ se concentra na guanosina, levando à oxidação e à clivagem do DNA.

Drogas antimicrobianas e antiparasíticas

As primeiras metalodrogas antimicrobianas e antiparasíticas utilizadas na medicina eram baseadas em arsênio. Entre essas está o salvarsan, introduzido por Ehrlich, em 1912, para o tratamento de sífilis. As drogas de arsênio caíram em desuso nas últimas décadas, por causa da toxicidade inerente, sendo substituídas por outras drogas mais seguras e eficazes. A única droga de arsênio em uso clínico atualmente é a melarsoprol, introduzida em 1949, no tratamento da tripanossomíase, ou doença do sono.

melarsoprol

Drogas antiparasíticas contendo antimônio têm sido utilizadas há mais de um século contra leishmaniose. Essa doença tropical, transmitida por parasita, foi tratada com drogas à base de antimônio, pela primeira vez, pelo médico brasileiro Gaspar Vianna. Atualmente, para essa finalidade, continua em uso a droga estibogluconato de sódio ou Pentostan.

estibogluconato de sódio

As propriedades antibacterianas da prata já são conhecidas de longa data. Existem pomadas de sulfadiazina de prata, utilizadas na prevenção e no tratamento de infecções associadas a queimaduras.

sulfadiazinato de prata

Diversos produtos na linha médica e odontológica estão em fase de teste, visando prevenir infecções em procedimentos cirúrgicos. Nessa linha, existe uma tendência de utilização de nanopartículas de prata, com vantagens em termos da menor lixiviação, e da atuação por simples contato, diminuindo o risco de incorporação de íons de prata nos tecidos.

Drogas com bismuto

O bismuto é um dos poucos metais pesados usados na medicina, entrando na formulação de antiácidos, sob a forma de carbonatos, ou em combinação com outros agentes, como o salicilato. Existe uma diversidade de produtos com bismuto, sendo o mais comum o salicilato de bismuto:

O íon Bi^{3+} sofre hidrólise com facilidade, com um pKa próximo de 2, formando inicialmente $Bi(OH)^{2+}$ e depois espécies polinucleares mais complexas. O salicilato de bismuto é usado no tratamento de desconforto estomacal e gastrointestinal, incluindo diarreia, indigestão e náusea. Nas formações líquidas, ele sofre hidrólise parcial, formando agregados do tipo $Bi_{38}O_{44}\{C_6H_3(OH)CO_2\}_{26}$. Acredita-se que a principal ação do bismuto seja na redução da acidez, além da formação de uma película protetora sobre a mucosa. Essa película estimula a absorção de fluidos e eletrólitos pela parede intestinal, e bloqueia a ação de algumas bactérias. No medicamento, a ação do bismuto é conjugada com a do ácido salicílico na formulação. Provavelmente, sua baixa toxicidade, apesar de ser um metal pesado, se deve à alta insolubilidade dos compostos formados, que restringe a formação de espécies ativas de Bi^{3+} em solução.

Outro fármaco antimicrobiano no mercado é o tribromofenolato de bismuto ou xerofórmio, destinado para o uso externo, como pomada curativa de feridas.

xerofórmio

Compostos de ouro no tratamento da artrite reumatoide

Assim como o mercúrio, o ouro também foi muito usado na época da Alquimia. O ouro coloidal já era conhecido há milênios, embora suas propriedades plasmônicas, responsáveis pela coloração avermelhada, tenham vindo à tona somente em anos recentes. Na medicina, alguns compostos de ouro têm sido usados no tratamento da artrite reumatoide, embora com menor frequência que no passado, em virtude do surgimento de novos medicamentos. A artrite reumatoide é uma doença autoimune, ainda sem cura, que leva ao desgaste das juntas, provocando deformidades e muita dor. Os primeiros medicamentos utilizados no tratamento da artrite eram baseados em compostos de ouro, do tipo:

aurotiomalato   **aurotioglucose**   **auranofin**

Esses compostos apresentam o metal no estado de oxidação I, Au(I), ligado a grupos tiolatos. A combinação estabiliza os complexos de ouro e previne o desproporcionamento do Au(I) em Au(0) e Au(III), fato muito comum na química desse elemento. A presença de Au(III) é indesejável, pois essa forma é muito tóxica. Os complexos geralmente formam polímeros ou agregados em solução. O aurotiomalato e a aurotioglucose são ministrados por injeção intramuscular e, ao entrar na circulação, distribuem-se por vários órgãos, acumulando-se principalmente nos rins, onde podem desencadear efeitos colaterais. A auranofin foi introduzida em 1985 com a vantagem de ser ministrada por via oral. Depois da auroanofina, nenhuma outra droga contendo ouro apareceu no mercado, embora continuem sendo pesquisadas.

Radiofármacos

Isótopos radioativos como ^{47}Ca, ^{51}Cr, ^{57}Co, ^{58}Co, ^{169}Er, ^{67}Ga, ^{68}Ga, ^{111}In, ^{123}I, ^{125}I, ^{131}I, ^{59}Fe, ^{223}Ra, ^{82}Rb, ^{153}Sm, ^{75}Se, ^{22}Na, ^{24}Na, ^{89}Sr, ^{99}Tc, ^{201}Tl e ^{90}Y vêm sendo usados na radiofarmacologia, como agentes terapêuticos ou para a obtenção de imagens a partir da detecção da radiação β ou γ emitida. Na maioria dos casos, são utilizados sob a forma de compostos, ou complexos, com as mais diversas formulações.

^{47}Ca: é um emissor β e γ, utilizado na investigação de problemas ósseos.

^{51}Cr: é um emissor γ, utilizado sob a forma de complexo com EDTA para a investigação de problemas gastrointestinais e do funcionamento do rim.

^{57}Co e ^{58}Co: são emissores γ, utilizados sob a forma de complexo vitamina B_{12} para investigar a absorção gastrointestinal.

^{159}Er: é um emissor β, utilizado no tratamento da artrite.

^{67}Ga: é um emissor γ, bastante utilizado sob a forma de complexos com dietilenotriaminopentacético (DTPA), para o imageamento de tumores.

^{111}In: é outro emissor γ, utilizado sob a forma de complexos com DTPA para imageamento *in vivo* de órgãos.

$^{123,125,131}I$:   o iodo apresenta isótopos radioativos, geralmente utilizados na monitoração e no tratamento de problemas da tireoide. O elemento é utilizado pelo órgão na produção de hormônios como a tiroxina, ou tetraiodotironina (T4), e o derivado triodado (T3).

tiroxina

A tiroxina estimula o metabolismo basal das células, aumentando o número de mitocôndrias (os quais produzem ATP) e o transporte de íons por meio da bomba Na^+/K^+ ATPase. A produção e o consumo de ATP impulsionam o metabolismo celular, aumentando o consumo de carboidratos e lipídios (catabolismo), com consequente aumento no apetite. Ao mesmo tempo, a maior necessidade de energia leva a um aumento do fluxo cardíaco, provocando crescimento na frequência e na pressão arterial, para proporcionar mais oxigênio para as células. A maior excitação nervosa intensifica a irritabilidade, o cansaço, a ansiedade e a insônia.

Entre os isótopos radioativos de iodo, o ^{123}I é um emissor γ, de vida curta, usada no imageamento *in vivo* da tireoide e das metástases. O ^{125}I é um emissor γ, com tempo de meia-vida mais longo, de 59,4 dias, usado em casos especiais de uso prolongado. O ^{131}I é um emissor β e γ, usado como sementes implantadas com o fim de destruir as células da tireoide, incluindo as células tumorais quando presentes.

^{59}Fe: é um emissor β e γ, utilizado para investigar o metabolismo do ferro no organismo.

^{223}Ra: é um emissor α, utilizado no combate às metástases de câncer nos ossos.

^{153}Sm: é um emissor β e γ, também usado no combate às metástases ósseas.

^{75}Se: é um emissor γ, usado no imageamento *in vivo* da glândula adrenal.

^{89}Sr: é um emissor β, também usado no combate às metástases ósseas.

^{99}Tc: é emissor γ e um dos radioisótopos mais utilizados na medicina, sob diversas formas comerciais, como pertecnetato, TcO_4^-, usado no imageamento da tireoide e do cérebro; como fosfonatos e fosfatos, para o imageamento dos ossos e do miocárdio; como complexos de DTPA, para o imageamento do sistema renal, cérebro e pulmões; como complexos de dimercaptosuccínico, para imageamento dos rins e dos ossos, como complexos iminodiacéticos, para mapeamento do sistema biliar, como complexo de metoxi-isobutilisonitrila para imageamento *in vivo* de tumores da tireoide, dos seios e do miocárdio. Esse último complexo é comercializado com o nome de sestamibi:

hexakis(2-metoxi-2-metilproilisonitrila) tecnécio =sestamibi

^{201}Tl: é um emissor gama, usado para o imageamento *in vivo* do miocárdio e da tireoide.

^{90}Y: é um emissor beta, usado no tratamento de artrite.

Agentes de contraste em ressonância nuclear magnética

O imageamento por ressonância nuclear magnética é baseado nos sinais da água nos tecidos, decorrente da aplicação de um forte campo magnético de até 2 Tesla combinada com a aplicação de um campo de radiofrequência transversal de 5 a 100 MHz. Os prótons da água apresentam um spin nuclear que se orienta com o campo magnético aplicado. A aplicação da radiofrequência perturba essa orientação, e, na presença do campo magnético, os prótons tendem a se realinhar novamente para chegar ao estado de equilíbrio. Esse fenômeno é conhecido como relaxação, e dele depende a absorção da radiofrequência, para gerar o sinal de medida. Estão envolvidos dois processos: relaxação longitudinal, T1, que envolve a perda de energia para a matriz, e a relaxação transversal, T2, que envolve a troca de energia entre os spins.

Para melhorar o contraste das imagens de ressonância nuclear magnética são empregados agentes que afetam T1, como os complexos de Gd^{3+} ou nanopartículas superparamagnéticas de óxido de ferro (3 nm a 10 nm), que diminuem T2.

Os agentes de contraste baseados nos complexos de gadolínio, Gd^{3+}, foram introduzidos em 1981 e envolvem complexos com o ácido dietilenotriaminopentacético (DTA) como o Magnevist.

$[Gd(DTPA)(H_2O)]^{2-}$ Magnevist

Eles são injetados por via intravenosa, e usados para o imageamento de vasos sanguíneos ou de tecidos com lesões, envolvendo ruptura de vasos. Também são usados para observar lesões intracranianas com vascularidade anormal, ou anormalidades na barreira hematoencefálica, que impede a passagem de substâncias do sangue para o cérebro.

10

TOXICOLOGIA, MEIO AMBIENTE E QUÍMICA VERDE

A Química abriu as portas do mundo moderno. Trouxe descobertas importantes, como a dinamite, criada por Alfred Nobel (1833-1896), que alimentou a guerra mas também viabilizou grandes projetos de construção e a exploração mineral. A síntese comercial da amônia, a partir do nitrogênio molecular e do hidrogênio, por Fritz Haber (1868-1934) e Carl Bosch (1874-1940), fez deslanchar a indústria de fertilizantes e de produção de alimentos, afastando o espectro da fome que hoje estaria reinando no planeta. A invenção e a evolução dos plásticos, polímeros sintéticos, catalisadores, novos materiais e novos medicamentos mudaram para sempre a face do mundo.

Hoje, a Química está presente em tudo que conhecemos ou consumimos. Por exemplo:

- Alimentos – produtos processados, corantes, acidulantes, temperos, conservantes, embalagens.

- Cosméticos – shampoos, condicionadores, perfumes, cremes, protetores solares.

- Saúde – medicamentos, vacinas, lentes, contraceptivos, implantes, anestésicos.

- Produtos domésticos – detergentes, desinfetantes, sabão, amaciantes, aromatizantes.

- Vestuário – fibras, corantes, amaciantes.

- Eletrônica – telas, cabos, CDs, fitas, cristais líquidos, circuitos impressos, componentes.

- Escritório – copiadoras, toners, tintas, papel, embalagens.

- Transporte – combustíveis, aditivos, conversores catalíticos, plásticos, tintas e vernizes.

- Construção – materiais, argamassas, resinas, tintas, geotêxteis, plásticos, adesivos, solventes.

- Esporte – materiais compósitos, fibras, plásticos, absorvedores de impacto, revestimentos.

- Agropecuária – fertilizantes, defensivos agrícolas, desinfetantes.

- Automotiva – plásticos, tintas, resinas, compósitos, lubrificantes, têxteis.

- Cerâmica – materiais, pigmentos, aditivos, adesivos.

O progresso, porém, também trouxe problemas. O desastre de Bhopal, na Índia, em 1984, atingiu 500 mil pessoas, com mais de 3.000 mortos, depois do vazamento de 40 toneladas de gases tóxicos da empresa Union Carbide. Como esse, outros frequentes relatos de acidentes com contaminação ambiental têm abalado a imagem da Química. Em contrapartida, a falta de conhecimento público sobre ciência básica e o uso correto dos produtos químicos também contribui para aumentar a dimensão dos problemas. Isso acaba bloqueando a percepção dos aspectos positivos gerados pela indústria, e, em particular, pela indústria química, colocando-a como agente poluidor, capaz de gerar desastres ambientais. Por isso, é importante continuar trabalhando nos focos ainda problemáticos da poluição por produtos químicos, e na formação de uma consciência empresarial e de cidadania, voltada para a sustentabilidade e a preservação do meio ambiente.

O ideal do desenvolvimento sustentável foi levantado em 1987 por uma Comissão das Nações Unidas sobre Ambiente e Desenvolvimento, buscando *viabilizar as necessidades do presente sem comprometer as possibilidades de realização das gerações futuras.* Duas importantes preocupações foram colocadas: *Com que velocidade podemos utilizar os recursos fósseis? Quanto lixo ou poluição podemos lançar no ambiente?*

Na discussão dos poluentes, é interessante fazer o agrupamento em oito classes, reunidas na Tabela 10.1.

Tabela 10.1 – Classes de poluentes

Classes	Exemplos
Dejetos que consomem oxigênio	Organismos em decomposição
Agentes infecciosos	Bactérias e vírus
Fertilizantes	Nitratos e fosfatos
Compostos orgânicos	Detergentes, pesticidas
Inorgânicos	Ácidos, íons metálicos
Sedimentos	Argila, areia
Materiais radioativos	Rejeitos de mineração de elementos radioativos
Térmicos (calor)	Efluentes de trocadores de calor

O consumo de oxigênio está relacionado com o processo de oxidação dos organismos e materiais orgânicos, por via natural ou microbiológica. Muitas formas de bactérias utilizam oxigênio para metabolizar a matéria orgânica que lhes serve de alimento. A quantidade necessária para isso corresponde à *demanda biológica de oxigênio*. Quando o teor de oxigênio é inferior a esse nível, ocorre um processo de putrefação em que as próprias bactérias mortas contribuem para aumentar a demanda biológica de oxigênio. Nesse tipo de água, todos os organismos vivos acabam perecendo, agravando o problema. A oxigenação das águas, por borbulhamento de ar ou agitação, é uma forma de atacar o problema. O ideal seria limitar o nível de contaminantes orgânicos com alta demanda de oxigênio, atuando em suas fontes de produção.

O outro lado do problema é a *eutroficação* das águas, processo em que a alta concentração de nutrientes e de oxigênio estimula o crescimento dos organismos e das plantas, provocando acúmulo de material com alta demanda biológica de oxigênio. Quando esse processo não for autossustentável, a decomposição do material gerado pode reverter o processo, tornando a água, inicialmente cheia de vida, um líquido putrefato.

A água para consumo doméstico deve ser tratada para remover contaminantes microbiológicos, orgânicos e inorgânicos, e monitorada periodicamente para se avaliar o índice de contaminação. Alguns contaminantes tóxicos têm limites de tolerância (em mg/litro ou ppm) bastante baixos, como mostra a Tabela 10.2.

Tabela 10.2 – Limites de tolerância para contaminantes da água potável (EPA e CCE)		
Contaminante	**mg L^{-1}**	**Observações**
Alumínio	0,2	Proveniente do $Al_2(SO_4)_3$ usado no processo de tratamento da água
Arsênio	0,01	Contaminante de águas e poços subterrâneos
Cádmio	0,01	Dejetos e efluentes da indústria
Crômio	0,05	Dejetos e efluentes da indústria
Chumbo	0,05	Encanamentos antigos, feitos de chumbo
Mercúrio	0,002	Mineração de ouro, dejetos industriais
Prata	0,05	
Selênio	0,01	
Íon nitrato	10	Proveniente de fertilizantes
Tri-halometanos	0,1	Possivelmente resultante da cloração da água
Pesticidas	0,0005	Conjunto de pesticidas, incluindo o DDT

A purificação da água começa pelo tratamento com hidróxido de cálcio e sulfato de alumínio, que são solúveis e reagem, formando precipitados de sulfato de cálcio e hidróxido de alumínio:

$$Al_2(SO_4)_3 + 3Ca(OH)_2 \rightarrow 2Al(OH)_3 + 3CaSO_4$$

Os precipitados formados, principalmente de hidróxido de alumínio, apresentam partículas finamente divididas, que se aglomeram em núcleos de gel, os quais se depositam, arrastando consigo as espécies poluentes do meio. Esse tratamento não assegura a remoção completa de contaminantes microbiológicos, por isso a cloração se faz indispensável. Se a cloração consegue eliminar todas as formas de vida, ela também pode produzir espécies organo-cloradas nocivas ao organismo. Uma alternativa pode ser o uso do ozônio, produzido localmente, fazendo passar o ar por meio de descargas elétricas. Quando a água se encontra muito poluída com compostos orgânicos, é conveniente intercalar um tratamento com bactérias que se encarregam de consumir a matéria orgânica e que são eliminadas juntamente com o lodo formado. Esse processo pode utilizar tanques biodigestores ou sistemas de tratamento natural com plantas aquáticas, cujas raízes concentram grande quantidade de espécies bioativas. Dependendo da finalidade, ainda podem ser utilizados filtros com carvão ativado, os quais apresenta alta área superficial e adsorvem, com eficiência, a maioria dos materiais orgânicos.

Contaminantes críticos da água incluem os hormônios utilizados para as diversas finalidades pela população, assim como produtos conservantes e espécies empregadas na indústria do plástico, como o bisfenol (BPA = 4,4'-di--hidroxi-2,2-difenilpropano). Este é usado na produção do policarbonato de bisfenol, para fabricação de mamadeiras e utensílios domésticos.

bisfenol

O principal perigo do bisfenol está no fato de ser um desregulador endócrino, comportando-se de modo semelhante a um estrógeno. O bisfenol não está presente em outros plásticos, e sua presença está sendo regulamentada na maioria dos países.

O crescimento das cianobactérias em reservatórios e recursos hídricos é outro problema crítico por causa das substâncias liberadas por elas, como a 2-metilisoborneol (MIB) e a 4,8-dimetildecalina-4a-ol, ou geosmina:

MIB   geosmina

Esses compostos conferem cheiro e gosto de terra e mofo à água, sendo liberados no final da primavera e do verão, coincidindo com o período de floração das cianobactérias. Eles já são perceptíveis em teores tão baixos como 10 ng L^{-1} e podem chegar a 100 ng L^{-1}. Com o aumento da concentração, a água fica muito pouco palatável.

A contaminação pela atividade agrícola

A atividade agrícola depende da fertilidade do solo. Os nutrientes necessários a ele já foram apresentados no Capítulo 1 (Tabela 1.2) e precisam ser supridos quando se constata problemas de deficiência no solo. É comum a inclusão de agentes complexantes, como o EDTA, para reagir com os íons metálicos, formando espécies solúveis, fáceis de serem captadas pelas raízes das plantas.

Os adubos NPK usados em macroescala são designados pelos teores relativos dos elementos, por exemplo, 6-12-12, expressos convencionalmente sob a forma de N, P_2O_5 e K_2O. Muitos fertilizantes existentes no comércio já trazem uma composição balanceada de macro e microelementos, principalmente para uso em plantas em ambientes domésticos.

O nitrogênio pode ser aplicado em grandes áreas sob a forma de amônia anidra (NH_3), a qual é obtida pelo processo Haber, a partir do N_2 e H_2. A amônia anidra se liquefaz sob altas pressões, e pode ser injetada diretamente no solo, no qual é retida pela umidade existente. Soluções aquosas com até 30% de NH_3 também têm sido empregadas na adubação do solo. A amônia, por ser volátil e tóxica, requer cuidados especiais em sua manipulação, além de equipamentos adequados e pessoal qualificado.

O uso de fertilizantes pode ser evitado ou diminuído por meio da agricultura orgânica, baseada na reciclagem do solo e da aplicação de compostagem, gerada pela decomposição natural de dejetos orgânicos. Essa opção é bastante atraente sob o ponto de vista ambiental, contudo, oferece dificuldades operacionais em grandes áreas de cultivo, e menor lucratividade em termos de rendimento ou de produção.

Defensivos agrícolas

As plantações estão sujeitas a mais de 80 mil doenças provocadas por microrganismos e ao ataque de cerca de 10 mil espécies de insetos, 3 mil espécies de nematoides, sem falar no efeito de mais de 30 mil tipos de ervas daninhas. As perdas na agricultura decorrentes das pragas podem ser catastróficas. Na escala global, as pragas diminuem em mais de 30% a produção de alimentos.

Os defensivos agrícolas, também conhecidos como pesticidas, foram introduzidos com a finalidade de combater os diversos tipos de pragas. O exemplo mais conhecido é o do DDT [1,1-bis(p-clorofenil)-2,2,2-tricloroetano].

DDT=diclorodifeniltricloroetano (nome trivial)

Esse inseticida foi introduzido nos anos 1950, apresentando uma grande eficácia, com um nível de toxicidade relativamente baixo. Entretanto, os problemas se revelaram nas décadas seguintes. Os trabalhos de monitoração da saúde e do meio ambiente demonstraram que o DDT se acumula nos tecidos gordurosos do organismo e se dispersam pelo ecossistema. O efeito acumulativo torna-se grave, visto que o organismo leva cerca de oito anos para eliminar 50% do DDT absorvido. A ingestão contínua de alimentos contaminados com DDT provoca um acúmulo crescente desse pesticida no organismo. Os efeitos do DDT no homem ainda não são bem conhecidos; contudo, em diversos tipos de aves têm sido detectadas alterações no metabolismo do cálcio, provocando enfraquecimento e fragilidade das cascas dos ovos. Dessa forma, o ciclo reprodutivo dessas aves é alterado, com risco de extinção das espécies sensíveis a esse pesticida. O DDT, assim como outros organoclorados (dieldrin, aldrin, heptacloro) são bastante persistentes no meio ambiente, e tendem a ser substituídos por derivados degradáveis.

Os inseticidas organofosforados apresentam uma composição do tipo:

$$R' \diagdown \hspace{-1em} \underset{R \diagup}{\overset{\diagup Z}{P}} \diagdown X$$

$$Z = O, X$$

$$X = \text{grupo dissociável}$$

Esses inseticidas atuam no sistema nervoso e são muito mais tóxicos para o homem do que o DDT, apesar de serem degradáveis. Os grupos X sofrem dissociação, formando produtos de baixa toxicidade. Um exemplo de organofosforado é o paration:

$$C_2H_5-O \diagdown \hspace{-1em} \underset{C_2H_5-O\diagup}{\overset{\diagup S}{P}} \diagdown O-C_6H_4-NO_2$$

paration

Os herbicidas são agentes que atuam sobre plantas. Alguns, menos seletivos, interferem no processo fotossintético e impedem o desenvolvimento das plantas. É o caso do paraquat, ou 1,1'-dimetil-4,4'-bipiridínio, cujo uso está sendo descontinuado pelo risco de contaminação ambiental e seu alto grau de toxicidade.

$$H_3C-\overset{+}{N}\text{—}\boxed{}\text{—}\boxed{}\text{—}\overset{+}{N}-CH_3$$

paraquat ou metilviologênio

Outro tipo de herbicida atua como hormônio, e tem maior seletividade. Atualmente, o herbicida mais usado é o ácido 2,4-diclorofenoxiacético (2,4-D), que induz a produção exagerada de RNA na célula, provocando crescimento descontrolado e morte das plantas.

2,4 diclorofenoxiacético, (2,4-D)

O ácido 2,4,5-triclorofenoxiacético também tem ação herbicida, porém seu uso foi suspenso por provocar maiores danos à saúde humana, apesar de haver suspeita de que o efeito nocivo estaria associado às impurezas tóxicas presentes no composto. A mistura desses dois compostos constitui o *agente laranja, que foi* usado como desfoliante na guerra do Vietnã.

Princípios da Química verde

Em 1990, a Agência Americana de Proteção Ambiental (EPA) oficializou o termo *Green Chemistry* ou Química verde com o seguinte escopo: *desenvolver tecnologias químicas inovadoras para reduzir ou eliminar o uso ou a geração de substâncias nocivas, na concepção, produção e utilização de produtos químicos*. Esse termo acabou gerando uma nova cultura, voltada para a sustentabilidade, expressa em doze princípios, enunciados por Anastas e Warner:

Princípios da Química verde

1	**Prevenção**: é melhor evitar a geração de efluentes do que ter que tratá-los ou limpá-los depois.
2	**Economia de átomos**: os métodos sintéticos devem maximizar a incorporação de todos os materiais empregados no processo, dentro do produto final.
3	**Procedimentos e metodologias seguras**: sempre que possível, os métodos de síntese devem utilizar e gerar substâncias com baixa toxicidade ou risco à população e ao meio ambiente.

4	**Reagentes químicos seguros**: os produtos químicos devem ser projetados para serem eficientes e com menor toxicidade possível.
5	**Solventes e coadjuvantes químicos seguros**: o uso de coadjuvantes químicos, como solventes e agentes de separação, deve se tornar desnecessário, sempre que possível, ou, então, não apresentar risco.
6	**Maior eficiência energética**: as necessidades energéticas dos processos químicos devem ser consideradas em termos dos impactos econômicos ou ambientais e devem ser minimizadas. Sempre que possível, os procedimentos de síntese devem ser conduzidos à temperatura e pressão ambiente.
7	**Uso de matérias-primas renováveis**: sempre que for tecnicamente e economicamente viável, as matérias-primas devem ser renováveis, em vez de exauridas.
8	**Redução de etapas ou derivações**: deve-se minimizar ou evitar, se possível, o uso de etapas de modificação ou derivação de reagentes, como o uso de agentes de bloqueio/proteção/desproteção, pois elas requerem novos reagentes e podem gerar dejetos.
9	**Catálise**: os processos que envolvem catálise, com a maior seletividade possível, são melhores que os alternativos, baseados em reagentes estequiométricos.
10	**Autodegradação**: os produtos químicos devem ser idealizados para, após terem cumprido seu papel, sofrerem degradação em espécies inócuas, que não persistam no meio ambiente.
11	**Análise em tempo real para prevenir a poluição**: metodologias analíticas devem ser aprimoradas para possibilitar a monitoração e o controle dos processos em tempo real, antes da geração de substâncias nocivas.
12	**Química mais segura para evitar acidentes**: as substâncias e as formas com que são utilizadas em um processo químico devem ser escolhidas para minimizar o potencial para acidentes, incluindo liberações, explosões e incêndios.

O papel da prevenção

É melhor prevenir do que remediar, continua sendo a frase mais importante, contida no primeiro princípio, pois a **prevenção** é a melhor forma de evitar os problemas, antes que aconteçam. Contudo, a prevenção exige o conhecimento prévio de reagentes, materiais, processos, produtos e finalidades. Por isso, nem sempre é possível evitar o desconhecido. A busca pelos procedimentos corretos é um processo dinâmico, atrelado à própria evolução da humanidade. Por exemplo, no passado, o CO_2 era visto como um gás inócuo, biologicamente compatível, longe de tornar-se a grande preocupação da era moderna. Outro aspecto relevante é que a prevenção é parte de um processo educacional, que inclui a adoção de normas de boas práticas, inseridas no contexto da Química verde.

A economia de átomos

A economia de átomos expressa o grau de aproveitamento dos átomos dos reagentes, na formação dos produtos. Um elevado grau de economia de átomos implica a redução da quantidade de espécies indesejáveis, como produtos paralelos ou contaminantes.

Aspectos toxicológicos

Os critérios usados para estabelecer o **grau de toxicidade** são baseados na dose letal (LD_{50}) ou concentração letal (LC_{50}) capaz de provocar a morte de 50% de um grupo de cobaias (ratos ou macacos). A LD_{50} é expressa em miligramas da substância por quilograma do animal. Os testes são feitos por meio da injeção das substâncias através da pele, ou por via oral. Por exemplo, se a LD_{50} for 5 mg kg^{-1}, significa que a aplicação de uma dose na relação de 5 mg da substância por quilograma do animal será capaz de provocar a morte da metade da população de cobaias. A LC_{50} refere-se normalmente à concentração da substância no ar ou na água onde estão expostos os animais, e é expressa em partes por milhão (ppm) ou miligramas por metro cúbico (mg m^{-3}). A partir dos testes com cobaias são elaborados os MSDS (*material safety data sheets*), que servem de guia no estabelecimento dos níveis-limite de exposição ocupacional. Uma das escalas de toxicidade mais usadas é a de Hodge e Sterner (Tabela 10.3).

Tabela 10.3 – Escala de toxicidade de Hodge e Sterner

Nível de toxicidade	Denominação	LD_{50} (oral, em ratos) mg/kg
1	Extremamente tóxico	< 1
2	Altamente tóxico	1 a 50
3	Moderadamente tóxico	50 a 500
4	Levemente tóxico	500 a 5.000
5	Praticamente não tóxico	5.000 a 15.000
6	Não tóxico	> 15.000

Além do grau de gravidade do efeito tóxico, a **reversibilidade** é outro ponto importante a ser considerado. Um efeito tóxico grave pode ser totalmente reversível, ao passo que outro, de ação menos severa, pode ter caráter irreversível. A Organização de Desenvolvimento e Cooperação Econômica tem estabelecido protocolos específicos para testes de toxicidade oral aguda, testes de toxicidade de inalação aguda e testes de toxicidade dermatológica aguda.

Entre os bancos de dados disponíveis estão o Registro de Efeitos Tóxicos de Substâncias Químicas e o Banco de Dados de Substâncias Químicas. Em se tratando de misturas de substâncias químicas, geralmente se considera que a toxicidade resultante é dada pela somatória das toxicidades dos componentes individuais.

O **potencial carcinogênico e mutagênico** é outro ponto crítico a ser considerado. Um dos testes mais usados para avaliar o potencial carcinogênico das substâncias foi proposto por B. Ames. O teste é baseado na indução de mutações em bactérias, como a *Salmonella typhimurium*, provocada pelos agentes químicos. Essa bactéria, em particular, não tem capacidade de sintetizar o aminoácido histidina, e não se desenvolve em sua ausência. A forma mutante, contudo, adquire essa capacidade, e seu crescimento em meio de cultura sem suprimento de histidina é um sinal de ocorrência de alterações genéticas, e de potencial carcinogênico. Além disso, algumas substâncias não carcinogênicas podem gerar metabólitos carcinogênicos. Para avaliar tal possibilidade são acrescentadas enzimas do fígado no meio de cultura. O teste de Ames mostrou ser eficaz para substâncias como a aflatoxina, encontrada, por exemplo, em grãos de amendoim contaminado. Contudo, o teste não é infalível, dando resultados negativos para a dioxina, que é um agente cancerígeno bastante conhecido para os animais.

A questão dos riscos ocupacionais é outra importante a ser destacada. Os trabalhadores, pela vulnerabilidade à exposição aos produtos químicos, são os que mais estão sujeitos aos riscos ocupacionais. Por isso, a American Conference of Governamental and Industrial Hygienists tem publicado anualmente os valores-limite de exposição permitidos no local de trabalho, em várias categorias. Essa organização também tem publicado os índices de exposição biológica, que estabelece as quantidades máximas, toleráveis, de produtos químicos no sangue, na urina ou no ar exalado pelos trabalhadores.

Toxicidade de contaminantes metálicos

A toxicidade dos metais pesados é um assunto bastante complicado, pois depende de sua disponibilidade no ambiente e no corpo humano, da especiação dos complexos e das formas de interação com o organismo. Em geral, a toxicidade pode resultar de fatores como:

a) Bloqueio de grupos funcionais essenciais em biomolécula e enzimas. Por exemplo, muitos sítios ativos de enzimas apresentam aminoácidos como cisteína, histidina e tirosina, que podem interagir com íons metálicos, levando à inibição ou à alteração da atividade enzimática.

b) Deslocamento de íons metálicos essenciais nas biomoléculas.

c) Mudanças na conformação de biomoléculas, principalmente no sítio ativo e nas proximidades, por meio da coordenação com grupos específicos da cadeia proteica.

Mercúrio

O mercúrio, com seu brilho líquido, alimentou o sonho dos alquimistas e faz parte da história mundial. Paracelsus empregava mercúrio para tratar de doenças da pele, sífilis e inflamações. Até há pouco tempo, o mercúrio era usado como desinfetante com o rótulo de mercúrio-cromo. O relato mais notável vem da China, com Qin Shi Huang Di (260 a.C. a 210 a.C.), que se declarou o primeiro imperador após a unificação do país. Alguns dos fatos notáveis de seu império ainda podem ser contemplados na exuberância da Muralha da China e do grande exército de terracota. Contudo, seu nome também é lembrado por sua obstinada procura pelo segredo da imortalidade, que julgou ter encontrado nas poções de mercúrio que ingeria, preparados pelos seus médicos e alquimistas. De certa maneira, tornou-se imortal ao entrar para a história, preservado em sua tumba inviolável, até hoje, mantido em um ambiente que se acredita estar repleto de mercúrio.

Atualmente, o mercúrio no ambiente tem origem na atividade industrial, nos descartes, na mineração, nos pesticidas e nos combustíveis fósseis, incluindo carvão e petróleo. Um episódio que aconteceu em 1965, na Baía de Minamata, no Japão, tornou-se um caso alarmante de impacto da contaminação ambiental por mercúrio. A população, bem como os animais que habitavam a região, apresentavam problemas sérios de visão e coordenação motora, cuja origem estava no consumo de peixes contaminados com dimetilmercúrio. O metal era descartado pelas indústrias de plásticos da região, entrando no ciclo biológico por meio da ação de microrganismos, gerando dimetilmercúrio, que acabava se acumulando nos peixes e animais. Com a morte por envenenamento de mais de 50 pessoas, foram introduzidas restrições rígidas no Japão, impedindo o descarte de resíduos tóxicos. A tragédia de Minamata foi seguida pelo envenenamento por mercúrio no Iraque, em 1972, onde 450 pessoas morreram após consumir trigo contaminado por pesticidas a base de compostos de mercúrio.

A toxicidade do mercúrio tem relação com a elevada afinidade desse elemento com grupos que contêm enxofre, como os tióis (RSH) presentes na cisteína, que é um aminoácido essencial. A constante de estabilidade dos complexos de mercúrio com tióis é superior a 10^{16}, o que torna sua eliminação bastante difícil. Por isso, o tempo de permanência do mercúrio no organismo é muito longo, sendo necessários cerca de 70 dias para a eliminação da metade da quantidade existente. Dessa forma, sob exposição contínua ou ingestão de alimentos contaminados, o mercúrio acaba se acumulando no organismo. Peixes e crustáceos contaminados oferecem grande risco à população.

O mercúrio é tóxico em todas as suas formas: como elemento puro, por meio dos vapores inalados; como sais do tipo $HgCl_2$ que são solúveis em água, e como derivados alquilados $Hg(CH_3)_2$ ou $Hg(CH_3)Cl$, que são solúveis nas membranas lipofílicas e conseguem passar por elas. No sangue, o metilmercúrio combina-se com a cisteína, formando o complexo $CH_3Hg(cys)$, cuja estrutura é muito parecida com a da metionina, conforme pode ser visto no esquema:

metionina   complexo CH₃ Hg(cys)

Dessa forma, o complexo consegue passar pela barreira hematoencefálica, chegando até o cérebro. Uma vez absorvidos, os compostos de mercúrio se dispersam pelo organismo por meio da circulação do sangue, sendo transportados pelas proteínas (albumina) e pelos glóbulos vermelhos. No organismo, o mercúrio se concentra nos rins, no fígado, no sangue, na medula óssea, nos intestinos, no aparelho respiratório, na mucosa bucal, nas glândulas salivares, no cérebro, nos ossos e nos pulmões. A intoxicação aguda pode provocar edema pulmonar, danos aos rins, tremores, convulsões, perda de memória, confusão mental, coma e morte. O mercúrio ainda pode atravessar a barreira hematoencefálica e ter efeitos desastrosos sobre o sistema nervoso. Por isso, sua monitoração no meio ambiente deve ser feita de forma constante, em todos os setores da atividade humana.

A concentração-limite admitida para a exposição diária dos trabalhadores, sem riscos à saúde, para o Hg e para o $HgCl_2$ é de 0,1 mg m^{-3} e, para o CH_3HgCl, é de 0,01 mg m^{-3}, e no organismo, o valor tolerado é de 50 µg L^{-1} no sangue, e 200 µg L^{-1} na urina. O LD$_{50}$ em ratos é de 57 mg kg^{-1}.

Cádmio

O cádmio é um poluente universal. Sua principal origem no meio urbano são as fábricas que fazem processamento metalúrgico utilizando esse elemento e que produzem baterias como as de níquel-cádmio, bastante difundidas no mercado por serem recarregáveis. A química do Cd(II) é parecida com a do Zn(II); ambos apresentam configuração d^{10}. Por isso, o Cd(II) consegue deslocar o Zn(II) das biomoléculas e enzimas como a anidrase carbônica, carboxipeptidase e outras, modificando ou inibindo sua ação. Um fato curioso é apresentado pela diatomácea marinha, *Thalassiosira weissflogii,* a qual contém Cd(II) substituindo o Zn(II) na enzima anidrase carbônica. O Cd(II) tem uma alta afinidade pelos fosfolipídios das membranas, prejudicando seu funcionamento. Além disso, o Cd(II) também lembra o Hg(II) em sua capacidade de ligar-se a grupos –SH de cisteínas, formando complexos estáveis.

O envenenamento por Cd(II) provoca um grande mal--estar, seguido de diarreia e dores abdominais. Depois o elemento se acumula nos rins e no fígado, comprometendo gravemente o estado de saúde. O caso mais grave de envenenamento por Cd(II) ocorreu na população que vive ao longo do rio Jintsu no nordeste do Japão, com 100 mortes registradas em 1961. Nessa região, havia uma mina de zinco desativada, e o cádmio é sempre um dos elementos presentes nesse tipo de mina. A água da mina foi usada para irrigar as plantações de arroz, provocando intoxicação crônica na população. A doença do cádmio ficou conhecida como "itai-itai" ou dói-dói, pelo fato de provocar a fragilidade dos ossos e mudanças dolorosas na sustentação do corpo, provocando contorções e encolhimento. Isso ocorre em razão da semelhança de raio iônico com o Ca^{2+}. Dessa forma, o Cd^{2+} pode interferir na ação do Ca^{2+} e até se ligar às hidroxiapatitas dos ossos, levando a seu enfraquecimento.

Cerca de 35 µg de Cd são ingeridos diariamente por meio dos alimentos não contaminados. A desintoxicação é realizada pelas tioneínas; contudo, em casos de ingestão crônica, o processo se torna ineficiente. Síndromes de envenenamento agudo aparecem após a ingestão de 15 mg de Cd. Acima de 500 mg, o envenenamento passa a ser fatal. Um fato agravante é de que o tempo de vida do Cd(II) é imenso, chegando a dezenas de anos. Além disso, o Cd é considerado carcinogênico, mutagênico e teratogênico.

Chumbo

Apesar de ser um agente tóxico bem conhecido, o chumbo continua sendo uma grande ameaça à saúde. Assim como o Hg(II) e o Cd(II), o chumbo também consegue se ligar às enzimas –SH, embora mais fracamente, porém o suficiente para inibir enzimas que atuam na síntese do heme. Assim, é causador de anemia, além de provocar disfunção renal, hepatite, encefalopatias (alteração de comportamento) e diarreia. Os casos de intoxicação com chumbo são conhecidos como saturnismo e se manifestam com dores abdominais fortes, úlceras orais, constipação, parestesias de mãos e pés e sensação de gosto metálico. Em casos extremos, pode-se até detectar depósitos de chumbo na gengiva.

Sua principal fonte de contaminação vem da bateria de chumbo usada nos veículos e das fábricas que as produzem. Até há pouco tempo, a contaminação do ar pelo chumbo era um problema crítico, pois o elemento era usado como um aditivo na gasolina conhecido como "chumbo tetraetila", $Pb(C_2H_5)_4$, usado para melhorar o desempenho dela. A decomposição térmica desse aditivo leva à formação do íon $[Pb(C_2H_5)_3]^+$, que consegue atravessar as membranas, inclusive a barreira hematoencefálica, provocando distúrbios no sistema nervoso central e periféricos, com perda de coordenação e paralisia. O chumbo também pode estar presente como contaminante nos alimentos, sendo proveniente de diferentes origens. Os peixes, por exemplo, podem se contaminar com chumbo ao ingerir os chamados "chumbinhos", utilizados como pesos nos fios de pesca. Trabalhadores podem estar sujeitos à exposição ao chumbo quando lidam com materiais ou ligas de chumbo. É o caso de sapateiros que têm o hábito de colocar as tachinhas nos lábios, enquanto executam o seu serviço, e de encanadores que ainda utilizam canos de chumbo para fazer consertos, pela facilidade de manipulação.

Arsênio

O Arsênio, apesar de não ser um elemento pesado, é um poluente crítico que precisa ser controlado por causa de seus efeitos nefastos sobre o homem. A principal forma de contaminação do arsênio está associada ao uso de água proveniente de fontes com alto teor desse elemento, incluindo poços subterrâneos. O arsênio nas águas geralmente está presente sob a forma de arsenato ($H_2AsO_4^-$ e $HAsO_4^{2-}$) e arsenito (H_3AsO_3), que são as espécies mais tóxicas, cerca de 500 vezes em relação às formas orgânicas de arsênio. Em virtude de sua semelhança com o fosfato, o arsenato interfere na síntese de ATP e nos processos de fosforilação oxidativa, inibindo processos de transformação energética envolvendo NAD^+ e afetando o processo respiratório mitocondrial. O arsenito, por outro lado, tem maior afinidade por grupos –SH, e reage com proteínas, alterando sua atividade. Dessa forma, ele inibe enzimas como a glutationarredutase, ácido succínico-desidrogenase e tioredoxinarredutase, interferindo também na formação da acetil-coenzima A. O arsênio não ligado pode se acumular nas células e provocar câncer de pele, bexiga, rins, fígado, pulmão e próstata. A ingestão persistente pode levar a problemas neurológicos, cardiovasculares, dermatológicos, além do câncer. Sua atuação progressiva pode levar à morte por multifalência de órgãos, provocada pela morte celular.

A questão do descarte das substâncias e o meio ambiente

O impacto do lixo e de dejetos é bastante negativo, não apenas pela poluição gerada, como pelo uso indevido de recursos energéticos e de capital para sua remediação. Sob o ponto de vista da Química verde, recomenda-se a hierarquia de conduta exposta nos itens a seguir (Figura 10.1).

O problema do lixo urbano

A produção de lixo e dejetos é uma consequência natural da atividade humana, incluindo a própria vida. Em média, um indivíduo adulto lança no esgoto doméstico cerca de

300 g de fezes e 1 L de urina, por dia; contudo, esse volume representa muito pouco (< 1%) do que é gerado pelas indústrias, pela mineração e pela agropecuária.

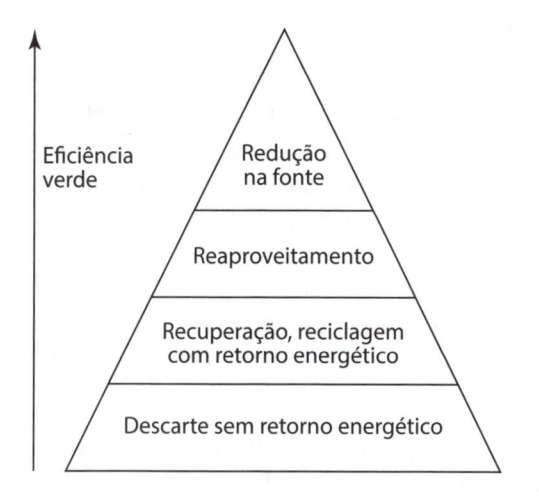

Figura 10.1
Hierarquia no tratamento dos dejetos, sob o ponto de vista da Química verde, priorizando a redução de rejeitos na fonte, depois o reaproveitamento, a recuperação ou reciclagem com retorno energético, e em último caso, o descarte sem qualquer benefício.

O lixo é um problema constante para as cidades e uma fonte de preocupação em termos da preservação do meio ambiente. Por isso, a reciclagem do lixo é uma tendência moderna na sociedade que começa a ser introduzida no Brasil, apesar do fato de a legislação e a fiscalização ainda serem brandas ou omissas. Para a reciclagem, é importante verificar a composição do lixo, como mostrada na Tabela 10.4, e melhorar a seletividade no processo de coleta, visando à separação de materiais.

Tabela 10.4 – Composições típicas (% em peso) do lixo coletado em algumas cidades brasileiras

Composição / Cidade	São Paulo	Rio de Janeiro	Salvador	Fortaleza	Campo Grande
Orgânicos	63	34	43	65	62
Papel	14	27	19	16	19
Plástico	13	13	11	8	6
Metal	3	3	4	5	3
Vidro	1	2	4	7	-
Outros	6	21	19	-	10

O aproveitamento do lixo depende da eficiência do programa de coleta seletiva. Atualmente, o custo desses programas chega a ser dez vezes mais caro que o da coleta convencional, enquanto a receita obtida por meio da venda dos recicláveis mal cobre 10% desse valor. Dessa forma, o programa de coleta seletiva ainda tem um longo caminho a seguir até tornar-se autossustentável, continuando dependente do investimento público. Em um sistema ideal de coleta seletiva, os orgânicos poderiam ser aproveitados na conversão em compostagem para melhorar o solo; as frações formadas por papel, plástico, metais e vidro poderiam ser recicladas pela indústria. A reciclagem do plástico é particularmente importante considerando-se seu longo tempo de degradação e o aumento crescente da produção, atualmente superior a 80 milhões de toneladas/ano no mundo.

Ainda não existem respostas de consenso. Porém, há um sentimento coletivo de que se deve buscar fontes renováveis de energia e diminuir a poluição. Da mesma forma, os metais pesados não devem afetar a natureza, e as substâncias produzidas pela sociedade não devem ser persistentes mais do que o necessário, ao contrário dos organoclorados e clorofluorocarbonos. É fundamental, no contexto da biosfera, que as bases de sustentação dos ciclos naturais do planeta sejam protegidas contra sua deterioração.

As considerações já feitas devem ser somadas à capacidade natural do planeta para lidar com os produtos e poluentes gerados pelo homem; contudo, ao mesmo tempo, servem de alerta para as consequências que poderão advir quando essa capacidade se tornar insustentável.

A roda do desenvolvimento e da sustentabilidade

Atualmente, a questão ambiental está presente em todas as políticas voltadas para a sustentabilidade. De forma crescente, ela está mudando a forma de se pensar a escolha dos processos adotados nas indústrias, associando-se aos mecanismos propulsores atrelados à economia e aos aspectos inerentes à própria sociedade. Esses mecanismos estão articulados na Figura 10.2.

Atualmente, na questão social, a crescente demanda dos países emergentes por insumos tem pressionado o desenvolvimento industrial, contrapondo-se à tendência de queda provocada pela imagem pouco favorável, ou às vezes negativa, da ciência e da tecnologia, captada pela sociedade. Entra nesse cenário a preocupação crescente com o escasseamento dos recursos naturais, não sustentáveis, como os combustíveis fósseis e os minérios, e dos efeitos de sua exploração desenfreada, no meio ambiente. A segurança do cidadão tem levado a um recrudescimento da legislação e das agências, no controle do uso dos produtos químicos. Como reflexo, isso está acarretando um aumento da responsabilidade do produtor, que deverá zelar cada vez mais pelo ciclo de vida de seus produtos e pelo descarte apropriado. Esse aumento de responsabilidade também implica investimento para a armazenagem e a contenção de substâncias perigosas, e gastos crescentes de recursos para lidar com dejetos. A isso se soma a tendência de aumento do custo da energia, e principalmente dos insumos petroquímicos. Esse conjunto de fatores já comanda a roda da sustentabilidade, descrita por J. H. Clark, compondo um cenário muito distinto daquele dos tempos passados, quando o fator custo/benefício era o ingrediente principal a ser considerado.

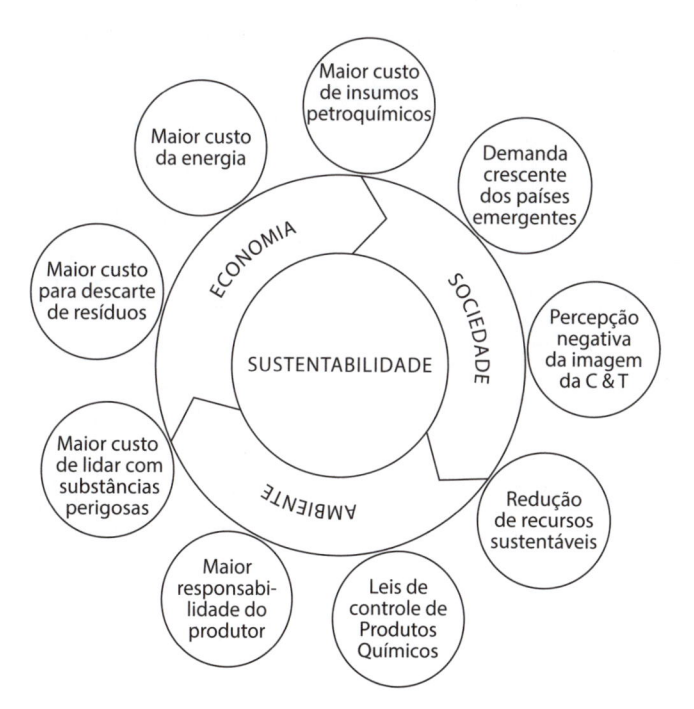

Figura 10.2
A roda do desenvolvimento industrial sustentável atrelada às questões da economia, sociedade e ambiente. Essa roda determina a escolha de um processo ou produto sustentável.

Assim, uma melhor compreensão dos processos biológicos, particularmente dos bioinorgânicos, e de sua relação com o meio ambiente poderá iluminar esse quadro, tornando o cidadão mais responsável e sensível à resposta da natureza. Precisamos preservar a mais sublime das invenções: a Vida!

CONVERSA COM O LEITOR

11

Em 1984, a convite da Organização dos Estados Americanos (OEA), tive a satisfação de publicar um pequeno livro sobre Química bioinorgânica, em nível bastante básico. O termo bioinorgânica era ainda muito novo e causava alguma estranheza entre os leitores da Bioquímica e da Biologia, acostumados a lidar com compostos orgânicos e a considerar os elementos inorgânicos parte exclusiva do reino mineral, inanimado.

O objetivo desse livro era mostrar que essa concepção estava mudando, com o reconhecimento de que, pelo menos, 25 elementos químicos eram essenciais para a manutenção da vida. Destes, 19 eram tipicamente inorgânicos. Mudava também a forma de se apreciar as quantidades relativas. Elementos traços, que eram negligenciados por causa de suas baixas quantidades no organismo, passavam a ter novo status, entre os mais importantes. Realmente, se com tão pouco, já conseguem manter a atividade enzimática e o bom funcionamento dos processos biológicos, isso deve ser visto como reflexo da elevada eficiência em suas funções. Muita coisa mudou desde então. A Química bioinorgânica evoluiu muito, e em paralelo também cresceram as preocupações com o meio ambiente e a qualidade de vida. Elementos inorgânicos e, principalmente, os metais tóxicos entraram no clima da discussão dos problemas ambientais, porém sem o devido respaldo bioinorgânico.

As relações entre a atmosfera, a litosfera e a hidrosfera e a compreensão do papel dos constituintes inorgânicos no organismo são assuntos interligados. Sua apresentação tornou-se o escopo da Química bioinorgânica apresentada neste volume.

Porém, a Química bioinorgânica não se esgota nos itens apresentados neste livro. Agora já se fala em metalômica ou metabolômica como uma nova área do conhecimento que está buscando o mapeamento dos elementos metálicos nos seres vivos, utilizando as ferramentas, cada vez mais sensíveis, de análise química. Por meio dela, as discussões sobre as trocas dos elementos na biosfera e sobre Química bioinorgânica poderão ser exploradas em um novo contexto no futuro.

A Química bioinorgânica também está sendo focalizada na Biologia molecular, em busca do entendimento sobre as rotas de expressão dos elementos ao nível genético, desde a biossíntese de captadores, transportadores, armazenadores e inibidores de íons metálicos no organismo até sua incorporação nas metaloproteínas e nas enzimas.

Na Farmacologia, a Química bioinorgânica está se expandindo para o design de novos metalofármacos e de novos ligantes específicos, capazes de potencializar a ação dos elementos metálicos. A combinação de elementos metálicos com espécies farmacologicamente ativas poderá abrir perspectivas interessantes na exploração de interações sinergísticas ou antagônicas, inibitórias, atuando como agentes alostéricos.

Como Ciência, a Química bioinorgânica poderá inspirar a mimetização das máquinas moleculares que impulsionam a vida. O caminho já está aberto com a Química supramolecular, e as novas ferramentas da Nanotecnologia deverão tornar isso possível.

Questões provocativas

1. A origem da água na Terra permanece enigmática, por causa de sua reatividade bem conhecida com os metais incandescentes que estariam presentes na época da formação do planeta. Que tipo de atmosfera poderia existir se a água estivesse presente nesse período?

2. Como as bactérias fotossintéticas primitivas influenciaram o estabelecimento da biosfera no planeta?

3. Na atmosfera, a água está presente em maior concentração (0,4%) do que o CO_2 (0,031%) e, em termos relativos, a molécula de água é 3,3 vezes mais eficaz em sua capacidade de absorver radiação no infravermelho; contudo, mesmo assim, o CO_2 é apontado como o principal causador do efeito estufa que estamos vivenciando. Como justificar esse fato?

4. Uma questão alternativa sobre o efeito estufa é que o modelo de gases confinados, como ocorre nas estufas convencionais, não se aplica na explicação do aquecimento global. Qual é a falha desse modelo?

5. O aumento da temperatura do planeta deve diminuir a solubilidade do CO_2 nos oceanos e, consequentemente, pode elevar seu teor na atmosfera. Nesse caso, o aumento da concentração do CO_2 na atmosfera seria uma causa ou uma consequência do efeito estufa?

6. Discuta como o ozônio se comporta na atmosfera urbana e na alta atmosfera.

7. Discuta quais e como os agentes químicos contribuem para a chuva ácida.

8. O que aconteceria se o *permafrost* existente nos mares gelados acabasse migrando para a superfície?

9. A camada de ozônio é formada essencialmente por O_3? Discuta os ciclos envolvidos em sua manutenção ou destruição, e as consequências para a humanidade.

10. Podemos banir completamente a produção de fertilizantes nitrogenados no presente?

11. Discuta o ciclo do nitrogênio na biosfera e justifique por que o ar atmosférico encerra um teor tão elevado (78%) de N_2.

12. Como funciona um sistema de dessalinização osmótico?

13. Observe com cuidado a relação de elementos considerados essenciais para a vida (Tabela Periódica da Vida). Quais os critérios utilizados pela Natureza na seleção natural dos elementos químicos?

14. Enquanto o homem tem utilizado metais nobres, como Ru, Rh, e Pd, em processos catalíticos, a natureza preferiu explorar os metais mais leves, como Fe, Co, Ni, na catálise enzimática. Quais teriam sido os motivos dessa escolha?

15. Quais os grupos coordenantes mais importantes presentes nos aminoácidos?

16. Comente sobre as peculiaridades do aminoácido cisteína associadas à sua participação na interação com íons metálicos e em processos redox.

17. Comente sobre a estrutura e os usos do ATP na Biologia.

18. Comente sobre a concentração dos íons de Na^+ e K^+ no espaço intra e extracelular e discuta o funcionamento da bomba de Na^+/K^+.

19. Como funciona a propagação dos impulsos elétricos nos sistemas nervosos?

20. Discuta um dos papéis mais relevantes do magnésio nos sistemas biológicos.

21. Comente sobre a importância da creatina no organismo.

22. Discuta o papel do cálcio nos sistemas biológicos.

23. A química dos íons metálicos da primeira série de transição é regida, em grande parte, pela contribuição da energia de estabilização de campo ligante. Em que ela consiste e quais são as configurações mais favorecidas?

24. Como o efeito Jahn-Teller se manifesta em complexos como os de cobre(II)?

25. Quando a interação metal-ligante apresenta um caráter fortemente covalente?

26. Como os ligantes biológicos se classificam na escala duro-mole de Pearson?

27. Compare os grupos prostéticos derivados de porfirinogênios encontrados em sistemas biológicos, em termos de estrutura e função.

28. O que são ionóforos? O que são sideróforos?

29. Qual é o papel da transferrina? E das ferritinas?

30. As águas dos rios que percorrem regiões de matas densas, como a região amazônica e a floresta atlântica, sempre apresentam forte coloração. Qual a origem dessa cor?

31. Racionalize o comportamento lábil-inerte para os íons de metais de transição de interesse biológico.

32. Discuta o papel do zinco nas enzimas, focalizando principalmente na anidrase carbônica, carboxipeptidase e fosfatase.

33. Como o organismo se defende da presença de metais pesados, como Cd^{2+} e Pb^{2+}?

34. Discuta a captura e o transporte do oxigênio molecular pela hemoglobina e pela mioglobina. Por que a hemoglobina recebe o atributo de molécula inteligente? Qual a importância de se considerar o pH nesse processo?

35. Discuta a ligação do íon de ferro com o oxigênio molecular na hemoglobina. Por que ela perde a capacidade de transporte de O_2 na forma oxidada? Como se explica o envenenamento por CO?

36. Como funciona um oxímetro de dedo?

37. Discuta a captura do oxigênio pela hemocianina e pela hemeritrina. Considere a vitamina B_{12}. Qual é a sua ca-

racterística marcante? O que ele faz? Porque a deficiência dessa vitamina provoca sintomas de anemia?

38. Como ocorre a transferência de elétrons entre duas moléculas ou íons? O que se entende por energia de reorganização e qual a importância da interação eletrônica expressa por H_{AB}?

39. O que se entende por região invertida de Marcus? Por que ela é importante na fotossíntese?

40. Comente sobre a cadeia mitocondrial de transporte de elétrons.

41. Comente sobre a estrutura e a atividade da enzima citocromo-C-oxidase. Qual a importância do grupo ferril, $Fe^{IV} = O$?

42. Comente sobre a atividade das enzimas oxigenases, peroxidase, catalase e superóxido dismutase.

43. Qual a importância e o papel da enzima citocromo--P450?

44. Discuta a relevância e as características da enzima xantina-oxidase.

45. Descreva o papel da nitrogenase na fixação biológica do nitrogênio molecular.

46. Discuta o papel das enzimas nitrato e nitritorredutase.

47. Como se processa a metanogênese?

48. Descreva as características do fator F430 envolvido na última etapa da metanogênese.

49. Descreva como ocorre um processo de excitação eletrônica, incluindo cruzamento intersistema e emissão fluorescente ou fosforescente de luz.

50. Comente o fato de um estado excitado ser, simultaneamente, um melhor oxidante e um melhor redutor em relação ao estado fundamental.

51. Como se dá a transferência de energia entre moléculas?

52. Observe com cuidado as espécies redox envolvidas no sistema fotossintético II: Por que a transferência de elétrons ocorre em etapas, formando uma cascata, em vez de passar de uma só vez para o último estágio, ou degrau?

53. Qual a importância da cadeia de transporte de elétrons na fotossíntese?

54. Como funciona o sistema responsável pela decomposição da água na fotossíntese?

55. O que se entende por Química Supramolecular?

56. Dê exemplos de complexos ionóforos modelos.

57. Que tipo de propriedade eletrônica do heme deve estar presente em seus complexos modelos?

58. Qual é a função dos grupos protetores na porfirina *picket fence* de Collman?

59. Qual é o aspecto crítico envolvido na mimetização do centro ativo da enzima citocromo-P450?

60. Discuta as propriedades de um complexo modelo da vitamina B_{12}.

61. Por que a formação de complexos com N_2 é considerado um evento bastante raro na Química? Qual é a dificuldade principal de se promover a ativação dessa molécula?

62. Quais são os problemas encontrados na redução química do CO_2?

63. Como os sistemas supramoleculares proporcionam modelos de biomoléculas?

64. O que se entende por fotossíntese artificial?

65. Como funciona uma célula solar fotoeletroquímica?

66. O que se entende por alosterismo? Como um sistema-modelo pode simular uma propriedade alostérica?

67. Discuta o papel do NO no sistema cardiovascular.

68. O que são metalofármacos? Como eles atuam?

69. Quais características devem ter os agentes complexantes para serem usados em terapias de quelação?

70. Discuta as características do EDTA e como deve ser administrado na terapia de quelação.

71. Discuta as moléculas utilizadas no tratamento de hemocromatose.

72. O que se entende por doença de Wilson?

73. A que se atribui a ação anticancerígena da cisplatina?

74. O que se entende por terapia fotodinâmica?

75. Qual é a utilidade dos radiofármacos?

76. Por que o uso de fosfato em detergentes e produtos domésticos está sendo banido?

77. Faça um resumo dos 12 princípios de Anastas e Warner, para a Química verde.

78. Discuta a escala de toxicidade de Hodge e Sterner.

79. A que se atribui a toxicidade dos íons de metais pesados?

80. Discuta os problemas da contaminação por mercúrio no meio ambiente.

81. Discuta os problemas da contaminação por cádmio no meio ambiente.

82. Discuta os problemas da contaminação por chumbo no meio ambiente.

83. Discuta os problemas da contaminação por arsênio nas águas.

84. Comente sobre a hierarquia no tratamento dos dejetos em termos da Química verde.

85. Faça uma reflexão sobre a roda do desenvolvimento sustentável envolvendo a economia, a sociedade e o meio ambiente.

Apêndice

TABELA PERIÓDICA DA VIDA

1	2	3	4	5	6	7	8	9	10	11	12	13	14	15	16	17	18
1 **H** 1.0079															Representativos		2 **He** 4.0026
3 **Li** 6.941	4 **Be** 9.0122	Metais de transição										5 **B** 10.811	6 **C** 12.010	7 **N** 14.006	8 **O** 15.999	9 **F** 18.998	10 **Ne** 20.180
11 **Na** 22.989	12 **Mg** 24.305											13 **Al** 26.981	14 **Si** 28.085	15 **P** 30.973	16 **S** 32.066	17 **Cl** 35.453	18 **Ar** 39.948
19 **K** 39.098	20 **Ca** 40.078	21 **Sc** 44.956	22 **Ti** 47.867	23 **V** 50.941	24 **Cr** 51.996	25 **Mn** 54.938	26 **Fe** 55.845	27 **Co** 58.933	28 **Ni** 58.693	29 **Cu** 63.546	30 **Zn** 65.40	31 **Ga** 69.723	32 **Ge** 72.64	33 **As** 74.92	34 **Se** 78.96	35 **Br** 79.904	36 **Kr** 83.80
37 **Rb** 85.467	38 **Sr** 87.62	39 **Y** 88.905	40 **Zr** 91.224	41 **Nb** 92.906	42 **Mo** 95.94	43 **Tc** 98	44 **Ru** 101.07	45 **Rh** 102.90	46 **Pd** 106.42	47 **Ag** 107.86	48 **Cd** 112.41	49 **In** 114.81	50 **Sn** 118.71	51 **Sb** 121.76	52 **Te** 127.76	53 **I** 128.90	54 **Xe** 131.29
55 **Cs** 132.90	56 **Ba** 137.32	57-71 **La–Lu**	72 **Hf** 178.49	73 **Ta** 180.94	74 **W** 183.84	75 **Re** 186.20	76 **Os** 190.23	77 **Ir** 192.21	78 **Pt** 195.07	79 **Au** 196.96	80 **Hg** 200.59	81 **Tl** 204.38	82 **Pb** 207.21	83 **Bi** 208.98	84 **Po** 209	85 **At** 210	86 **Rn** 222
87 **Fr** 223	88 **Ra** 226	89-103 **Ac–Lr**	104 **Rf** 261	105 **Db** 262	74 **Sg** 264	75 **Bh** 277	76 **Hs** 268	109 **Mt** 271	110 **Ds** 272	111 **Rg**	112 **Cn**		114 **Fl**		116 **Lv**		

Lantanídios	57 **La** 138.90	58 **Ce** 140.11	59 **Pr** 140.90	60 **Nd** 144.24	61 **Pm** 145	62 **Sm** 150.36	63 **Eu** 151.96	64 **Gd** 157.25	65 **Tb** 158.92	66 **Dy** 162.50	67 **Ho** 164.93	68 **Er** 167.26	69 **Tm** 168.93	70 **Yb** 173.04	71 **Lu** 174.96
Actinídios	89 **Ac** 227	90 **Th** 232.03	91 **Pa** 231.03	92 **U** 238.02	93 **Np** 237	94 **Pu** 244	95 **Am** 243	96 **Cm** [47	97 **Bk** 247	98 **Cf** 251	99 **Es** 252	100 **Fm** 257	101 **Md** 258	102 **No** 259	103 **Lr** 262

- Elementos de constituição 1% a 60%
- Eletrólitos e coadjuvantes 0,01% a 1%
- Elementos traços/enzimas < 0,01%
- Elementos medicinais radiosótopos